제럴드 제임스 휘트로 지음

오기영 옮김

역사 속의 시간

선사 시대에서 오늘날까지의 시간관

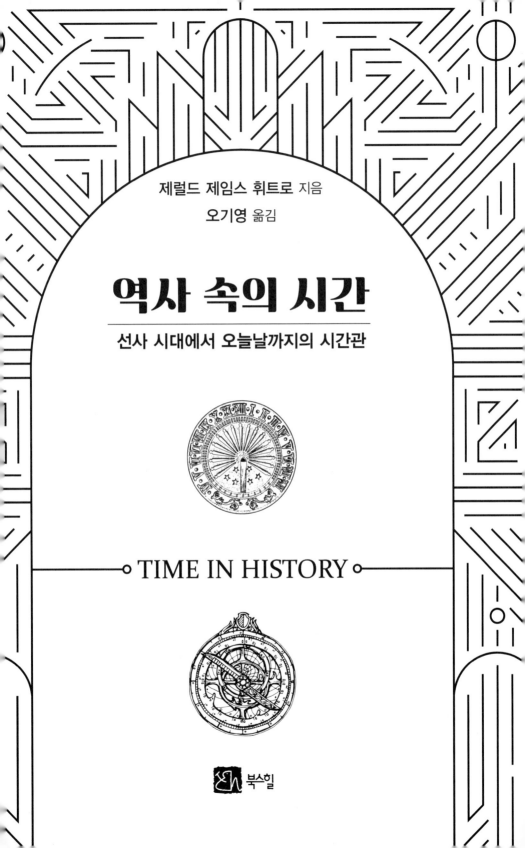

TIME IN HISTORY

북스힐

옮긴이 머리말

2021년 2월 도서출판 북스힐에서 출판된 G. J. 휘트로 교수의 『시간의 자연 철학』(2판본)은 철학자와 과학자의 시간 취급 방식에 기초한 다양한 시간 개념 소개로 시작해서, 일상적 시간, 생물학적 시간, 수학적 시간, 상대론적 시간에 이르기까지 다양한 내용을 함축적이고 체계적으로 설명한 후, 다각적 측면에서 시간의 성격과 본성에 대해 검토하는 백과사전적 책이다. 그러나 그 내용을 온전히 이해하기 위해서는 과학적 (특히, 물리학적), 수학적, 철학적 배경 지식이 어느 정도 요구된다.

지인들로부터 비전공자들도 쉽게 접근할 수 있는 내용의 책이 있으면 좋겠다는 말을 들은 옮긴이는 능력이 부족하여 직접 글을 쓰는 것보다는 요구에 부합하는 수준의 잘 쓰인 책을 번역하는 것에 초점을 두고 검색을 하던 중 G. J. 휘트로 교수의 또 다른 저서를 찾아볼 기회를 얻었다. 그 저서가 바로 이 번역서 『역사 속의 시간』의 원본인 『Time in History』 이다.

이 책은 특별한 배경 지식 없이도 쉽게 시간 개념을 이해할 수 있도록

하고 이 개념이 현대 문명의 중심을 관통하는 키워드임을 보여주기 위한 노력의 일환으로, 시간이 어떻게 다양한 시대와 문명사회의 삶의 방식과 인간의 사고방식에 영향을 미쳤는가와 시간 계측이 어떤 발달 과정을 거치며 현대 사회에서 주도적인 역할을 하는지에 대해 자세하게 기술하고 있다. 이런 측면에서, 휘트로 교수가 머리말에서 밝혔듯이, 이 책은 『시간의 자연 철학』을 보완하는 것으로 이해하면 좋겠다. 따라서 두 권의 책을 통해 시간에 대한 관점은 물론, 역사, 진보 혹은 진화의 개념에 대한 새로운 관점이 더욱 충만해지길 바란다.

3여 년 지속되는 코비드 상황 속에서 극심한 어려움을 겪으면서도 이 책의 출간을 위해 열과 성을 다해주신 도서출판 북스힐의 조승식 사장님과 김동준 상무님 및 출판부 여러분께 깊이 감사드린다. 우리나라 과학 기술 도서 분야에 헌신하는 도서출판 북스힐에 경의를 표한다.

2022년 10월

머리말

우리 대부분은 시간, 역사, 진화의 개념에 너무 익숙해져 있어서 오늘날 이러한 개념에 부여하는 중요성을 항상 부여해 온 것은 아니라는 사실을 잊기 쉽다. 하지만 시간이 우리 삶의 방식과 사고방식을 지배하는 이유를 이해하려면, 어떻게 이런 일이 발생했는지에 관한 지식을 어느 정도 습득해야 한다. 다시 말해서, 시간 자체를 시간적 관점에 두어야 한다. 이 책의 목적은 이 주제에 관심이 있는 모든 사람에게 적합한 형식으로 보편적 시간 인식에 대한 진화의 주요 특징과 그 중요성을 제시하는 데 있다.

이 책은 1980년 Clarendon Press에서 출판한 나의 책 『시간의 자연 철학(The Natural Philosophy of Time)』[1] 제2판본*을 보완하는 책으로 간주할 수 있다. 1961년 초판본이 출간되면서 시간에 대한 보편적 과학 연구(한편으로는 시간 논리학, 그리고 다른 한편으로는 내 책에서 다루

---

* 역자 주: 『시간의 자연 철학』, 제럴드 제임스 휘트로 지음, 오기영 옮김, 도서출판 북스힐 (2021).

지 않는 주제인 시계 제조법과는 다른 연구)에 관한 관심이 상당히 높아졌으며, 프레이저(J. T. Fraser) 박사의 주도로 국제 시간 연구 협회가 설립되었고, 그 첫 번째 회의는 1969년 독일의 오베르뷜파흐(Oberwolfach)에서 회장인 나와 명예 사무총장인 프레이저의 주도로 개최되었다. 지금까지 스티븐 툴민(Stephen Toulmin)과 준 굿필드(June Goodfield)의 『시간의 발견(The Discovery of Time)』[2]과 조금 더 포괄적인 루돌프 벤도르프(Rudolf Wendorff)의 『시간과 문화: 유럽의 시간 인식 역사(Zeit und Kultur: Geschichte des Zeitbewusstseins in Europa)』[3] 단 두 권만이 시간 인식의 역사와 그 중요성에 대해 다루고 있을 뿐이지만, 하워드 트리버스(Howard Trivers)의 기여도 언급할 필요가 있다.[4] 더욱이, 그 자체로도 훌륭한 이 책들은 보편적 지성 역사의 관점에서 기술된 반면, 나는 연대학과 시간 측정학에서 일어난 발전과 그 사회적, 이념적 결과에 대해 더 많이 고려했다.

시간이 다양한 시대와 문명의 사고방식과 생활 방식에 미친 전반적인 영향을 논의하는 것 외에도 이 책에서는 시간 측정의 역사에 특별한 관심을 기울였다. 그 역사 발전에 있어서 결정적인 단계는 13세기 말 서유럽에서 기계식 시계가 발명된 것이다. 그 이유는, 여전히 이 사건을 둘러싼 미스터리에도 불구하고, 그 결과가 매우 광범위하며 궁극적으로 현대 문명에서 시간의 지배적인 역할로 이어졌기 때문이다.

이 책의 일부 구절은 나의 책 『시간이란 무엇인가?(What is Time?)』 (1972)와 유어그로(W. Yourgrau)와 브렉(A. D. Breck)이 편집한 『우주론, 역사 그리고 신학(Cosmology, History and Theology)』 (1977)에서 내가 쓴 장(章)인 "우주론에서 시간의 역할(The Role of Time in Cosmology)"과 중복된다. 이를 허락해준 런던 Thames & Hudson 출판

사와 뉴욕 Plenum Press의 친절함에 고마움을 전한다.

은퇴 후 선임 연구원에 임명하고 정기적으로 그 직을 갱신해주어 대학 시설을 계속해서 최대한 활용할 수 있게 해준 임페리얼 칼리지에 감사드린다. 원고 교정은 물론 능숙한 솜씨로 타자하고 찾아보기를 만들어준 나의 아내 마그다 휘트로에게 큰 빚을 지고 있다.

1996년 5월 G. J. W.

차 례

---- PART 01 ----

서론

01   시간 인식

02   시간 기술

고대와 중세의 시간

한마디로, 인간에게 본성은 없다. 인간이 가진 것은 …역사일 뿐이다.

　　오르테가 이 가세트(Ortega y Gasset), 《철학과 역사: 에른스트 카시러 기념 논문집》의 "시스템으로서의 역사" 中에서

세상에서 배운 허튼소리 대부분은 실제로 역사의 빛이 그 의미를 보여주기를 원하는 사건들을 이성의 빛으로 설명하려는 기발한 시도에 기인해 왔다.

　　에드워드 B. 타일러(Edward B. Tylor), 《원시 문화》 中에서

아마도 도시의 부르주아지가 자신의 문화를 퍼뜨리는 가장 중요한 방법은 그것이 중세인의 정신적 범주에 영향을 미친 혁명이었을 것이다. 이러한 혁명 중 가장 장관인 것은 의심할 여지없이 시간 개념과 시간 계측에 관한 것이었다.

　　J. 르 고프(J. Le Goff), 《폰타나 유럽 경제 역사: 중세 시대》 中에서

그리고 새로운 치료법을 적용하지 않으려는 사람은 새로운 악을 기대해야 한다. 시간은 가장 위대한 혁신가이기 때문이다.

　　프랜시스 베이컨(Francis Bacon), 《수상록 23》 中에서

요점은 과거에는 중요한 변화의 기간이 인간 수명보다 훨씬 길었다는 것이다. 따라서 인류는 고정된 조건에 적응하도록 훈련을 받았다.
오늘날 그 기간은 인간의 수명보다 훨씬 짧기 때문에 우리의 적응 훈련은 개개인이 새로운 조건에 직면할 수 있도록 준비시켜야 한다.

　　A. N. 화이트헤드(A. N. Whitehead), 『관념의 모험』 中에서

PART
01

서론

시간 인식

시간과 일상생활

우리 대부분은 시간이 다른 어떤 것에도 영향을 받지 않고 그 자체로 영원히 지속하므로, 모든 활동이 갑자기 중단되더라도 시간은 아무런 방해 없이 여전히 계속될 것이라고 직관적으로 느낀다. 많은 사람에게 시계와 달력으로 시간을 측정하는 방식은 절대적인 것이며, 어떤 사람에게는 둘 중 하나라도 조작하는 것은 재앙을 자초하는 일이라고 여겨지기까지 했다. 1916년 영국에서 시계의 시간을 한 시간 앞당기는 서머 타임 제도가 처음 도입되었을 때, 이는 인기 소설가 마리 코렐리(Marie Corelli)가 '신의 고유한 시간'이라고 불렀던 것을 간섭하는 것이라며 반대하는 사람이 많았다. 마찬가지로, 1752년 영국 정부가 이미 서유럽 대부분의 국가에서 채택했던 달력과 일치하도록 달력을 수정하기로 하고, 9월 2일 다음 날을 9월 14일로 지정한다고 선언했을 때, 많은 사람들은 그로 인해 자신들의 수명이 단축되고 있다고 생각했다. 일부 근로자는 실제로 11일치 급여를 잃게 될 것이라고 믿었고, 이에 따라 폭동을 일으켜 '11일을 돌려 달라!'고 요구했다. (사실 법률은 집세, 이자 등의 지급에 있어서 부당한 일이 일어나지 않도록 사려 깊게 제정되어 있었다.) 폭동은 당시 잉글랜드에서 두 번째로 큰 도시였던 브리스틀(Bristol)에서 여러 명의 사망자가 발생하는 최악의 상황이었다.

우리의 일반적인 편의에 맞춰 시계의 시간을 바꾼다는 개념에 익숙해진 오늘날조차, 예를 들어 런던과 뉴욕 사이에 다섯 시간의 시차가 있어서 런던이 거의 취침 시간인 밤 10시일 때 뉴욕은 오후 5시밖에 되지 않았다는 것을 처음 깨닫게 되었을 때, 그것은 여전히 많은 사람에게 충격으로 다가온다. 더욱이, 경험이 매우 풍부하고 세련된 사람들조차도 동쪽이나 서쪽으로 장거리 여행을 할 때 '시차 피로'라고 하는 특이하고 종종 불쾌하기까지 한 영향을 받을 수 있다. 특이한 생리적 증상이 동반되지는 않지만, 태평양을 따라 한 극에서 반대 극으로 지그재그로 그려진 국제 날짜 변경선을 가로지르는 효과도 그에 못지않게 이상하다. 그 이유는, 예컨대 샌프란시스코에서 홍콩으로 향하는 배나 비행기가 날짜 변경선을 통과하면, 그 동쪽에 접해 있는 모든 장소와 서쪽에 접해 있는 모든 장소 사이의 24시간 시차 때문에 달력의 하루 전체를 잃어버리기 때문이다. 이 경우, 시계를 조정할 필요는 없지만, 해당 주에서 하루를 버려야 한다. 반면, 반대 방향으로 날짜 변경선을 넘을 때는 일주일이 8일이라는 경험을 하는 것처럼 보이므로, 한밤중에 날짜 변경선을 통과하는 경우, 이를테면 두 번의 금요일을 연속적으로 보내게 된다. 이것은 동쪽으로 세계를 일주할 때는 여행 소요 일수가 여행이 시작되고 끝나는 지점에서 계산된 것보다 하루가 많으므로 여행 중의 하루가 24시간 미만이지만, 서쪽으로 일주할 때는 여행 일수가 여행 시작 지점에서 계산된 것보다 하루가 적으므로 여행 중의 하루가 24시간 이상이 되는 것을 의미한다. 이 현상은 쥘 베른(Jules Verne)의 소설 『80일간의 세계 일주 (Around the World in Eighty Days)』의 기초가 되었는데, 동쪽으로 여행을 마친 주인공은 여행에 80일 이상 걸렸다고 생각했지만, 날짜 변경선을 통과할 때 달력을 뒤로 돌려놓는 것을 생략했기 때문에 되돌아올 때는 달력보다 하루 앞섰고, 결국 예정된 시간에 여행을 마쳤다는 것을 알게 되었다.

이러한 모든 경험은 시간이 보편적이고 절대적인 것이라는 직관적 감각과 모순되는 것처럼 보이기 때문에 이상해 보인다. 이러한 현상은 시간을 측정하고 이를 삶의 방식과 연관시키기 위해 선택하는 방식에 기인한다. 일상생활에서 측정하는 시간은 하루를 알려주는 지구의 자전을 기반으로 한다. 마찬가지로 태양 주위를 도는 지구의 공전은 1년을 제공한다. 그런데 우리가 달에 산다면, 달은 지구보다 훨씬 더 느리게 회전하기 때문에 달의 자전으로 결정되는 하루는 실제로 지구에서의 한 달과 같다는 것을 발견할 것이다. 지상의 하루를 시(時), 분(分), 초(秒)로 나누는 방법은 순전히 관습적이다. 마찬가지로 주어진 하루가 새벽, 일출, 정오, 일몰, 자정 중 언제 시작되는지는 자의적 선택 또는 사회적 편의의 문제이다.

인간의 시간 감각

일상(日常)의 시간이 우연히 지상의 우리에게 맞는 방식으로 측정되기는 하되 절대적이거나 보편적인 의미가 없다는 것을 인정한다 하더라도, 시간에 대한 우리 내면의 느낌은 어떨까? 이 느낌이 시간의 절대적 본성에 대한 직관을 제공하는 것일까? 시간은 확실히 우리 경험의 기본적인 특성이지만, 우리에게 오감(五感)과 같은 특별한 시간 감각이 존재한다는 증거는 없다. 시간에 대한 직접 경험은 항상 현재의 경험이며, 시간에 대한 개념은 이 경험을 성찰하는 데서 비롯된다. 그렇지만 주의를 현재에 집중하는 동안에는 시간을 인식하지 못하는 경향이 있다. '시간 감각'은 지속(持續)에 대한 어느 정도의 느낌이나 인식을 수반하지만, 이는 우리의 관심과 우리가 주의를 집중하는 방식에 따라 달라진다. 흥미로운 일을 할 때는 시간이 짧아 보이지만, 시간 자체, 즉 그 지속기간에 관심을 더 많이 기울일수록 시간은 더 길어 보인다. 회중시계나 괘종시계의 앞면에서 돌고 있는 초침(秒針)을 볼 때 1분은 그리 길어 보이지 않는다. 그러므로 시간적 지속의 절대적 본성에 대한 믿음은 경험의 직접 결과가 아니라, 방금 언급했듯이, 이 경험에 대한 성찰에서 비롯된다. 지속감은 수행하고 있는 일에 집중하는 정도뿐만 아니라 일반적 육체 상태에도 영향을 받으며, 특히 약물에 의해서나 시계 없이 춥고 어두운 환경에 오랫동안 갇혀 있는 경우에는 왜곡될 수도 있다. 그러나 지속감에 영향을 미치는 가장 널리 경험된 요인은 나이이다. 일반적으로 나이가 들어감에 따라 시계와 달력에 표시되는 시간이 훨씬 더 빠르게 지나가는 것처럼 보이는 것으로 인식되기 때문이다.

현재 상황이 과거의 경험이나 미래의 기대 혹은 욕구와 관련될 때마다 우리는 지속감을 경험한다. 우리가 어떤 시간 인식 감각을 가지고 태어났다는 증거는 없지만, 기대 감각은 기억 의식보다 먼저 발달한다. 갓난아기는 배고파서 울 때 자신의 첫 번째 지속기간을 경험하지만, 이러한 시간적 경험은 단발적이다. 어린아이가 걷는 능력을 습득하는 과정에서 경험하는 상대적으로 긴 지연은 자신이 도달할 수 없다는 것을 파악하려는 열망이 건널 수 없는 공간과 관련된 원시적 시간 개념을 처음으로 일으키기 때문에 시간 감각 발달에 큰 영향을 미친다는 제안이 있었다.[1] 아이가 걷기 시작하더라도 도달하는 것은 여전히 기다리는 것이므로, 이에 따라 기대와 관련된 지연감(遲延感)이 강화된다. 지속에 대한 첫 번째 직관은 아이와 그 아이의 욕망 성취 사이에 있는 간격(間隔)으로 나타난다.

아이가 시간적 개념을 점진적으로 습득하는 것은 언어 사용의 발달과 밀접하게 연관될 수 있다. 시간에 대한 인식은 진화(進化)의 산물이지만, 시간관념은 타고난 것도 아니고 자동으로 학습되는 것도 아니라 경험과 활동에서 비롯되는 지적(知的) 구성물이기 때문이다.[2] 생후 18개월 전후 의 아이는 오직 현재 속에서만 사는 것으로 보이며, 그 나이가 되면 '지금'의 의미를 습득하게 된다. 그때부터 30개월 사이는 사용법을 습득 하는 시간 관련 단어 대부분이 현재만 다루지만, '곧'과 같이 미래와 관련된 몇 가지 단어를 습득하기도 한다. 그러나 과거와 관련된 단어는 거의 없다. 결과적으로, '내일'이 '어제'보다 먼저 사용되지만, 처음에는 둘 다 '오늘이 아닌'의 의미로 해석될 가능성이 있다. 아이가 성장함에 따라 현재 지향적 진술의 상대적 비율이 감소하되 여전히 우세하며, 미래 지향적 진술은 다소 증가하고, 과거 지향적 진술은 이보다 더 느리게 증가한다. 그렇지만 어린아이는 시간에 대한 통일된 개념을 습득하는 데 어려움을 겪는다. 그 이유는, 시간적 순서를 인식하기 시작하더라도 시간은 여전히 자신의 활동에 의존하기 때문이다. 그러나 점진적 언어 습득은 이해 능력과 의사소통 능력을 증가시킬 뿐만 아니라 시간적 관계 를 파악하고 시간적 개념화 능력을 확장할 수 있게 해준다. 시간적 현상 에 대한 인식이 개인적 경험에 내재되어 있는 것처럼 보일 수도 있지만,

그 인식은 우리가 점차 구성하는 법을 배우는 추상적 개념 틀을 수반하기 때문이다.[3] 아이가 시간을 특정 외부 움직임과 연관시키기 시작하더라도, 사물이 서로 관계를 맺고 있을 뿐만 아니라 자신과도 관계를 맺고 있다는 것을 깨닫기 시작할 때까지는 진정으로 시간을 의식하지 못한다. 시간 의식은 기억 발달을 통해서만 가능하다. 아이의 기억 감각은 자신이 경험한 사건뿐만 아니라 적절한 시기에 부모의 기억에 있는 사건과, 최종적으로는 사회 집단의 역사에 있는 사건을 포함한다. 8세 전후가 되어서야 시간적 순서 관계인 이전(以前)과 이후(以後)가 지속과 연관되어 모든 사건이 일어나는 단일 공통 시간관념으로 이어진다. 10세 때에는 네 명 중 단 한 명만이 시간을 실제 시계와 무관한 추상적 개념으로 간주한다는 것이 밝혀졌다. 당연히 이 개념을 이해하는 능력은 지능 발달 속도에 달려 있다. 10세에서 15세 사이의 아이들을 대상으로 한 실험에서 '서머 타임' 제도의 시행으로 시계가 한 시간 앞당겨졌을 때 자신이 나이가 더 들었다고 생각하는지 조사한 결과, 어린 나이의 경우 네 명 중 단 한 명만이 이러한 시간 변화가 자신의 나이에 영향을 미치지 않는다고 믿는 것으로 밝혀졌다. 13세나 14세가 되어서야 비로소 대부분의 아이들은 시계에 표시된 시간이 관습(慣習)이라는 것을 깨닫기 시작한다.[4]

아이가 시간 감각을 발달시키는 방법을 습득하는 방식에 대한 이러한 설명은 서양 산업 문명에서 성장하는 아이들에게만 적용되며, 덜 복잡한 사회의 아이들에게는 적용되지 않는다. 예를 들어, 벨(P. M. Bell)은 우간다에서 아이들을 가르칠 때, 이들이 지능이 모자라지 않음에도 어떤 일이 얼마나 오래 걸리는지 판단하는 데 있어서 또래 서양 아이들보다 훨씬 더 큰 어려움을 겪는 것을 발견했다고 보고했다. 버스로 2시간을 여행하는 데 어떤 아이들은 10분밖에 걸리지 않았다고 말하고 다른 아이들은

8

6시간이나 걸렸다고 말했다는 것이다![5] 또한 백인 아이들과 비슷한 정신 능력을 갖춘 호주 원주민 아이들은 시계를 보면서 시간을 말하는 것을 극도로 어렵게 생각하는데, 이는 대부분의 서양 아이들이 일반적으로 6~7세에 성공적으로 습득하는 것이다. 원주민 아이들은 기억력 훈련을 통해 시곗바늘을 읽을 수는 있지만, 자신들이 읽은 시간을 실제 시간과 연관시키는 것을 매우 어려워하는 것이다. 제시된 설명은 우리의 삶과 달리 그들의 삶은 시간의 지배를 받지 않는다는 것이다.[6]

시간과 인류

우리의 시간 감각에는 지속에 대한 인식과 과거, 현재, 미래 사이의 차이에 대한 인식이 일부 포함된다. 이러한 구분에 대한 감각이 있는 것은 인간을 다른 모든 생명체와 구별하는 가장 중요한 정신 기능 중 하나라는 증거다. 인간을 제외한 모든 동물이 지속적인 현재에 살고 있다고 믿을 만한 이유가 있기 때문이다. 예를 들어, 오랜 이별 후에 주인을 만나서 열광적으로 기쁨을 드러내는 개가 보여주는 행동과 같이 동물이 어떤 기억 감각을 갖는 데 과거에 대한 어떤 형상(形狀)이 필요한 것은 아니다. 개는 주인을 알아보는 것으로도 충분하다.

마찬가지로, 동물에게 미래 감각이 있다는 확실한 증거도 없다. 일반적으로 이 문제와 관련된 것으로 생각할 수 있는 동물의 행동은 순전히 본능적인 것으로 보인다. 물론 이러한 결론은 고등 유인원, 특히 침팬지의 경우 그다지 명확하지는 않다. 이 문제는 유인원의 지력(知力)에 대한 유명한 조사 과정에서 볼프강 쾰러(Wolfgang Koehler)가 매우 신중하게 고려했다. 그는 침팬지가 어떤 최종 목표를 염두에 두고 장기간 지속되는 준비 작업을 수행하지만, 그 자체로 원하는 목적에 대한 가시적인 접근을 제공하지 못하는 준비 작업을 수행하는 사례를 연구했다. 그러한 경우, 처음에는 침팬지에게 미래에 대한 초보적 개념이 있을 수도 있는 것으로 보였다. 그렇지만, 쾰러는 가장 고등한 유인원의 그러한 모든 행동을, 그 자신의 말을 인용하자면, '현재만 고려해서 보다 직접적으로' 설명할 수 있다는 결론에 도달했다.[7] 특히 쾰러는 침팬지가 나중에 방해받지 않는 조용한 구석에서 먹을 식량을 많이 축적할 때까지 식사를 연기할 기회에 쉽게 반응하는 실험을 자세히 분석한 결과, 침팬지의 행동을 매래 감각의 증거로 해석할 이유를 찾지 못했다. 그는 침팬지의 행동이 나중에 음식을 먹을 때 어떤 기분이 들까 하는 느낌에 자극받는 것이 아니라 단지 지금 가능한 한 많은 음식을 얻으려는 본능적 욕구에 대한 반응일 뿐이라고 믿었다. 더 최근에 스티븐 워커(Stephen Walker)는 『동물의 사고력(Animal Thought)』에서 쾰러의 견해를 확인하고, 어떤 동물에게도 기억력(記憶力)이나 예지력(豫知力)이 있다는 설득력 있는 실험적 증거를 만들어내는 것은 놀랄 만큼 어렵다고 결론지었다.[8]

그렇지만 시간 감각이 인류만의 고유한 것이라는 결론에는 신중한 평가가 필요하다. 논란의 여지없는 반증(反證)이 없는 상황에서 동물에 대한 이 능력을 부정할 충분한 이유가 있기는 하지만, 그러한 능력 없이도 매우 잘 지내는 인간도 있다는 주장도 제기되었기 때문이다. 흔히 인용되는 전형적인 사례로는 애리조나의 호피족(Hopi)이 있는데, 그들의 언어에 대해서는 벤자민 리 워프(Benjamin Lee Whorf)가 매우 상세히 연구했다.[9] 워프는 호피족 언어에는 시간이나 그 측면을 나타내는 단어나 문법적 형태(또는 구성) 또는 표현이 포함되어 있지 않다고 결론지었다. 공간과 시간 개념 대신 호피족은 워프가 각각 '객관적(客觀的)'과

'주관적(主觀的)'이라는 용어로 나타낸 두 가지의 다른 기본 상태를 사용한다. 객관적 상태는, 미래라고 부르는 모든 것을 제외하고, 현재와 과거를 구분하지 않는 감각에 접근할 수 있거나 접근할 수 있었던 모든 것을 포함한다. 주관적 상태는 미래라고 부르는 모든 것을 포함하여 정신적 또는 영적(靈的)이라고 여기는 모든 것으로 구성되는데, 호피족은 그중 많은 부분을 적어도 본질적으로 예정된 것으로 간주한다. 이 상태에는 현재의 한 측면, 예컨대 잠자리에 드는 것과 같은 행동을 시작하는 것과 같이 드러나거나 완료되기 시작하는 측면도 포함된다. 객관적 상태에는 모든 간격과 거리(距離), 특히 이미 발생한 사건들 사이의 시간적 관계가 포함된다. 반면에, 주관적 상태에는 객관적 상태에서 볼 수 있는 순서(順序)와 계승(繼承)에 해당하는 어떤 것도 포함되지 않는다. 영어와 달리, 호피족 언어는 명사보다 동사를 선호하는데, 동사에는 시제가 없다. 호피족에게는 공간이나 시간을 나타내는 용어가 필요하지 않다. 영어 사용자에게 있어서 이러한 개념들을 언급하는 용어들은 객관적 영역을 지칭하는 경우에는 외연, 작동 및 순환 과정과 관련된 표현으로 대체된다. 미래, 심령, 신화, 추측을 지칭하는 용어들은 주관적인 표현으로 대체된다. 그 결과 호피족 언어는 동사의 시제가 없어도 완벽하게 작동한다고 워프는 주장한다.

하지만 호피족 언어에는 '시간'에 대한 언급이 명시적으로든 암시적으로든 없다는 워프의 주장은 지나치게 포괄적이다.[10] 호피족 사고(思考)의 두 가지 기본 형태 사이에는 시간적 구별이 있기 때문이다. 과거, 현재, 미래라는 세 가지 시간적 상태 대신 호피족은 두 가지 상태를 상상하고, 그 사이에 우리의 과거, 현재, 미래를 포함한다. 호피족이 과거와 미래의 구분을 암묵적으로 인식하는 한, 그들은 현재에만 살고 있다고 말할 수 없다. 시간에 대한 그들의 근본적인 직관이 유럽에서 진화된 직관과 같지 않더라도, 그들에게는 어느 정도의 시간 감각이 있는 것이다. 그럼에도 불구하고 호피족은 천문 지식을 바탕으로 특정 축제가 표준에서 이틀 이상 벌어지지 않을 정도로 충분히 정확한 농업용 달력과 의식용(儀式用) 달력을 성공적으로 개발했다.[11]

마찬가지로, 에번스 프리처드(Evans-Pritchard)가 지적한 바와 같이, 수단 남부의 아잔데족(Azande)에게 있어서 시간은 에번스 프리처드에게 있어서의 시간과는 다른 의미가 있다. 아잔데족의 행동으로부터 에번스 프리처드는 그들의 현재와 미래는 겹쳐 있으므로 미래의 건강과 행복은 이미 존재하는 것으로 간주되는 미래의 조건에 달려 있다고 결론지었다. 결과적으로, 아잔데족은 이 조건을 생성하는 신비한 힘을 지금 여기에서 다룰 수 있다고 믿는다. 어떤 사람이 가까운 미래에 병에 걸릴 것이라는 신탁(神託)이 나타날 때, 그 사람의 미래는 이미 현재 시간의 일부이기 때문에 그의 상태는 이미 좋지 않다. 아잔데족은 이런 문제를 설명할 수는 없지만, 이를 믿고 행동하는 것에 만족해한다.[12]

에번스 프리처드가 연구했던 수단의 또 다른 종족으로, 백나일강 양쪽 기슭에 사는 누에르족(Nuer)은 우리의 '시간'이라는 단어에 상응하는 단어가 없으며, 이에 따라 이것을 경과한다거나 아끼거나 낭비될 수 있는 무언가인 것처럼 말할 수 없다. 시간에 있어서 그 기준점은 그들의 사회 활동을 통해 주어진다. '(그들에게 있어서) 사건은 논리적 순서를 따르지만, 활동이 정확하게 일치해야 하는 자율적 기준점이 없으므로 해당 사건은 추상적 시스템에 의해 통제되지 않는다.'[13] 누에르족은 시간을 측정하지 않고 활동의 계승으로만 생각하기 때문에 시(時)나 분(分)과 같은 시간 단위가 없다. 이러한 활동 중 많은 것이 소와 관련되어 있어서

에번스 프리처드는 '가축 시계(cattle-clock)'라는 용어를 사용하고 있다. 연도는 발생한 홍수, 전염병, 기근, 전쟁 등으로 언급된다. 시간이 지남에 따라 연도에 주어진 이름은 잊히고, 이 조잡한 역사적 기록의 범위를 벗어난 모든 사건은 오래전에 발생한 것으로 간주된다. 전체 부족에게 매우 중요한 일련의 사건을 기반으로 하는 역사적 시간은 소규모 집단의 역사적 시간보다는 더 거슬러 올라가지만, 에번스 프리처드의 견해로는 이조차도 대략 50년 이상의 기간을 포함하지 않으며, 현재로부터 더 거슬러 올라갈수록 그 기준점들의 수는 더 적어지고 더 모호해진다.[14] 누에르족은 사건들 사이의 거리를 시간적 개념의 관점에서 인식하지 않고, 사회 구조, 특히 에번스 프리처드가 '연령 집단 체계(age-set system)'라고 부르는 것과 관련된 것으로 인식했는데, 모든 아이는 단일 연령 집단에 속하는 연속적인 여러 해 동안에 '조성되었다'. 에번스 프리처드가 이 체계에 대해 조사할 당시 그는 여섯 집단의 구성원들이 살고 있음을 발견했다. 주제가 '어려움이 많았기' 때문에 에번스 프리처드는 개인이 실제로 시간을 인식하는 방식을 완전히 설명할 수 없었지만, 누에르족에게 있어서 시간 인식은 사람들이 사회 구조를 통해 때때로 집단으로 움직이는 것에 지나지 않는다고 결론지었다. 결과적으로, 그것은 우리가 연대 측정 기법으로 생성하는 것과 같은 사건들 사이의 시간적 거리에 대한 참된 인상을 만들어내지 못한다. 특히 태초(太初)와 현재 사이의 시간적 거리는 고정되어 있다. 시간을 계산한다는 것은 본질적으로 사회 구조를 개념화한다는 것이며, 그 기준점은 사회 집단 사이의 실제 관계를 과거로 투영하는 것이다. '관계는 과거의 관점에서 설명되어야 하므로 이는 사건을 조정하는 수단이라기보다는 오히려 관계를 조정하는 수단이었으며, 따라서 주로 뒤를 돌아보는 것이다.'[15]

이러한 사례들을 포함한 다양한 예로부터, 공간에 반드시 적용해야 하는 고유한 기하가 없다는 것을 알고 있으므로 공간에 대한 우리의 직관이 고유하지 않은 것처럼, 모든 인류에게 공통된 시간에 대한 고유한 직관은 없다는 것을 알 수 있다. 원시인뿐만 아니라 비교적 진보된 문명에서도 시간적 존재 양식과 시간적 관점의 중요성 등에 대해 다양한 의미가 부여됐다. 요컨대, 시간의 모든 측면은 개념적으로 구별되는 많은 방식으로 고려되어 왔다.

02

시간 기술

시간, 언어 그리고 숫자

시간을 대하는 우리의 방식이 유일한 방식은 아니라는 견해를 확증했음에도 불구하고, 워프의 호피족 연구는 시간과 언어 사이의 보편적 관계에 대한 강력한 증거를 제공한다. 마찬가지로, 현존하는 언어와 방언은 매우 다양하지만, 언어 능력은 모든 인종이 동일한 것으로 보인다. 결과적으로, 인간의 언어 능력은 인종 다양화가 일어나기 이전부터 존재했다는 결론을 내릴 수 있다.

1948년 행동의 대뇌 메커니즘에 관한 힉슨(Hixon) 심포지엄에서 발표된 '행동에 있어서 연속적 순서의 문제(The Problem of Serial Order in Behaviour)'에 관한 유명한 논문에서 미국의 생리 심리학자 래슐리(K. S. Lashley)는 화법(話法)과 어법(語法)에서 구문(構文) 문제의 근본이 되는 조직 원리는 본질적으로 음률(音律)에 있다고 주장했는데, 이 견해는 현재 일반적으로 받아들여지고 있다. 언어의 시간적 측면에 관한 래슐리의 선구적 연구는 미국의 생리학자 렌네베르그(E. H. Lenneberg)에 의해 더욱 발전되었는데, 특히 그는 1968년에 출판된 획기적인 저서 『언어의 생물학적 기초(Biological Foundations of Language)』에서 시간적 측면이 없다고 생각될 수 있는 많은 생리적 과정이 실제로는 시간적 측면을 보여준다고 지적했다. 예를 들면, 순간적인 것으로 보이는 시각(視覺) 과정에서 가장 단순한 형태라도 식별하기 위해서는 신경계에서 시간적 통합이 필요하므로, 시간은 중요한 역할을 한다. 래슐리와 마찬가지로, 그는 언어학의 기초가 해부학과 생리학에서 발견될 것이라고 믿는다. 그의 말에 따르면, '언어는 종(種) 특유의 생리적 기능에 매우 보편적인 생리적 과정을 독특하게 적응시킨 것, 즉 우리 종 구성원 사이의 의사소통으로 간주된다.'[1] 렌네베르그는 인간의 조음(調音)*이 1초에 약 6회 진동하는 기본 주기성을 수반한다는 결론에 도달했으며(개인마다 최대 1회의 변동이 있을 수 있음), 이 가설로 매우 다양한 현상을 설명할 수 있음을 보여주었다.

1959년 맨체스터 문학 철학 협회에 발표한 '화법의 일부 측면(Some Aspects of Speech)'에 관한 클레이턴(Clayton) 기념 강연에서 바우라(C. M. Bowra)는 대다수 원시 부족의 어휘는 세련된 현대 유럽인이 사용하는 어휘보다 훨씬 더 광범위한데, 그 이유는 이들이 추상적 개념에 대한 단어가 없음에도 가시(可視) 세계에서 미세한 구별을 감지하는 데 있어서 극도로 섬세한 경향이 있으며, 이를 별개의 단어로 나타내기 때문이라고 지적했다. 고도로 복잡한 이들의 언어는, 새롭고 전례 없는 조건을 다루는 용어를 받아들일 의무가 없는 한, 이들과 매우 잘 어울린다. 이들

---

* 역자 주: 음을 만들어내기 위해 성대(聲帶)에서 입술에 이르는 발음 기관이 일정하게 움직이는 것.

이 평소 경험하는 생존과 기아 사이의 평형 상태는 종종 정교하게 균형을 이루기 때문에 이들이 일반적으로 자신들의 전통 관습과 습관에서 벗어나는 것을 위험하다고 생각하는 것은 놀라운 일이 아니다. 이들은 자신들의 삶과 사고방식이 변하지 않는다고 믿는 상황에 적용하는 경향이 있으므로 규칙과 관습은 필연적으로 엄격해진다. 결과적으로, 바우라가 다음과 같이 지적했듯이, 이들의 삶의 방식에 밀접하게 적용된 언어는 자신들의 마음이 새로운 경험의 영역으로 자유롭게 이동하는 것을 막는 경향이 있다.

> 이러한 언어들이 변하되 확실히 변하는 한, 그 변화는 개인적 인상(印象)과 사회적 관계의 미묘한 차이를 다루는 그들 자신의 특별한 방법에서 더욱 정교해지고 있다. 그러한 언어를 사용하는 사람들이 완전히 이해할 수 없는 규칙을 어겼다고 해서 백인들이 총을 쏘았을 때, 그 사람들이 무슨 일이 벌어지는지 이해하지 못했다는 것은 놀라운 일이 아니다.[2]

이제 언어는 인간의 가장 뛰어난 특징이라는 것이 일반적으로 인식되고 있다. 인간 언어의 가능성은 성대의 잠재력뿐만 아니라 신피질의 브로카(Broca) 영역 발달과도 관계있는 것으로 보인다. 이 영역은 소리의 순서를 조절하는 것과 관련된 것으로 여겨진다. 만약 그렇다면, 다른 영장류의 뇌에 그러한 영역이 존재하지 않는 것으로 보이는 것은 왜 이러한 동물들의 울음소리가 기본 단위의 시간 순서를 변화시켜서 형성되지 않는지를 설명할 수 있을 것이다.[3]

자신을 표현하려는 거부할 수 없는 추세를 보여주는 아이들은 일반적인 언어 재능을 가지고 태어난다. 어린아이의 옹알이는 자발적 반사 활동으로, 팔다리의 조화되지 않은 움직임과 대체로 유사하다. 모든 정상적인 아이가 수천 개에 달하는 세상 모든 언어의 모든 소리를 낼 수 있는 타고난 능력이 있다는 것은 놀랍지만 명백한 사실이다. 그러나 아이가 자발적으로 말하는 법을 배우는 것은 자신의 '모국어'일 뿐이며, 6세 이전에 인간과 접촉할 수 없었던 이른바 '늑대 소년'이 말하는 법을 배우지 못한 것에서 나타났듯이, 아이는 그 나이 이전에 배우기 시작해야 한다. 나중에 배우려고 하는 다른 모든 언어에는 특별한 노력이 필요하다. 물론 일부 사람에게는 언어 학습이 쉽게 이루어지기도 한다. 한 사람이 습득한 것으로 확실히 알려진 언어의 최대 개수는 60개 미만이다. 유명한 동양학자 윌리엄 존스 경(Sir William Jones, 1746~1794)은 40개 이상의 언어를 알고 있었다고 한다.

말하는 것이 몸짓보다 소리에 기초하는 이유는 아마도 소리가 시간과 가장 밀접한 관련이 있기 때문일 것이다. 소리가 일시적(一時的)임에도 불구하고, 언어의 발달은 원래 이름을 붙일 수 있을 만큼 오래 지속되는 대상에 대한 인간의 인식에 의존했다. 동사 시제(時制)의 도입이 비교적 늦게 발전했을 것이라고 믿을 만한 충분한 이유가 있기 때문이다. 언어의 진화에 대한 지식은 필연적으로 서면 기록에 국한되어 있지만, 이러한 결론을 뒷받침하고 있다. 예를 들어, 기원전 2천 년경 중부 이집트어에서 '시제'는 화자(話者)와 연관된 시간과 관련된 행동의 시간적 관계보다는 동사로 표현된 개념의 반복과 연관되어 있었다. 이는 단지 중부 이집트어의 독특한 특징만은 아니었다. 다른 고대 언어 형태에서도 지배적인 시간적 특성은 시제보다는 지속이었다는 것이 발견됐기 때문이다. 실제로 과거, 현재, 미래의 구분이 완벽하게 발전한 것은 인도-유럽 언어뿐이다. 예를 들어, 히브리어에서 동사는 행동을 이런 방식으로 취급하지 않고 불완전하거나 완전한 것으로 취급한다. 더욱이, '미래는 우리 앞에 놓여 있는 것으로 주로 생각되지만, 히브리어에서는 미래 사건이 항상 우리

뒤에 오는 것으로 표현된다.'[4] 한편, 이미 고대 그리스어에서는 시제를 구별하는 낱말 형식의 증거가 발견된다.

노르만 정복 이전에 잉글랜드에서 사용된 언어인 '고대 영어'에는 미래 시제에 대한 뚜렷한 단어가 포함되어 있지 않았다. 그 대신, 현재 시제는 필요에 따라 그 목적에 맞게 특별히 조정되었다.

수잔 플라이슈만(Suzanne Fleischman)은 우리가 지금 사용하는 시제는 지식과 관련된 과거, 감각과 관련된 현재, 욕망과 의무 그리고 잠재력과 관련된 미래라는 명확한 정신적 활동에 해당한다는 사실에 주목했다. 도덕적 의무를 강조했기 때문에 그리스도교가 부상(浮上)하게 된 것이 서기 5세기경에 새로운 형태의 미래가 도입된 유일한 이유였다는 주장도 있었지만, 그녀의 의견으로는 거의 같은 시기에 일어난 라틴어 문장의 SOV(주어-목적어-동사)에서 SVO(주어-동사-목적어)로의 기본 어순 전환 효과에도 그만큼의 중요도를 부여해야 한다. 그녀는 '문화적 결정 요인의 가능성을 배제하지 않는 다중 인과관계를 고려하는 것'이 이러한 문제에 대한 가장 만족스러운 접근 방식으로 판명될 수 있다고 생각한다.[5]

조지 스타이너(George Steiner)는 처음으로 먼 미래에 관한 진술이 가능하다는 것을 깨달았을 때 받았던 어린 시절의 충격을 떠올렸다. 그는 '나는 내가 "지금" 평범한 장소에 서서 50년 후의 기후와 그 나무들에 대한 문장을 말할 수 있다는 생각이 나를 육체적 경외감으로 가득 채웠던 열린 창문 옆의 순간을 기억한다. 특히 미래 시제, 미래 가정법은 문자 그대로 마법의 힘을 가진 것처럼 보였다.'라고 적고 있다. 그는 그 느낌을 극도로 큰 숫자를 고려할 때 종종 발생하는 정신적 현기증과 비교하고, 알려진 가장 오래된 인도-유럽 언어인 산스크리트어의 일부 학자가 '미래 문법 체계의 발전은 매우 큰 숫자의 회귀 급수에 관한 관심과 일치했을 수도 있다'라고 한 흥미로운 제안에 주목한다.[6]

어쨌든, 숫자 개념의 기원은 언어의 기원과 마찬가지로 우리의 마음이 시간에 따라 작용하는 방식, 즉 엄밀히 말해서 한 번에 한 가지 일에만 주의를 기울일 수 있으며, 정신을 집중해서 이를 오랫동안 할 수 없는 것과 밀접하게 연관되어 있음이 분명하다. 따라서 우리의 시간관념은 우리의 사고 과정이 주목하는 것에 대한 개별 행위의 선형적 순서로 구성된다는 사실과 밀접하게 연관되어 있다. 그 결과, 시간은 모든 리듬 중에서 가장 간단한 리듬인 셈(counting)과 자연스럽게 연관된다. 'arithmetic(산술)'과 'rhythm(리듬)'이라는 단어가 'to flow(흐르다)'를 의미하는 공통 어근에서 파생된 두 개의 그리스어 용어에서 나온 것은 분명 우연이 아니다. 시간과 셈 사이의 관계는 내 저서 『시간의 자연철학』에서 더 자세히 논의된다.[7]

시간과 자연적인 측정 기반

아무리 원시적일지라도 대부분 종족에게는 기후 및 동식물의 삶의 시간적 변화에서 나타나는 자연의 상태나 기초적인 천문 관측으로 밝혀진 천체 현상에 근거해서 시간을 기록하거나 계산하는 방법이 있다. 특정한 발생을 통해 제공되는 시간 표시가 시간 계산, 즉 시간 단위를 연속적으로 세는 것에 선행했다. 시간을 세는 가장 오래된 방법은 쉽게 인식할 수 있는 반복 현상을 이용하는 것인데, 예를 들면 새벽으로 날짜를 세는 것으로, 이는 호메로스(Homer)의 『일리아드(Iliad)』(xxi, 80~82, "이것은 내가 일리온(Ilion)에 온 이후 열두 번째 새벽이다.")에서 발견된다.

닐슨(M. P. Nilsson)이 말했듯이, 시간을 세는 이러한 방법에서 세는 것은 전체로서의 단위가 아니라 이 단위 안에서 한 번만 발생하는 구체적 현상이다. 그 이유는 전체로서의 단위를 생각하지 못했기 때문이다. 이러한 방법은 그가 '*전체를 나타내는 부분*(pars pro toto) 방법'이라고 부르는 것으로, 연대기에 광범위하게 사용된다.[8]

이 방법의 좋은 예로는 'day'라는 단어의 확장된 사용을 들 수 있다. 낮과 밤이 24시간의 단일 단위로 융합되는 일은 낮과 밤을 본질적으로 별개 현상으로 간주했던 원시인에게는 일어나지 않았다. 지금도 이 중요한 단위를 나타내는 특별한 단어가 있는 언어가 거의 없다는 것은 흥미로운 사실이다. 주목할 만한 예외는 예컨대 스웨덴어 단어인 dygn*과 같은 스칸디나비아 용어가 있지만, 영어에서는 동일한 단어인 'day'를 사용해서 24시간 전체를 나타내기도 하고 그 중의 일광(日光) 부분만 나타내기도 한다. 어떤 종족은 '새벽'과 '낮' 대신 밤의 개수로 시간을 센다. 그 이유는 수면이 특히 편리한 시간 표시기 역할을 하기 때문일 것이다. 영어에서 이와 관련된 친숙한 잔재는 'fortnight'라는 단어인데, 이 용어는 영국의 'sennight'라는 단어만큼이나 오늘날 미국에서도 쓸모없어진 단어이다.

일광 기간의 특정 시간을 나타내기 위해서 종종 하늘에서 태양의 위치를 참조하는 방법이나 다른 방법이 사용된다. 따라서 호주 원주민은 나뭇가지에 돌을 놓고 필요한 시간에 태양이 돌과 마주칠 수 있도록 함으로써 계획된 행동을 하기 위한 시간을 정하곤 한다. 열대 지방의 많은 부족은 태양의 방향이나 똑바로 세워진 막대가 드리운 그림자의 길이나 위치를 참고해서 시각(時刻)을 나타내지만, 일출 전에 시간표시기로 가장 널리

---

* 역자 주: 하루, 즉 24시간을 의미하는 단어.

사용되는 자연 현상은 새벽이다.

하루 단위가 언제 시작되는지 결정하기 위해 채택된 관습은 다양했다. 고대 이집트인은 새벽을 선택했고, 바빌로니아인과 유대인 그리고 무슬림은 일몰을 선택했다. 로마인은 처음에는 일출을 선택했지만, 일광 기간의 가변적 길이 때문에 나중에는 자정을 선택했다. 14세기에 놀랄만한 시계가 출현하기 전까지 서유럽에서는 새벽이 하루 단위의 시작이었지만, 나중에는 자정을 상용일(常用日)의 시작으로 선택했다. 프톨레마이오스(Ptolemy, 서기 150년경 활동)와 같은 천문학자는 정오를 선택하는 것이 더 편리하다는 것을 알게 되었고, 국제 협정에 따라 천문일(天文日)이 상용일과 일치하도록 했던 1925년 1월 1일까지 정오는 천문일의 시작 시점으로 남아 있었다.

일(日) 외에도 가장 중요한 자연적인 시간 단위로는 년(年)이 있다. 일반적으로 동일한 현상의 순환이 매년 나타남에도 불구하고, 인간은 서로 다른 계절을 하나의 일정한 시간 단위로 통합하는 방법을 오직 점차적으로 습득했다. 원래 '년'은 식물의 생장 주기로 이해되었기 때문에, 각각 고유한 파종 시기와 수확 시기가 있는 두 개의 유사한 반년(半年)을 겪던 적도 지역 사람이 이 단계를 택하는 것은 특히 어려웠다. 자연년(自然年), 즉 태양을 중심으로 하는 지구의 연간 공전 기간과 농업년(農業年) 사이에는 중요한 차이가 있다. 자연년에는 시작이나 끝이 없지만, 농업년에는 시작이나 끝이 있다. 고대 노르웨이인, 독일인, 앵글로색슨족은 연도(年度)를 겨울의 횟수로 세는 경향이 있었다. 열대 지방에서는 당연히 드물었던 이 관행의 이유는 밤의 횟수로 하루를 세는 것과 똑같았는데, 겨울은 휴식의 계절이고 나뉘지 않는 전체이므로 활동이 많은 여름보다 더 편리했기 때문이다. 그러나 이 규칙에도 예외는 있었다. 예를 들어, 슬라브인은 연도를 여름의 횟수로 셌고, 잉글랜드인도 '18번째 여름의 처녀'와 같은 표현을 사용했으며, 중세 바이에른인은 가을의 횟수로 셌다.

연중 내내 기후와 기타 자연의 상태를 통한 시간 표시는 대략적일 뿐이며, 해마다 변하는 경향이 있다. 농업에서는 더 높은 정확도가 요구되었는데, 이는 별, 특히 별의 출몰(出沒)로 주어질 수 있다는 것이 오래전에 인식되었다. 이 현상을 관찰하는 데는 태양과 함께 잠자리에서 일어나고 잠자리에 드는 원시인에게 큰 지적(知的) 요구가 필요하지 않았다. 원시인은 경험을 통해서 해 뜨기 직전 동쪽에서 어떤 별이 떠오르고 해 질 녘 서쪽에서 어떤 별이 나타났다가 금방 지는지 알 수 있었다. 이와 같은 '태양 근방', 즉 헬리어컬(heliacal) 출몰은 일 년 내내 변하며, 특정 자연 현상과 쉽게 상관관계를 가질 수 있다. 그러므로 별은 지상 현상의 상태를 기반으로 하는 그 어떤 것보다 연중 시간을 더 정확하게 결정할 수 있는 준비된 수단을 제공한다. 태양의 위치를 통해 시각이 드러날 수 있는 것처럼, 연중 시기(時期)는 헬리어컬 출몰을 통해 결정될 수 있으므로 달력의 기초를 형성할 수 있다. 연중 시기는 또한 플레이아데스 성단(Pleiades)과 같이 쉽게 인식할 수 있는 별 집단의 위치를 관찰해서도 대략 결정될 수 있다.

별은 계절을 결정하는 데 도움이 될 수 있지만, 년(年)을 여러 부분으로 나누도록 할 수는 없다. 그 대신에 달이 년과 일 사이의 시간 단위를 생성하는 데 사용됐다. 더욱이, 자연의 상태나 별의 시간 표시와 달리, 달이 차고 이울어 가는 현상은 지속적인 시간 측정 수단을 제공한다. 결과적으로, 달이 끊임없이 변하는 모습이 시간의 지속적 측면에 주의를 끌었기 때문에, 달은 최초의 크로노미터로 간주될 수 있다. 월(月)의 개념은 년의 개념보다 훨씬 쉽게 이해될 수 있지만, 태양 주기가 달 주기의 똑떨어지는 배수가 아니므로 이 둘을 만족스럽게 결합하는 것은 어렵다. 신월(新月), 즉 초승달을 관측하는 것으로 월초(月初)를 결정할 때, 월은 태음월(太陰月)을 기준으로 했지만, 이는 시간 측정에는 불편하다. 계절과 그에 따른 생명의 리듬을 결정하는 것은 태양의 움직임이기 때문이다. 결과적으로, 현재의 월 체계는 더 이상 달 자체와 아무 관련 없이 태양년(太陽年)을 열두 부분으로 나누는 순전히 자의적인 방법이다. 년에 대한 오늘날의 개념은 로마인까지 거슬러 올라갈 수 있으며, 이들을 통해 태음월을 시간 척도로 고려하지 않았던 이집트인까지 거슬러 올라갈 수 있다.

년 및 일보다 짧은 시간 간격과 관련해서 원시 종족은 종종 '눈 깜박할 사이'나 주어진 양의 밥을 짓는 데 필요한 시간과 같은 점유 시간을 사용했다. 실제로, 인간이 자연적인 측정 기반을 포기하지 않으려는 것은 과학적 시간 측정 체계의 발전에 오랫동안 장애가 되었는데, 이는 시(時)의 경우에 특히 분명하다. 일광 기간을 열두 부분으로 나누는 방식은 이집트인이 도입했는데, 이들은 먼저 일출에서 일몰까지의 간격을 10시간으로 나눈 다음 동틀 녘과 해 질 녘에 각각 1시간씩 2시간을 추가했다. 이들은 또한 밤을 12등분으로 나누었다. 이른바 '계절 시간'은 연중 시기에 따라 지속기간이 변했다. 이러한 관행의 불편함은 이집트처럼 더 북쪽에 있는 나라에서는 그다지 크지 않았지만, 물시계의 발달에 불필요한 복잡성을 가중했고, 정밀한 천문학에서는 상당히 비실용적이었다.

현대 사회의 시간

현대인이 그 선조와 특히 구별되는 것은 점점 시간을 의식하게 되었다는 것이다. 잠에서 깨어나는 순간 우리는 보통 몇 시인지 궁금해한다. 일상생활을 하는 동안에도 끊임없이 시간에 관심을 두고 항상 시계를 참조하고 있다. 이전 시대의 사람들은 열심히 일하면서도 우리보다 시간에 대해 덜 신경 썼다. 현대 산업 문명이 부상할 때까지 사람들의 삶은 그 이후보다 훨씬 덜 의식적으로 시간의 지배를 받았다. 기계식 시계 및 휴대용 시계의 개발과 지속적인 개선은 우리가 살아가는 방식에 지대한 영향을 미쳤다. 오늘날 우리는 일정표의 지배를 받고 있으며, 많은 사람은 한 일을 기록하기 위해서가 아니라 적절한 시기에 적절한 장소에 있는지 확인하기 위해서 다이어리를 들고 다닌다. 우리 사회의 복잡한 운영이 원활하고 효과적으로 기능할 수 있도록 주어진 일상을 고수해야 할 필요성은 점증하고 있다. 심지어 배고플 때가 아니라 시계가 식사 시간이라고 표시할 때 식사하는 경향까지 생겨났다. 결과적으로, 물리적 시간의 객관적 순서와 개인적 경험의 개별적 시간 사이에는 차이가 있지만, 우리는 점점 더 개인적인 '지금'을 시계와 달력으로 결정되는 시간 척도와 연관시킬 수밖에 없다. 마찬가지로, 자연 세계에 관한 연구에서도 현상의 시간적 측면에 오늘날에서보다 더 많은 중요성이 부여된 적은 없었다. 왜 이런 일이 벌어졌는지 그리고 왜 시간 개념이 이제 우리 삶과 사회 활동을 조직하는 방식을 통제하는 것 이상으로 물질세계와 인간 사회에 대한 우리의 이해를 지배하게 되었는지 이해하기 위해서는 시간 개념이 역사를 통해 해왔던 역할을 살펴보아야 할 필요가 있다.

PART
02

고대와 중세의 시간

역사 여명기의 시간

선사 시대

자아의식은 인간 존재의 근본적인 특징으로, 일련의 다양한 인식 상태를 통해 개인적인 연속성의 감각을 수반한다. 개인적 정체성에 대한 이러한 감각은 본질적으로 기억에 의존하는데, 과거에 대한 감각은 오직 인간이 의식적으로 자신의 기억을 숙고할 때만 발생할 수 있다. 마찬가지로, 목적이 있는 행동에는 최소한 미래의 성취에 대한 암묵적인 인식이 수반되는데, 미래에 대한 일반적인 감각은 미래 사건의 문제에 자신의 마음을 체계적으로 적용하기 전까지는 발생할 수 없었다. 인간은 과거, 현재, 미래를 명확하게 구분하기 훨씬 이전부터 기억과 목적을 의식하고 있었음이 틀림없다.

도르도뉴 주(州)의 라스코(Lascaux) 동굴에서 발견된 유명한 구석기 시대 그림은 적어도 암묵적으로는 사람들이 과거, 현재, 미래의 측면에서 목적론적 의도를 가지고 2만 년 또는 그보다 더 이전에 작업하고 있었다는 증거로 해석되었다. 우리가 원시 종족에 대해 알고 있는 바로는, 이러한 그림 제작 동기는 주술적이었을 가능성이 매우 크며, 그 목적은 동굴 벽이나 천장의 그림에 미래의 다른 어디에선가 영향을 받기를 바라는 사건(일반적으로 동물을 도살하는 것)을 고정하는 것이었다. 프랑스 아리에주 주(州)의 트루아 프레르(Trois Frères) 동굴 가장 안쪽 오목한 곳 중 하나의 벽에 있는 그림으로, 사슴뿔을 달고 동물 가죽을 뒤집어쓴 사람을 나타내며 소위 '춤추는 마법사(Dancing Sorcerer)'로 잘 알려진 그림을 그린 사람들은 춤추기가 끝나고 난 이후에도 마법적 효능이 보존될 것인지에 대해 염려했기 때문에 실제 춤 공연이 불충분하다고 느꼈을 수도 있다. 만약 그렇다면, 이 가설은 수천 년 전에 이 사람들이 이 목적을 위해 왜 그렇게 동굴 깊숙이 침투하는 어려움과 위험을 감수했는지 설명할 수 있을 것이다.

이러한 회화적 표현을 할 때 사람들은 과거 사건에 대한 자신들의 기억에 의존했을 것이고, 이에 따라 세 가지 양태의 시간이 모두 포함되었을 것이다. 그러나 이는 문법에 대한 명확한 지식이 언어 사용에 필수적인 것이 아닌 것과 마찬가지로 과거, 현재, 미래 구분에 대한 의식적인 인식을 의미하는 것은 아니다. 실제로, 인간이 지속적인 현재에서 동물처럼 사는 타고난 경향을 극복하기 위해서는 엄청난 노력이 필요했을 것이다. 더욱이, 이성적 사고의 발달은 실제로 인간이 시간의 의미를 인식하는 데 방해했던 것으로 보인다.

폴 래딘(Paul Radin)은 고전적 저서 『철학자로서의 원시인(Primitive Man as Philosopher)』에서 원시인에게는 두 가지 다른 유형의 기질이 존재한다고 주장한다. 즉, 외부 대상을 지향하고 실용적인 결과에 주로 관심이 있으며 내적 자아의 자극에 비교적 무관심한 행동가와, 자신의 주관적 상태를 분석하고 '설명하도록' 강요받는 사색가(훨씬 드문 유형임)가 있다고 주장한다. 행동가는, 자신이 조금이라도 설명을 고려하는한, 사건들 사이의 순전히 기계적인 관계를 강조하는 설명으로 기울어진다. 그의 정신적 리듬은 동일한 사건이나 사건들의 끝없는 반복에 대한요구로 특징지어지며, 그에게 있어서 변화(變化)란 본질적으로 갑작스러운 전환을 의미한다. 반면에 사색가는 순전히 기계적인 설명이 부적절하다고 판단한다. 그러나 그는 하나에서 여럿으로, 단순한 것에서 복잡한것으로, 원인에서 결과로의 점진적 발전의 관점에서 설명하기를 추구하지만, 끊임없이 변하는 외부 대상의 형태에 당황해한다. 그가 외부 대상을체계적으로 다루기 전에 그는 그 대상에게 어떤 형태의 영속성(永續性)을부여해야만 한다. 다시 말해서, 세상은 정적(靜的)으로 만들어져야 한다.[1]

궁극의 실체(實體)는 시간을 초월한다는 믿음은 인간의 사고(思考)에깊게 뿌리를 두고 있으며, 세계에 관한 합리적 탐구의 기원은 끊임없이변하는 사건 패턴의 이면에 놓인 영구적 요소에 대한 탐색이었다. 원시인의 사고에 대한 논의에서 래딘이 강조했듯이, '대상이 역동적인 존재로간주되는 즉시 분석과 정의는 어려워지고 불만족스러워진다. 그러한 상황에서 사고하는 것은 대부분의 사람에게는 거의 불가능하다.'[2] 실제로,언어 자체는 소멸하는 세상에 영속성이라는 요소를 불가피하게 도입했다. 말 자체는 일시적이지만, 언어의 관습화된 소리 기호는 시간을 초월하기 때문이다. 그러나 구어(口語) 수준에서 영속성은 전적으로 기억에달려 있었다. 더 높은 영속성을 얻기 위해서는 구술(口述)의 시간 기호를기록(記錄)의 공간 기호로 변환해야 했다. 최초의 기록은 새나 동물과같은 자연적인 대상을 단순히 그림으로 표현한 것이었다. 다음 단계는생각을 시각적 대상의 상징적 그림으로 표현하는 표의문자(表意文字)였다. 문자 진화에 있어서 결정적인 단계는 표의문자가 소리 나는 것을 표현하는 표음문자(表音文字)가 되었을 때 일어났다. 이처럼 시간에 따라 소리 기호를 시각 기호로 변환하는 것은 영속성 추구에 있어서 가장 큰 걸음이었다.

우리는 시간의 과도적(過渡的) 성격을 참조해서 과거, 현재, 미래를 구분한다. 기억에 의존적이기는 하지만 개인적 정체성에 대한 감각은 시간의 지속적 측면과 밀접하게 연관되어 있다. 다른 생명체와 마찬가지로 자신이 태어나고 죽는다는 사실을 알게 된 인간은 직관적으로 자신의 존재를 무한정 영속화함으로써 가차 없는 시간의 흐름을 피하고자 노력했을 것임이 틀림없다. 매장의식(埋藏儀式)에 대한 증거는 적어도 네안데르탈인까지 거슬러 올라가고, 아마도 그보다 더 이를 수도 있을 것으로 보인다.[3] 약 6만 년 전 이라크 북부의 한 동굴에서 거행된 네안데르탈인 매장에는 꽃이 포함된 것으로 보인다.[4] 우리 종족의 경우, 기원전 약 3만 5천 년경으로 거슬러 올라가는 가장 오래된 증거에 따르면, 사자(死者)에게는 무기, 도구, 장신구뿐만 아니라 살아있는 사람들 사이에서도 종종 공급이 부족했을 음식도 있었다. 어떤 경우에는 물리적 사멸을 피하려는 바램으로 혈액을 흉내 내는 붉은 황토색으로 육체가 덮여 있었다. 사자 처리에 대한 관심은 적절한 조치가 취해지는 경우 죽음을 과도적 상태로 간주할 수 있다는 깊은 확신을 나타낸다.

적절한 의식(儀式)을 통해야만 만족스러운 영향을 받을 수 있는 삶의 한 단계에서 다른 단계로의 전환으로서의 죽음이라는 개념은 다른 자연적 변화를 다루는 패턴이 되었다. 삶의 한 단계에서 다른 단계로의 주요한 전환은 중대 국면으로 여겨졌고, 그 결과 공동체는 적절한 의식을 지원했다.

마찬가지로, 자연의 주요한 전환도 갑작스럽고 극적으로 발생하는 것으로 간주되었다. 구석기 시대의 사람들은 이미 연중 특정 시기에 동식물이 다른 시기에 비해 덜 번식한다는 것을 알고 있었고, 따라서 적절한 공급을 유지하기 위해서는 계절 의식을 수행하는 것이 필요하다고 여겼다. 유목 생활과 채집 생활로부터 농업과 고도로 조직화된 사회 형태로 변화하면서, 자기 자신과 자신이 사냥한 동물에 대한 인간의 불안은 자연에 대한 더 광범위한 불안으로 병합되었다. 필요한 계절에는 정상적인 작물 성장을 방해할 수 있는 예측 불가 요인을 극복하기 위해 의식적(儀式的)인 대응이 필요했다. 연속적인 자연 현상과 상태는 우주에 대한 극적인 해석의 증거가 되었다. 자연은 신성한 우주의 힘과 악마적 혼란의 힘 사이의 투쟁 과정으로 보였으며, 인간은 단순히 구경꾼이 아니라 자연과 온전히 조화를 이루어 행동함으로써 필요한 현상을 일으키도록 돕는 데 적극적인 역할을 해야 했는데, 이는 적절한 시간에 주어진 일련의 의식을 수행하는 것을 의미했다.

최근 몇 년 동안 가상의 천문학적 정렬 측면에서 스톤헨지(Stonehenge)와 같은 거석(巨石) 유적에 관한 연구는 선사 시대의 달력에 대한 지식과 관련된 흥미로운 추측으로 이어졌다. 이러한 견해에 대한 신중한 평가는 헤기(D. C. Heggie)에 의해 이루어졌다.[5] 심지어 후기 구석기 시대의 유물과 동굴에서 발견되는 많은 표시가 사실상 달력에 관한 것이거나 천문학적일 것일 수도 있다는 제안도 있었다.

고대 이집트

가장 오래된 문명에서도 사회적 사건과 자연적 사건 사이의 확실한 상관관계가 발견된다. 모든 것이 나일강에 의존했던 이집트에서는 자연 순환의 새로운 시작이 새로운 파라오의 통치에 적절한 출발점을 제공할 때까지 대관식이 연기되기도 했다. 대관식은 초여름에 나일강 수위가 상승하거나 비옥한 들판에 파종 준비가 된 가을에 수위가 하강하는 것과 일치하도록 했다. 왕실 의식은 파라오가 전통 행위를 재연함으로써 본 (本)으로 삼은 신성한 원형(原型) 오시리스(Osiris)의 역사와 밀접하게 연관되어 있었다. 오시리스는 생명을 주는 물과 나일강에 의해 비옥해진 토양을 상징했다. 강물이 빠지면 땅은 결국 죽어가는 것처럼 보였지만, 물이 다시 나타나면서 부활했다. 오시리스 신화는 이러한 출생, 죽음, 부활의 순환을 구현하고 불멸(不滅)을 약속했다. 죽음을 맞이할 때 일련의 의식을 통해 파라오는 자신이 오시리스가 됨으로써 시간의 약탈 행위로부터 안전할 수 있었다. 불멸에 이르는 이러한 방식이 처음에는 왕실 고유의 특권이었지만, 결국에는 유사한 의식을 모방할 수 있는 모든 사람에게 불멸을 부여하는 것으로 간주되었다. 브랜든(S. G. F. Brandon)이 지적했듯이, 오시리스 숭배의 큰 인기는 사실상 이집트인이 의식적으로 인식하지 못했을 수도 있는 확실한 시간 개념의 채택을 의미했다. 그 이유는, 이집트인은 오시리스가 실제로 오래전에 자신들의 땅에 살았었다고 믿기 때문에, 그를 숭배하는 것은 오시리스의 죽음과 부활이라는 특정한 역사적 사건이 마법의 흉내 내기를 통해 영구적으로 반복될 수 있다는 것을 의미했으므로 흉내 내기의 선(善)한 기대 효과는 대신 의식이 행하여진 사람에게 도움이 될 수 있기 때문이다.[6]

　오시리스 숭배는 브랜든이 '과거의 의식적 영속(永續)'이라고 부르는 놀라운 사례였지만, 이러한 숭배는 개인적 불멸에만 관심이 있었을 뿐이고, 과거 자체에 관한 관심을 불러일으키지는 못했다. 오히려 오시리스와 관련된 특정 사건을 특정한 경우에 재현하려고 노력함으로써 과거보다는 현재에 사고(思考)가 집중되었다. 이집트인은 시간을 반복적인 단계들의 연속으로 간주했다. 그들에게는 역사에 대한 감각이나 심지어 과거와 미래에 대한 감각이 거의 없었다. 절대적인 과거가 있었지만, 그것은 규범적인 것이었을 뿐, 후퇴하는 것으로 간주하지 않았기 때문이다.[7] 그들은 세상을 본질적으로 정적(靜的)이고 변하지 않는 것으로 생각했다. 태초에 신은 모든 것이 영구적인 방식으로 조직된 세상을 창조했다. 그러나 계절 현상의 규칙적 반복을 수반하는 우주는 끊임없는 통제에 의해서만 균형이 유지될 수 있었다. 지상에서는 이것이 파라오의 직무였다. 역사적 사건은 기존 질서의 피상적 교란이나 변함없는 중요성을 지닌 반복적인 사건에 지나지 않았다. 사건이 영구적으로 반복된다는 이러한 개념은 변화와 쇠퇴의 위협으로부터 안전감을 느끼게 했다. 사물의 관습적 질서를 어지럽히는 어떤 위기가 발생하더라도, 이는 정말로 새로운 것이 아니라 세계 창조에서 예견되었던 것이다. 따라서 제사장은 해당 사건이 이미 과거에 일어났는지 그리고 그 당시 어떤 해결책이 적용되었는지를 알아보기 위해 고대 기록을 검토했다.

　이집트인이 시간을 대하는 태도에 대한 이러한 평가는 그들이 연대기를 대하는 태도를 통해서도 뒷받침된다. 연도는 선형적으로 연속적인 번호가 매겨지는 것이 아니라, 각 파라오의 즉위마다 첫 번째 연도가 되는 특정 파라오의 통치와 세금 부과에 따라 매겨졌다. 재무관이 2년마다 왕실 소유물에 번호를 매겼기 때문에, 주어진 통치 기간은 예컨대 '세 번째 번호 매기기의 해' 또는 '세 번째 번호 매기기 다음의 해' 등으로 지정되었다. 이러한 지속적 시간 감각의 부재와 특히 공동 섭정, 병행 통치 및 가상 통치로 인해 지난 세기에 대한 정확한 계산이 극도로 어려웠다. 예를 들어, 이집트인이 '쿠푸 왕이 통치할 때'라고 말할 때, 그들은 다소 모호한 방식으로 시간상 멀리 위치한 사건을 생각했다. 더욱이 이집트인이 가지고 있었던 영원한 불변의 세계라는 개념은 그들이 사회적 조건의 어떤 진화도 전혀 상상하지 못했음을 의미했다. 특히 고대 왕국 말기에 사회적으로 상당한 혼란의 시기가 있었지만, 문헌상으로만 언급되어 있을 뿐이었다. 역사 문헌은 그 고난의 시대를 살았던 왕들을 열거하는 데 국한되어 있었으며, 그 당시 중요한 일이 발생하고 있었다는 어떠한 암시도 하지 않았다. 거의 3천 년 동안 이집트인의 역사적 사건에 대한 기록은 왕실 목록에 대한 몰두와 정확한 날짜의 부재로 특징지어졌다. 우리에게 알려진 이집트 역사가로는 211명의 파라오 목록을 작성하고, 이를 특정 그룹이나 왕조로 편리하게 분류한 사제 필경사 마네토 (Manetho) 단 한 명뿐이다. (이 목록은 이집트학자들이 오늘날에도 여전히 사용하고 있다.) 그러나 기원전 3세기에 살았던 마네토는 그리스어로 글을 썼으므로 그의 저작물은 그 성격상 이집트보다는 헬레니즘 양식으로 간주되어야 한다.

그렇지만 이집트인은 한 가지 측면에서는 시간의 과학에 탁월한 공헌을 했다. 오토 노이게바우어(Otto Neugebauer)가 '인류 역사에서 존재했던 유일한 지능형 달력'이라고 묘사한 것을 그들이 고안했기 때문이다.[8] 이집트인의 상용년(常用年)은 각각이 30일인 12개월에 매년 말 5일이 추가되어 총 365일로 구성되었다. 노이게바우어의 견해에 의하면, 이는 헬리오폴리스(Heliopolis)에서 나일강 홍수의 연속적인 도래 사이의 시간 간격을 지속적으로 관찰하고 평균함으로써 순전히 실용적인 근거에서 시작되었는데, 나일강 상승은 이집트인의 삶에서 중요한 사건이었기 때문이다. 처음에 이집트인은 천문년(天文年)이 정확히 365일로 구성된 것이 아니라 하루의 약 4분의 1에 해당하는 추가 부분을 포함하고 있다는 것을 깨닫지 못했다. 불일치는 곧 인식되었고, 천문 현상과 더 밀접하게 위상을 유지하는 또 다른 달력이 도입되었다. 이집트인은 새벽에 모든 별이 가려지기 전에 수평선 위에 마지막으로 나타나는 별이 우리에게는 시리우스(Sirius)로 알려진 개별(dog star) 또는 천랑성(天狼星, Sothis)일 때 나일강의 상승이 일어난다는 점에 주목했다. 따라서 그리스 천문학에서 사용되는 용어를 사용하면, 시리우스의 헬리어컬 출현은 '소딕(Sothic)' 달력의 자연적인 고정점으로 간주되었다. 천문 계산에 따르면, 두 달력의 첫 번째 날은 기원전 2773년에 일치하는데, 이때가 소딕 달력이 도입되었을 때라는 결론이 내려졌다.[9] 이를 나중에 이집트 과학의 아버지로 신격화되었으며 제3 왕조 조세르(Zoser) 왕의 장관이었던 임호텝(Imhotep)과 연관시키는 데에는 이유가 있다. 소딕 달력은 계절과 보조를 맞추었지만, 상용 달력은 그렇지 못했다. 두 달력은 1460(=365×4)년의 간격으로 일치했다. 상용년은 범람 시기, 파종 시기, 수확 시기라고 하는 세 개의 관습적 계절로 나뉘었고, 각각은 4개의 달로 나뉘었는데, 물론 이 역시 달과 아무 관련 없는 관습적인 것이었다. '범람 시기'라고 불리는 계절이 미구(未久)에 다른 계절 중 하나가 될 것이라는 언어적 변칙성에도 불구하고, 이집트인은 로마 시대까지 365일 달력을 그대로 유지했는데, 그 이유는, 우리의 연도와 달리, 매년 같은 일수(日數)를 포함하는 한 시대의 시간 경과를 자동으로 기록하는 편리함 때문이었다. 이 달력은 천문 계산에 필요한 것으로, 헬레니즘 천문학자들에 의해 채택되었고, 중세에는 표준 천문학의 기준 체계가 되었으며, 코페르니쿠스(Copernicus)가 달과 행성 표에 사용하기도 했다. 이집트인에게는 달의 위상에 따라 축제를 조절하는 음력(陰曆) 달력도 있었는데, 이들은 음력

309개월이 25 상용년과 거의 같다는 사실도 밝혀냈다.

　구름이 거의 없는 나라인 이집트에서는 태양을 관찰하는 것이 시간을 알려주는 유용한 방법이었기 때문에 가장 오래된 것으로 알려진 태양 시계가 그곳에서 발견된 것은 놀라운 일이 아니다. 기원전 1천 5백 년경으로 거슬러 올라가는 이집트의 태양 시계 조각은 현재 베를린의 한 박물관에서 소장하고 있다. T자 모양으로 생긴 이 기구는 오전에 동쪽을 향해 십자 머리를 눕힌 채 수평으로 놓여 6시간에 대한 표식으로 눈금이 매겨진 축을 따라 그림자를 드리웠다. 태양이 하늘로 높이 떠오름에 따라 그림자는 정오가 될 때까지 짧아지다가 6번째 시간 표식에서 사라졌다. 그런 다음 기구는 십자 머리를 서쪽을 향해 눕혀지고 길어지는 그림자는 시간 표식을 따라 12번째 표식까지 점차 되돌아갔다. 이러한 유형의 시계 중 가장 오래된 시계는 춘분점과 추분점에서만 정확했으며, 태양의 위치에서 계절적 변화를 충분히 고려할 수 있게 된 것은 훨씬 이후가 되어서였다. 이러한 변화를 수용하기 위해 결국 7개의 숫자로 된 일련의 시간 척도가 고안되었지만, 그 당시에도 이 시계는 거의 정확하지 않았다. 전사(戰士) 파라오인 투트모세(Tuthmosis) 3세는 아시아에서 벌어진 전투 중 하나에서 위급할 때 태양 그림자가 나타내는 시간을 언급했기 때문에 휴대용 태양 시계를 지녔던 것처럼 보일 수도 있다.[10] 태양 그림자의 길이보다는 방향을 사용하는 또 다른 형태의 태양 시계로는 해시계가 있는데, 이것을 발명했던 이집트인은 이러한 유형의 정확한 도구를 만드는 데 수반되는 미묘한 점, 즉 도구가 사용될 장소의 위도에 대한 보정이 이루어져야 한다는 것을 이해하는 것과는 거리가 멀었다.

　야간 시간을 측정하기 위해 이집트인은 나중에 그리스인이 '클렙시드라(clepsydra)'라고 불렀던 물시계를 발명하기도 했다. 눈금이 매겨진 용기에서 물이 유출되는지 또는 용기로 물이 유입되는지에 따른 두 가지 주요 유형의 물시계가 개발되었다. 유입 유형의 시계는 일반적으로 원통 형태로 되어 있으며, 유출 유형의 시계는 바닥이나 그 근처에 작은 구멍이 있는 거꾸로 된 원뿔 형태로 되어 있었는데, 수위(水位)로 시간이 표시되었다. 클렙시드라는 그리스인과 로마인도 사용했다. 기원전 30년경에 쓴 글에서 비트루비우스(Vitruvius)는 여러 가지 유형에 관해 설명했다. 클렙시드라가 계절 시간을 나타내기 위해서는 연중 시기에 따라 흐름 속도나 시간 척도가 달라져야 했고, 이를 달성하기 위해 상당한 독창성이 적용된 것으로 보인다.

이집트인은 또한 '메르케트(Merkhet)'라고 불렀던 다림줄을 사용해서 밤의 시간을 결정했다. 그들은 선택된 별들이 두 개의 메르케트와 일직선이 될 때 자오선(子午線)을 가로질러 통과하는 것을 관찰했다. 기원전 6백 년경으로 거슬러 올라가는 것으로 추정되는 메르케트가 런던의 과학 박물관에서 영구 전시되고 있는데, 새겨진 비문에 따르면, 이 메르케트는 북부 이집트의 에드푸(Edfu)에 있는 호루스(Horus) 신전 제2 제사장 아들의 것이다.

2장에서 언급했듯이, 일 년 내내 일광 기간과 어둠 기간이 각각 12시간으로 나뉘었기 때문에 이집트인의 시간 길이는 일정하지는 않지만, 오늘날 하루를 24시간으로 나누는 것은 이집트인 덕분이다. 밤의 끝은 특정 별의 헬리어컬 상승으로 표시되었다. 그러나 태양은 매일 하늘이 동쪽에서 서쪽으로 회전하는 데 참여할 뿐만 아니라 반대 방향의 별에 대해 자체적으로 느린 연간 운동을 하므로 일 년 내내 다른 헬리어컬 상승이 일어난다. 신전에서의 야간 종교의식 시간에 주로 관심을 가졌던 이집트 사제들은 매일 다른 별을 선택하는 대신 '데칸(decan)'으로 알려진 기간

(그리고 별자리)인 열흘마다 새로운 선택을 했다. 현재 가장 오래된 것으로 알려진 천문학 서적들은 제9 왕조(기원전 2150년경)까지 거슬러 올라가는 목관 뚜껑에서 발견된다. '사선(斜線) 별시계' 또는 '사선 달력(diagonal calendars)'으로 불리는 이러한 서적들은 각각의 데칸과 관련된 별의 이름을 알려준다. 이 별표는 사자(死者)가 밤의 시간이나 달력의 날짜를 알 수 있도록 제공되었다.[11] 덧붙이자면, 황도(黃道) 12궁은 헬레니즘 시대까지 이집트에 나타나지 않았으며, 그 이전에 점성술 사상의 어떠한 흔적도 없다.

이집트의 상용년은 365일로 구성되었기 때문에 연중 36개의 데칸이 있었고(연말에 여분의 5일이 더해짐), 하늘은 그에 따라 분할되었다. 시리우스가 헬리어컬 상승을 하는 여름에는 이러한 하늘의 분할 중 12개만 어둠 기간에 상승하는 것을 볼 수 있으며, 이것이 밤의 12시간 분할로 이어졌다. 일광 기간에 관해서는, 기원전 1300년경 세티(Seti) 1세의 오벨리스크에 있는 간단한 해시계가 일출과 일몰 사이의 10시간을 나타내고, 거기에 아침과 저녁 황혼에 해당하는 2시간이 추가되었다. 앞서 언급했듯이, 이러한 낮과 밤의 구분은 헬레니즘 시대와 로마 시대에 완전한 하루에 대한 24 '계절' 시간으로 이어졌다. 고대에는 헬레니즘 천문학자들만이 동일한 길이의 시간을 사용했는데, 이 시간은 춘분(春分)인 날의 계절 시간과 같다. 바빌로니아인의 관습에 따라 분수(分數)를 포함하는 모든 천문 계산은 현재 우리의 10진법 대신 60진법으로 수행되었기 때문에, 이러한 '평분시(平分時)'*는 천문학자들에 의해 60분으로 나뉘고, 1분은 60초로 세분되었다. 따라서 노이게바우어가 간명하게 언급했듯이, 하루를 시, 분, 초로 나누는 현재의 방식은 '바빌로니아의 수치 계산

---

* 역자 주: 진태양의 자오선을 기준 시각으로 하여, 진태양일을 24등분 하는 시법(時法).

방식과 결합한 이집트 관습을 수정한 헬레니즘 방식의 결과’이다.[12]

수메르와 바빌로니아

가뭄이나 홍수의 가능성은 항상 있었지만, 나일강은 이집트에 재앙을 거의 가져오지 않았다. 그러나 메소포타미아 문명은 매우 다른 환경에서 발전했다. 티그리스강과 유프라테스강은 나일강보다 훨씬 더 불규칙한 거동을 보였다. 고대 메소포타미아인은 기후 변화, 타는 듯한 바람, 집중호우, 거의 통제 불능의 대홍수 등과 맞서 싸워야 했다. 메소포타미아 문명의 분위기는 이집트의 오시리스와 같은 의식 숭배를 통해 시간의 파괴를 극복할 수 있다고 믿을 만한 근거가 없는 이러한 자연의 힘과 폭력 요소를 반영했다. 태양, 달, 별의 운동과 계절의 순환에 우주적 질서의 증거가 있었지만, 이 질서는 확고하게 확립된 것이 아니라 상반된 신의 의지나 힘의 통합을 통해 지속적으로 달성되어야 하는 것으로 간주되었다.[13] 메소포타미아에서 사회의 기본 틀은 2천 년 이상 동일하게 유지되었지만, 수메르인, 바빌로니아인, 아시리아인이 차례로 지배하면서도 사회 질서는 이집트보다 훨씬 덜 정적(靜的)이었다. 이집트에서 파라오는 혼돈 세력에 대한 무적의 신성한 질서의 승리를 상징했지만, 메소포타미아에서 왕권은 그 자신을 우주와 통합하려는 모든 불안과 위험을 지닌 인간질서의 투쟁을 나타냈다.[14]

메소포타미아의 도시 국가에 영향을 미친 불안감은 사회 질서의 역사에 대한 근본적인 관심으로 이어졌다. 이는 기원전 2천 년경으로 거슬러 올라가는 문헌, 특히 8명의 왕의 순서로 시작되는 ‘수메르 왕 목록(Sumerian King List)’에서 드러나는데, 아마도 믿을 수 없겠지만, 총 통치 기간이 241,200년에 이른다!15 그 후 너무나도 파괴적이어서 새로운 시작을 해야 하고 왕권이 다시 '하늘에서 내려와야' 할 정도의 홍수로 그 맥이 끊겼다. 고고학적 증거에 따르면, 기원전 4천2백 년경에 실로 가공할 만한 대홍수가 수메르 평원을 덮쳤다.

이 과거 사건에 관한 관심과 왕들의 업적에 관한 장대한 설명이 담긴 연대기적 목록 편찬에도 불구하고, 수메르인과 그 후손은 실제로 역사적 사고력이 부족했다. 그들은 주로 자신들에게 관심이 있었고, 역사적 문제를 비교적 불명확하게 남겨두는 것에 만족해했다.16 그들이 대홍수에 대한 기억을 영속화한 것은 아마도 주술적 이유 때문이었을 것이다. 파괴적인 홍수가 매년 일어날 가능성이 있었고, 대홍수 전설의 주문(呪文) 구절에는 인류 파괴에 관한 결정에 책임이 있다고 여겨졌던 천상의 신 아누(Anu)와 폭풍의 신 엔릴(Enlil)이 불려나왔다. 마찬가지로, 과거 기록을 보존하기 위해 사찰과 궁전에 도서관이 세워졌지만, 이는 현재의 행동 지침이라는 점을 제외하고는 역사에 관심이 있었다는 어떤 증거도 없다. 게다가, 고대 메소포타미아인이 상상했던 우주 과정의 일반적인 개념에는 역사가 어떤 궁극적 의미나 목적을 가질 가능성이 배제되었다. 역사의 반복적인 경향에 아무 의미도 없는 것처럼 보이는 것은 길가메시(Gilgamesh)* 서사시의 구절에 다음과 같이 표현되어 있다. '영속성은 존재하지 않는다. 우리가 영원히 서 있을 집을 짓는가, 영원히 보유할 계약서에 날인하는가? 형제들은 유산을 나누어 영원히 간직하는가, 강의 홍수는 지속하는가? … 예로부터 영속성이란 존재하지 않는다.'17

메소포타미아에서 왕권은 이집트에서만큼은 중요하지 않았어도, 그 역할은 땅과 하늘의 조화를 유지하는 것이었다. 한때는 각자 자신들만의

---

* 역자 주: 수메르와 바빌로니아 신화 속 영웅.

신을 섬기는 많은 도시 국가가 있었다. 통합된 통치는 궁극적으로 기원전 2천 년이 시작될 무렵 함무라비(Hammurabi)가 바빌론을 중심으로 달성했다. 우주적인 용어로 이것은 바빌론의 신 마르두크(Marduk)가 다른 신보다 우월하다는 것을 의미했다. 그 결과, 메소포타미아에서 가장 중요한 의식(儀式)은 마르두크의 세계 창조에 대한 서사시가 낭송되는 봄의 신년 축제였다. 이 서사시의 의미는 과거의 기록에 있는 것이 아니라 현재 마르두크가 가진 신학적, 정치적 패권을 보장하는 수단에 있었다. 그 이유는, 마르두크가 가장 오래된 신이 아니었으므로 다른 신에 대한 마르두크의 지배권은 바빌론이 획득한 정치적 패권을 정당화하기 위한 것이었기 때문이다.

신년 축제는 새로운 태양 순환의 시작, 비옥함의 회복, 혼돈에 대한 승리를 상징했지만, 그 축하 행사는 사회 질서가 방해받지 않고 계속될 것이라고 보장하지 못했다. 그러므로 왕과 그의 조언자들은 해석 가능한 전조(前兆)를 주시함으로써 재난을 예견하고 가능하면 피할 수 있도록 했다. 모든 천체 현상에는 이에 대응하는 인간 사회의 사건이 있다고 여겨졌다. 이러한 믿음으로 인해 사제들은 천체를 주의 깊고 체계적으로 관찰하게 되었다. 이전에도 월식(月蝕)이 불길한 것으로 간주되었을지 모르지만, 천상의 징조는 최초의 바빌로니아 왕조(기원전 18~15세기)에 무시할 수 없는 규모의 전조로 사용되기 시작했다.[18] 이와 같은 소위 '판별(判別)' 점성술의 예언은 평범한 개인이 아니라 왕실과 국가를 가리켰다. 출생 당시의 행성 위치가 개인의 운명을 결정하는 천궁도(天宮圖) 점성술은 훨씬 나중에 발전했다. 가장 오래된 천궁도는 바빌로니아가 페르시아 제국의 일부였던 기원전 410년으로 거슬러 올라간다.[19] 헬레니즘과 로마 시대에는 바빌로니아인으로 불리는 칼데아인이 위대한 점성술 전문가로 여겨지게 되었다. 더 오래된 판별 점성술과 이후의 천궁도 점성술은 모두 근본적으로 존재에 대한 결정론적 또는 운명론적 존재론에 기반을 두고 있었다. 역사와 인간의 운명이 별에 의해 통제된다고 믿는 사람들은 역사적 진보라는 개념을 즐기지 않았을 것이다. 오히려 이들은 태양, 달, 행성 운동의 주기성에 따른 순환적 시간관을 채택하는 경향이 더 컸다. 세네카(Seneca)에 따르면, 후기 바빌로니아의 천문학자이자 사제인 베로수스(Berossus, 기원전 300년경)는 우주의 주기적 파괴와 재창조를 믿었지만, 메소포타미아 사상에서 그러한 시간관이 어느 정도까지 발전되었는지는 설형(楔形) 문자 기록으로 밝혀지지 않고 있다.[20]

하늘은 징조뿐만 아니라 달력 때문에도 연구되었다. 바빌로니아 달력의 기초는 항상 음력이었던 것으로 보인다. 일몰 후 신월이 처음으로 다시 보일 때 월(月)이 시작되었다. 결과적으로, 바빌로니아의 하루는 저녁에 시작되었다. 이런 식으로 정의된 음력 월의 일수(日數)는 반드시 정수(整數)이어야 하지만, 때로는 29일이고 때로는 30일이었다. 이 문제를 해결하기 위해서는 태양의 운동을 조사해야 했다. 기원전 4세기와 그 이후의 바빌로니아 천문학자들은 세심한 주의와 수학적 독창성으로 태양과 행성의 운동을 연구하기도 했지만, 그들이 가장 상세히 조사한 것은 달에 관한 것이었다. 달력이 달을 기반으로 했기 때문이었다. 그들은 수학을 다루기 쉽게 만들기 위해 복잡한 주기적 효과를 더 단순한 주기적 효과의 합으로 분해하는 개념을 도입했다는 의미에서 조화 분석을 고안했으며, 삼각법 대신 선형 '지그재그(zigzag) 함수'를 사용하기도 했다.[21]

음력 '년'은 보통 12개월로 구성되지만, 태양년보다 더 적다. 계절이 위상을 벗어나는 것을 방지하기 위해 때때로 13번째 월이 삽입되었지만, 이러한 추가 개월 중 7개가 19년 주기의 일정한 간격으로 삽입되기 시작한 기원전 5세기까지 추가 월 삽입에 관한 규칙적인 체계는 없었다. 이전에는 수확 상태에 따라 월의 추가 필요성이 결정되었을 가능성이 있다. 19년 주기는 19 태양년이 음력 235개월과 거의 같다는 발견에 따른 것이다. 이 주기는 기원전 432년에 이를 도입한 아테네 천문학자 메톤(Meton)의 이름을 따서 메톤 주기로 알려져 있다(부록 2 참조). 이 주기를 바빌로니아의 천문학자이자 사제들이 처음 발견했는지 아니면 그들과 메톤이 독자적으로 발견했는지는 불확실하다.[22] 후기 바빌로니아인이 이러한 주기를 사용한 것은 그들이 년(年)에 관한 상당히 정확한 천문학적 정의를 채택했음을 보여준다. 이것은 아마도 하지(夏至)에 관한 주의 깊은 관찰에 근거한 것 같다. 태양, 달, 행성이 놓여 있는 하늘을 둘러싼 띠인 황도대(黃道帶)를 고안한 것도 이 무렵이었다.[23] 각각 30개의 부분들로 이루어진 동일한 길이의 12개의 황도대 별자리는 기원전 500년 직후부터 사용되었던 것으로 알려져 있다. 이러한 하늘의 분할은 결국 원의 분할로 이어졌고, 따라서 한 점을 중심으로 하는 완전한 (2차원) 각도를 360°로 나누는 현재의 습관으로 이어졌다.

19년의 태음 태양 주기는 종교적 목적을 위한 신월 날짜 확립 문제를 해결했기 때문에 유대교 달력과 그리스도교 달력의 기초가 되었다. 특히 부활절 날짜를 정하는 문제의 기원은 바빌로니아인으로 거슬러 올라갈 수 있다. 왕이자 제사장이 하는 의식, 특히 신년 축제에서 하는 의식은 신성한 행위의 반복으로 간주되었고, 그 성격뿐만 아니라 시간도 하늘의 의식과 정확히 일치하는 것으로 간주되었다. 이러한 원초적 개념으로부터 부활절을 정확한 날짜에 기념하는 것이 중요하다는 믿음이 생겨났다.

이날은 신(또는 그리스도)과 사탄 사이의 전투에 있어서 결정적인 시간이었고, 신은 사탄을 물리치기 위해 자신을 숭배하는 자들의 지지가 필요했기 때문이다.

바빌로니아인은 달의 연속적인 위상과 관련된 7일 주기에 특히 주의를 기울였는데, 이러한 주기의 각각은 신들이 화해하고 회유될 수 있도록 특정 금기가 시행되는 '흉일(凶日)'로 끝난다. 이러한 금지 규정은 세계 각지의 다양한 민족이 달 모양이 변할 때 관찰해온 것과 유사했지만, 바빌로니아인은 유대인에게 영향을 미쳤으며, 유대인은 초기 그리스도교인과 결국 우리에게도 영향을 미쳤다. 따라서 우리의 주(週) 7일 체계의 궁극적인 기원과 오랫동안 일요일 활동에 부과된 제한은 바빌로니아인으로 거슬러 올라갈 수 있다.

고대 이란

기원전 539년부터 331년까지 바빌로니아는 페르시아 제국의 일부였다. 천궁도 점성술이 고안된 것은 이 시기로, 아마도 기원전 5세기일 것이다. 별점을 치기 위해서는 주어진 날짜에 해당하는 행성의 위치를 알아야 한다. 종종 관측 불가능한 날에도 별점이 필요하므로 천궁도 점성술에는 행성 위치를 계산하는 방법이 필요했다. 바빌로니아인의 행성 이론 체계 중 가장 오래된 것으로 알려진 체계는 기원전 500년 이후에 발명된 것으로 여겨진다. 그 동기는 점성술적이었지만, 이 무렵 천궁도 점성술이 고안된 것은 영혼의 불멸성과 천상(天上)의 기원에 관한 이란 교리의 영향 때문일 가능성이 있다.

바빌로니아를 정복한 이란인은 아리안족의 한 분파였다. 그들의 고향은 산으로 둘러싸인 중앙 평원으로 이루어져 있었는데, 대부분이 사막이었던 이 평원은 극한의 기후에 노출되어 있었다. 인류의 위대한 종교 중 하나가 탄생한 곳이 이 가혹하고 거주하기 부적당한 땅이었다. 조로아스터교라고 알려진 이 종교는 시간에 대한 목적론적 해석을 수반했다. 창시자인 자라투스트라(Zarathustra, 그리스어로는 조로아스터)는 기원전 6세기 전반기에 활약했다고 여겨지지만 확실하지는 않다. 이란인에게는 이미 상당한 종교적 유산이 있었는데, 자라투스트라가 도입한 개혁으로 인해 조로아스터교가 얼마나 영향을 받았는지 결정하기는 쉽지 않다.

자라투스트라는 페르시아 북부의 목축 부족 출신으로, 젊은 시절에 당시 널리 퍼져 있던 다신교 대신 새로운 신앙을 전파하도록 인도한 예언적 계시를 받았다. 그는 오래된 종교를 거짓이라고 비난하고, 사람들에게 진리를 상징하는 현명한 주(主) 아후라 마즈다(Ahura Mazdah)를 숭배하도록 촉구했다. 자라투스트라의 일신교(一神敎)는 여전히 유목민 생활 방식을 따르며 약탈로 생활하는 부족들로부터 정착된 농업 및 목축 공동체가 위협받고 있던 과도기인 당대의 사회적 조건에 대한 응답으로 볼 수 있다. 자라투스트라는 선(善)과 악(惡)의 두 세력 간 투쟁을 윤리적 용어로 해석하고, 이 투쟁이 우주 전체에 만연하다고 믿었다. 악을 아후라 마즈다의 탓으로 돌릴 수 없었지만, 그 존재 이유를 밝혀야 했던 자라투스트라는 이를 자유 의지의 관점에서 설명했다. 태초에 아후라 마즈다는 두 영혼, 즉 선한 영혼인 스페니스타 마이뉴(Spenista Mainyu)와 악하고 파괴적인 영혼인 앙그라 마이뉴(Angra Mainyu)를 창조했는데, 나중에 스페니스타 마이뉴는 오르마즈드(Ohrmazd)로, 앙그라 마이뉴는 아리만(Ahriman)으로 불렸다. 앙그라 마이뉴는 그 존재가 신에 기인하지만, 자신의 자유 선택으로 악이 되었다.

자라투스트라는 인간이 선과 악의 우주적 투쟁에 연루되어 있으며, 자신의 행위를 통해 둘 중 한쪽을 선택하도록 강요받는다고 믿었다. 이것은 인간이 자신의 행동에 대해 피할 수 없는 도덕적 책임을 지고 있다는 것을 의미했다. 자라투스트라는 죽음의 순간에 신이 인간에 관한 판단을 내리고, 이 판결은 세상이 마침내 창조주의 손을 떠났을 때와 동일한 완전한 상태로 변할 때 인간의 운명을 결정한다고 선언했다. 결국, 불멸의 영광은 진리를 지키는 자에게 주어지고, 거짓을 따르는 자는 '오랜 암흑, 더러운 음식, 비통한 부르짖음'으로 단죄될 것이다.[24] 이러한 '최후의 상태'에 관한 교리는 종교 역사상 최초로 체계화된 종말론(終末論)으로, 유대교, 그리스도교, 이슬람교에 깊은 영향을 미쳤다.

자라투스트라 사후(死後), 그의 종교는 마기(Magi)라고 알려진 오래된 사제 계급에 의해 받아들여졌고, 결국에는 아케메네스(Achaemenes) 왕조의 신앙이 되었다. 그 기본 교리를 받아들인 것으로 보이는 최초의 페르시아 왕은 다리우스(Darius, 기원전 522~485)였지만, 아케메네스 왕조의 조로아스터교는 어떤 면에서는 자라투스트라의 원래 가르침에서 벗어났다. 다신교로의 일부 회귀도 있었고, 종교는 윤리적이라기보다는 더욱 주술적이고 의식적인 것이 되었던 것이다. 기원전 331년 마케도니아의 알렉산더(Alexander) 대왕에 의해 아케메네스 왕조가 전복된 이후부터 사산(Sassan) 왕조(서기 226~651)의 국교로 부활할 때까지 조로아스터교의 역사에는 혼란스러운 시기가 있었다. 현존하는 문헌의 대부분은 이슬람 세력이 페르시아를 정복함으로써 끝난 이 마지막 기간과 관련이 있다.

이런 일이 일어나기 오래전부터 아후라 마즈다를 선한 영혼인 오르마즈드와 동일시하는 경향이 있었다. 이러한 전개로 인해 당혹스러운 문제

가 발생했다. 자라투스트라는 선과 악의 영혼을 쌍둥이라고 말함으로써
이 둘에게는 공통의 기원이 있다는 것을 암시했다. 이 문제의 해결책은
고대의 신(神) 주르반(Zurvan)이 의인화한 시간 개념과 관련된 중요한
이단(異端)으로 이어졌다. 물론 시간의 의미는 조로아스터교의 종말론적
성격에 함축되어 있었다. 주르반교적 이단에서 시간은 최고의 신이 되었
다. 이러한 전개를 이끈 추론은 《페르시아 해설(Persian Rivayat)》로 알려
진 후기 저작물의 주목할 만한 구절에서 다음과 같이 명확하게 표현되었
다.

> 시간을 제외한 다른 모든 것은 창조된다. 시간은 창조주이며, 시간에는
> 위로도 아래로도 제한이 없다. 이는 항상 그래왔고 앞으로도 그럴 것이다.
> 분별 있는 사람은 언제 시간이 왔는지 말하지 않는다. 시간을 둘러싼 엄청
> 난 웅장함에도 시간을 창조주라고 부르는 사람은 아무도 없었다. 시간이
> 창조물을 내놓지 않았기 때문이다. 이윽고 시간이 물과 불을 창조하고
> 이 둘을 하나로 합쳤을 때, 오르마즈드가 존재하게 되었고, 동시에 시간은
> 자신이 만들어낸 창조물의 창조주이자 조물주가 되었다.[25]

이란 사상 전반에 걸쳐 이원론(二元論)의 경향이 있었기 때문에 시간
의 두 가지 별개 형태나 측면, 즉 영원한 '지금'인 불가분의 시간과 연속
적인 부분으로 나뉠 수 있는 시간이 인식되었다는 것은 놀라운 일이
아니다. 전자(前者)는 시간의 창조적 측면을 나타내는 것으로, 근본적인
것이었다. 이것은 주르반 아카라나(Zurvan akarana), 즉 무한한 시간으로
불렸으며, 우주와 선악(善惡)의 영혼의 선조였다. 주르반 다레호-차바드
하타(Zurvan daregho-chvadhata)로 불리는 다른 형태의 시간, 즉 긴 통치
의 시간 또는 유한한 시간은 우주와 관련되었다. 이 시간은 쇠퇴와 죽음
을 초래하는 시간으로, 인간 세계를 지배했고, 거룩한 궁창(穹蒼)으로

대표되었다. 바빌로니아의 영향을 받은 것으로 추정되는 긴 통치 기간의 수명은 12,000년으로 설정되었는데, 12라는 숫자는 황도대의 12궁에 해당한다. 이 우주 '년'은 각각이 3천 년인 4개의 기간으로 나뉘었으며, 마지막 기간이 시작될 때 자라투스트라의 삶이 발생한다.

유한한 시간이 존재하는 이유는 전적(全的)으로 선(善)의 최종 승리로 이어지는 선과 악의 갈등을 불러일으키기 위해서인 것으로 보인다. 훗날 자라투스트라 추종자의 일부를 당혹스럽게 만들었던 질문은 오르마즈드가 전능해서 아리만을 전복시킬 운명이었다면, 세계가 선과 악의 갈등으로 인한 모든 고통을 면할 수 있도록 이 일이 왜 즉시 일어나지 않았는가 하는 것이었다. 브랜든의 의견으로는, 이 질문에 답하려는 시도는 시간 요소의 의미에 대해 어느 정도 인식하고 있음을 보여주는 것으로, 정통성으로 유명한 후기 조로아스터교 사제에 의해 이루어졌다. 그는 본성이 선하고 정의로운 오르마즈드가 아리만이 스스로 저지른 악행으로 인해 파괴의 명분을 제공하기 전까지는 그를 파괴할 수 없다고 주장했다.[26]

유한한 시간은 오르마즈드의 통치로 시작되고 끝난다. 주어진 어느 한순간에 유한한 시간이 무한한 시간으로부터 존재하게 되었다. 유한한 시간은 결국 원래 상태로 되돌아가 무한한 시간으로 융합될 때까지 변화의 순환을 거친다. 순환이 반복된다는 증거는 없다.

후기 조로아스터교에서는 자라투스트라가 제시한 개인의 역할과 삶의 성격에 대한 강조가 인류의 보편적 운명에 관한 관심으로 대체되었다. 그러나 신성한 목적의 전개는 이란인에게 알려진 인류 역사의 과정과 동일시되지 않았다. 실제로 조로아스터교 교인들은 자국의 역사를 오르마즈드와 아리만의 우주적 투쟁과 연관시키려 한 적이 없었다.

최근에 많은 관심을 끌고 있는 시간과 달력에 관한 문제는 이란인이

1년이 365일인 이집트의 상용 달력을 채택했던 정확한 연대에 관한 것이다. 아케메네스 왕조의 군주 키루스(Cyrus)가 기원전 539년에 바빌론을 정복하고 캄비세스(Cambyses)가 기원전 525년에 이집트를 정복했으므로 이란인이 이전에 사용했던 '구(舊) 아베스타(Avesta)* 달력'은 아마도 그 이후에 교체되었을 것이다. 현재 '신(新) 아베스타 달력'으로 알려진 새로운 달력은 캄비세스의 위대한 후계자 다리우스 1세의 통치 기간에 채택된 것으로 보인다. 이 달력의 도입 연대에 대한 가장 철저하고 그럴 듯한 조사는 저명한 고대 천문학 역사가인 프랑크푸르트 대학의 윌리 하트너(Willy Hartner)에 의해 이루어졌다.[27] 그는 신 아베스타 달력이 기원전 503년 3월 21일에 도입되었다는 결론에 도달했다. (3월 21일은 '그레고리력' 날짜이고, 이에 해당하는 '율리우스력' 날짜로는 3월 27일이다.) 이 달력에서 1년은 12개월로 구성되었으며, 35일로 구성된 여덟 번째 달을 제외한 각 달은 30일로 구성되었다. 그러나 하트너의 조사에서 드러난 가장 중요한 점은 기원전 503년에 바빌로니아의 천문학자이자 제사장들이 회귀년(回歸年), 즉 계절년이 항성년(恒星年), 즉 '진정한' 천문년과 정확히 같은 길이가 아니라는 점을 발견했다는 것이었다. 이것은 헬레니즘 시대의 천문학자 히파르코스(Hipparchus, 기원전 150년경)가 분점(分點)의 세차(歲差)를 결정하는 데 필수적인 단계였으며, 이는 서기 1582년의 달력 개혁과 관련하여 궁극적으로 중요한 의미를 담고 있다(8장 참조).

이란 학자 타키자다(S. H. Taqizadah)에 따르면, 기원전 441년에 신 아베스타 달력은 계절년과 더 밀접하게 연결되도록 수정되었다. 수정된 달력은 120년에 한 번씩 30일의 1개월을 삽입하는 형태를 취했다.[28]

---

* 역자 주: 조로아스터교의 성서.

조로아스터교인은 여전히 이란의 마지막 조로아스터교 군주인 사산 왕조의 야즈드가르드(Yazdgard) 3세(아랍인의 침략으로 서기 651년에 암살당함)의 연도로 연대를 계산하고 있으며, 따라서 수 세기에 걸쳐 그의 상상의 통치가 연장되고 있다. 이런 식으로, 우리는 야즈드가르드가 왕위에 오른 해인 서기 632년의 페르시아 신년(新年)이 6월 16일이라는 것을 알고 있다.[29] 연대(年代)와 조로아스터교 달력은 봄베이의 파시교도에 의해 오늘날까지 이어지고 있다.

고전 고대*의 시간

고대 그리스와 헬레니즘 문명

기원전 1200년경, 약 300년 전 크노소스(Knossos)가 파괴된 이래 에게해(海)를 지배했던 미케네의 후기 청동기 문명이 북쪽에서 온 도리아인의 침공으로 붕괴되었다. 뒤이은 초기 철기 시대는 최초의 도시 국가가 등장한 기원전 800년경까지 지속되었다. 이 시기는 로마 제국의 최종 붕괴 이후 서유럽이 겪은 암흑기와 유사한 시기였다. 미케네 문명이라는 과거는 그리스인의 민속기억†으로 남아 구전되다가 호메로스의 서사시

---

* 역자 주: 고전 고대(古典 古代)는 서양사에서 지역적으로는 지중해 유럽을 중심으로 하는 고대 그리스 로마 시대를 가리키는 명칭으로, 시간상으로는 기원전 8세기부터 기원후 5세기까지의 기간을 일컫는다. 이 지역과 이 시대에 만들어진 문화와 문명이 현대 유럽 문화와 문명의 기반이 되었기 때문에 모범이 된다는 의미의 '고전'이라는 수식어를 덧붙여 다른 지역의 고대 문화나 문명과 구별하여 부르고 있다. 서양사에서 고전 고대 이후에는 중세(기원후 4~13세기 또는 5~14세기)가 이어지는데, 고전 고대와 중세 사이의 과도 기간을 특별히 고대 후기(기원후 2~8세기)라고 부른다.

† 역자 주: 한 민족이나 집단의 구성원이 공유하는 기억.

에서 절정에 달했다. 그중에서 인간과 관련해서 확실한 것 한 가지는 인간의 필멸(必滅)이며, 이러한 시간적 제약은 인간을 신과 구별하는 결정적 요소였다. 그리스인은 미케네의 과거를 신과 영웅의 '황금시대(Golden Age)'로 회상했기 때문에 역사를 현실의 궁극적 질서가 아니라 황금시대라는 이상적(理想的) 상태로부터 쇠퇴하는 것으로 간주하는 경향이 있었다.[1]

결과적으로, 페르시아인과 달리 그리스인에게 시간은 신이 아니었다. 시간은 '아이온(Aion)'이라는 이름으로 숭배될 때인 헬레니즘 시대에 이르러서야 신이 되었지만, 신성하고 영원한 시간을 의미하는 아이온은 평범한 시간인 *크로노스*(*chronos*)와는 매우 달랐다. 사상가마다 존재의 시간적 양태의 본질과 의미에 대해 서로 다른 사상이 있었다. 그리스 문학 여명기의 대조적인 두 가지 관점은 호메로스와 헤시오도스(Hesiod)에서 발견된다.

『일리아드』에서 올림포스의 신학과 도덕은 시간과 같은 개념보다는 공간과 같은 개념으로 지배되며, 주된 죄(罪)는 *신에 대한 불손*(*hubris*), 즉 할당된 직분을 넘어서는 것이다. 콘퍼드(Cornford)의 말에 따르면, 전체 개념은 '정적이고 기하학적이다. 다시 말해서, 모든 것에는 넘어가서는 안 되는 경계가 있는 제한된 영역이 있다.'[2] 호메로스는 사물의 근원에 관심이 없었으며, 그에게는 물이 만물의 근원이라는 생각을 초월하는 우주의 발생도 없었다. 그는 이러한 생각을 만물의 근원인 세계의 원반을 에워싸고 있는 강인 오케아노스(Oceanus)라고 부름으로써 신화적으로 표현했다(『일리아드』 xiv. 246). 이에 주목한 거스리(W. K. C. Guthrie)는 이러한 생각이 이오니아 사상이었을 것이라는 흥미로운 지적을 한다.[3] 그 이유는 '이러한 생각이 이오니아 철학에서뿐만 아니라 초기

이오니아에 특히 영향력을 행사했던 동방 민족에게서 다시 나타나기'
때문이다. 그리스 최초의 철학자 탈레스(Thales)가 이오니아인이었고,
그가 만물의 첫 번째 원리인 *아르케*(*arche*)는 물이라고 주장했다는 것을
상기하자.

호메로스와 달리 헤시오도스는 『노동과 나날(Works and Days)』(기원
전 700년경)에서 태고의 황금시대로부터 인간이 쇠퇴하는 것에 관해
설명했다. 그의 시(詩)는, '시간'이라는 단어가 실제로 등장하지는 않지
만, 암묵적으로 시간 개념에 기반을 두고 있었다. 시의 주요 목적은 연중
활동, 특히 다양한 활동에 적합한 좋은 징조의 특정일이나 부적합한 나쁜
징조의 특정일을 조정하는 것과 관련된 조언을 하는 것이었다. 간단히
말해서, 헤시오도스는 시간을 우주의 도덕적 질서의 한 측면으로 간주했
다.

2세기 또는 그 이상이 지난 기원전 6세기에 최초의 그리스 철학자들은
신화를 언급하지 않고도 세계가 어떻게 생성되었는지에 대해 숙고하게
되었다. 이들은 세계를 공간을 채운 하나의 살아있는 물질을 기반으로
만물이 분리와 결합 또는 희박화(稀薄化)와 응축 같은 대립 과정의 상호
작용을 통해 자발적으로 발전하는 것으로 간주했다. 개별 사물은 변화와
쇠퇴의 대상이지만 세계 자체는 영원하다는 그리스 문학 최초의 명시적
진술은 기원전 500년경 철학자 헤라클레이토스(Heraclitus)가 했던 것으
로 보인다. 그는 영원한 변화를 만물을 지배하는 기본 법칙으로 간주했는
데, 이러한 견해는 그의 유명한 격언 '같은 강에 두 번 발을 들여놓을
수 없다'로 요약된다. 그는 또한 정반대의 것들 사이의 영원한 경합이
있다고 믿었다. 즉, 열기와 냉기, 습함과 건조함 등은 각각 서로를 보완하
는 필수 요소이며, 이 요소들 사이의 영원한 갈등이 바로 존재의 기초인

것이다. 그러나 이러한 변화와 갈등의 세계는 단순한 혼돈이 아니라, 처음부터 끝까지 대립 요소들을 적절한 범위 안에 있게 하는 질서 또는 대립 균형의 원리에 의해 지배된다.

이 원리는 이 시대의 다른 그리스 사상가들이 받아들인 개념, 즉 심판 자로서의 시간 개념에 기반을 두고 있었다. 예를 들어, 아낙시만드로스 (Anaximander)는 자신에게 직접 귀속된 것으로 유일하게 살아남은 단편 (斷片)에서, 창조된 만물 또한 시간의 뜻에 따라 자신들의 불의에 대해 서로 속죄하며 소멸되어야 한다고 말했다. 이러한 개념은 더위와 추위, 습함과 건조함이 번갈아 가며 충돌하는 계절의 순환으로 제시되었을 것이다. 이들 각각은 상대를 희생시키면서 '부당한' 공격을 한 다음 벌을 받아 상대의 반격 이전에 후퇴하는데, 완전한 순환의 목적은 정의의 균형 을 유지하는 것이다. 기본 가정은 시간이 항상 어떤 부당한 행위라도 발견하면 복수하리라는 것이었다.

베르너 예거(Werner Jaeger)에 따르면, 심판자로서의 시간 개념은 "시 간의 심판대 앞에서" 자신을 변호하는 위대한 아테네 정치가 솔론(Solon, 기원전 6세기)에 귀속될 수 있다. (이러한 맥락에서, 아테네 법정에서는 대부분의 연설을 30분으로 제한하기 위해 클렙시드라를 사용하는 것이 관습이 되었다고 언급할 수 있다.) 이 시대는 정의(正義)의 이념으로 국가가 건립되던 시대였다. 정의를 뜻하는 그리스어 원어인 *테미스* (*themis*)는 '신성한 법'을 의미했다. 『일리아드』에서 *디케*(*dike*)라는 단어 는 재판관이 내린 판결이나 자신의 권리에 대한 분쟁 당사자의 주장을 나타내지만, 『오디세이(Odyssey)』에서는 '권리' 또는 '관습'을 의미한다.[4] 나중에 이것은 모두를 위한 평등한 정의를 위해 투쟁하는 사람들의 슬로 건이 되었다. 아낙시만드로스와 헤라클레이토스는 다음과 같이 정의의 개념을 전체 우주로 확장했다.

> 정치의 삶에서 그리스어는 *코스모스*(*kosmos*)라는 용어로 정의의 통치를
> 나타낸다. 그러나 자연의 삶도 역시 코스모스이며, 실제로 우주에 대한
> 이 우주적 견해는 아낙시만드로스의 언명(言明)으로 시작된다. 그에게는
> 자연 세계에서 일어나는 모든 일이 철두철미하게 합리적이고 엄격한 규범
> 에 종속된다.[5]

시간의 역할에 대한 강조는 *코스모스*에 대한 피타고라스 사상의 특징
을 나타낸다. 플루타르코스(Plutarch, 서기 약 46~120)에 따르면, *시간*
(크로노스)이 무엇이냐는 질문을 받은 피타고라스(Pythagoras, 기원전
6세기)는 우주의 '영혼' 또는 생성 요소라고 대답했다. 피타고라스와 그
의 추종자들이 동양 사상의 영향을 얼마나 받았는지는 오랫동안 논쟁의
대상이 되어 왔다. 피타고라스에게 영향을 미쳤을지도 모르는 크로노스
의 오르페우스 사상은 이란 사상인 *주르반 아카라나*(*Zurvan Akarana*)와
다소 비슷해 보인다. 특히 둘 다 머리가 여러 개이고 날개 달린 뱀으로
묘사되었다. 마찬가지로, 피타고라스 철학에서 중요한 역할을 한 이원론
은 조로아스터교에서 오르마즈드와 아리만의 우주적 대립을 반영하는
것으로 보이지만, 이 두 궁극(窮極)은 제한과 무제한, 선과 악, 남성과
여성, 홀수와 짝수와 같이 피타고라스의 10가지 기본 대립 쌍과 같은
추상적 원칙이 아니라 개인적 신들로 간주되었다. 피타고라스 가르침의
가장 유익한 특징은 사물의 본질을 공간적 의미뿐만 아니라 시간적 의미
를 지닌 것으로 간주되는 수(數)의 개념에서 찾을 수 있다는 핵심 사상이
었다. 숫자는 도미노와 주사위에서 여전히 발견되는 것과 유사한 방식으
로 비유적으로 표현되었다. 이로 인해 기하학이 그리스 수학을 지배하게
되었지만, 초기 피타고라스 사상에서 시간은 그에 못지않게 중요한 요소

였다. 실제로 그노몬(gnomon)의 역할에서 알 수 있듯이 공간적 구성조차도 본질적으로 시간적인 것으로 간주되었다. 그노몬은 원래 시간 측정 도구인 단순한 직립 해시계였으나, 나중에 동일한 용어가 평행 사변형에서 한 각을 포함한 닮은꼴의 작은 평행 사변형을 떼어낸 나머지 부분의 기하학적 형상을 나타내는 데 사용되었다. 결국, 이 용어는 다각수(多角數)에 추가될 때 동일한 모양(삼각수, 제곱수, 오각형의 수 등)의 다음으로 높은 수를 생성하는 모든 수를 나타내게 되었다. 초기 피타고라스학파는 숫자의 생성을 공간과 시간에서 일어나는 실제 물리적 작용으로 간주했으며, 기본적인 우주 발생 과정을 최초 단위인 모나드(monad)에서 숫자를 생성하는 것과 동일시했는데, 모나드는 원시의 세계 알(World-egg)이라는 초기 오르페우스 사상의 정교한 버전이었을 수 있다.

숫자의 중요성에 대한 피타고라스의 믿음은 현악기의 도움으로 음계의 조화 간격이 간단한 수치 비율에 해당한다고 자신이 발견한 것으로 추정되는 것으로 뒷받침되었다는 것은 잘 알려져 있다. 이로 인해 나중에 많은 그리스 사상가들이 음악 이론을 수학의 한 분야(기하학, 산술, 천문학과 함께 음악 이론은 궁극적으로 4과(quadrivium)를 구성함)로 간주하게 되었지만, 이러한 견해가 보편적으로 받아들여지지는 않았다. 이를 거부한 사람 중 가장 영향력 있는 사람은 감각 경험의 역할을 강조했던 타렌툼의 아리스토크세누스(Aristoxenus of Tarentum, 기원전 4세기)였다. 그에게 있어서 음악 현상의 기준은 수학이 아니라 귀였다.

아리스토크세누스 시대보다 훨씬 이전에, 통찰력이 뛰어난 일부 그리스 사상가는 시간 개념이 합리성에 대한 자신들의 개념과 조화를 이루기 어렵다는 것을 발견했다. 실제로, 논리적 논쟁의 창시자인 파르메니데스(Parmenides)는 시간이 진정으로 실재하는 어떤 것과도 관련될 수 없다고 주장했다. 시간과 변화는 동일한 것이 모순된 속성을 가질 수 있음을 암시한다는 것이 그가 겪은 어려움의 본질이었다. 예컨대, 사물은 시간에 따라 뜨겁고 차가울 수 있는데, 이는 '어떤 것도 양립할 수 없는 속성을 가질 수 없다'는 규칙과 충돌했다. 그의 기본 명제는 '존재하는 것은 존재하고, 존재하는 것이 존재하지 않은 것은 불가능하다'는 것이었다. 이로부터 그는 현재만이 '존재하기' 때문에 과거와 미래는 모두 무의미하고, 유일한 시간은 연속적인 현재 시각이며, 존재하는 것은 창조되지도 않고 불멸한다고 주장했다. 파르메니데스는 시간과 변화로 특징지어지는 피상적 세계와 변하지 않고 시대를 초월한 실제 세계를 근본적으로 구별했다. 피상적 세계는 감각을 통해 드러나지만, 이는 기만적이다. 실제 세계는 이성에 의해 드러나는, 유일하고 진정한 존재의 방식이다.

논리적으로 만족스러운 시간 이론을 만드는 데 수반되는 어려움은 파르메니데스의 추종자 엘레아의 제논(Zeno of Elia)이 운동에 관한 교묘한 역설에서 강조했다. 가장 유명한 것은 일반적으로 '아킬레스와 거북이' 역설로 알려진 것으로, 거북이가 처음에 아킬레스에 앞선 경우 아킬레스가 아무리 빨리 달려도 결코 거북이에 도달하지 못할 것이라고 주장한다. (아킬레스의 경쟁자를 거북이로 지목한 것은 이후의 주석가(註釋家)들이다.) 거북이가 출발했던 지점에 아킬레스가 도달할 때 거북이는 더 먼 지점으로 전진했을 것이기 때문이다. 아킬레스가 그 지점에 도달하면 거북이는 여전히 더 먼 지점에 있게 될 것이고, 이런 상황은 *무한히* 계속된다. 결과적으로, 아리스토텔레스(Aristotle, 기원전 384~322)가 언급했듯이, 경험(피상적 세계)과 모순적으로 '더 느린 사람이 항상 앞서 있게 된다.' 이 논증에서는 공간과 시간이 무한히 나뉠 수 있다고 가정하지만, 제논의 모든 논증이 이 가정을 수반하는 것은 아니다. 공간과 시간

의 수학적 구조와 관련해서 그의 역설이 제기하는 문제는 오늘날에도 여전히 논의가 진행되고 있다.[6]

파르메니데스와 제논이 논의한 어려움은 시간 개념을 '실재하지 않는' 것이라고 거부하는 경우에는 발생하지 않는다. 그들이 플라톤(Plato, 기원전 427~347)에 끼친 영향은 플라톤의 우주론적 대화록 『티마이오스(Timaeus)』에서 공간과 시간에 대한 서로 다른 취급 방식에서 명백히 드러난다. 공간은 사물의 가시적 질서를 위해 주어진 틀로서 그 자체로 존재하는 반면, 시간은 단순히 그 질서의 특징일 뿐이다. 플라톤의 우주론에서 우주는 원래 혼돈 상태에 있었던 태고의 물질에 형태와 질서를 부여하는 신성한 조물주에 의해 형성되었다. 이 신성한 조물주는 혼돈에 질서를 부여함으로써 그것을 법칙의 지배로 환원시킨, 사실상 이성의 원리였다. 법칙의 방식은 파르메니데스의 실제 세계처럼 영원하고 절대적으로 완전한 정지 상태에 있는 기하학적 형태의 이상적 영역에 의해 제공되었다. 이것이 기반이 되는 영원한 이상적 모델과 달리, 우주는 변화의 대상이다. 시간은 우주와 '영원(永遠)의 움직이는 형상(形象)'인 그 모델 사이의 간극을 메우는 변화의 측면이다. 이 움직이는 형상은 천체의 운동으로 자신을 드러낸다. 플라톤은 시간과 우주의 친밀한 연관성을 통해 시간이 천구(天球) 회전을 통해 실제로 생성되는 것으로 간주했다. 그의 시간 이론의 영구적인 유산은 시간과 우주가 분리될 수 없다는 생각이다. 즉, 시간은 그 자체로 존재하는 것이 아니라 우주의 특징이라는 것이다.

시간이 실제로 우주에 의해 생성된다는 플라톤의 결론은 아리스토텔레스에 의해 받아들여지지 않았는데, 아리스토텔레스는 시간이 어떤 형태의 운동이나 변화와 동일시될 수 있다는 생각을 거부했다. 그의 주장에 따르면, 그 이유는 운동이란 균일하거나 불균일한데, 이러한 용어들은 시간에 의해 정의되는 반면, 시간은 그 자체로 정의될 수 없기 때문이다. 시간이 운동이나 변화와 동일하지는 않지만, 어쨌거나 시간은 이 둘에 의존하는 것처럼 보였다. 아리스토텔레스는 우리의 마음 상태가 변하지 않는 것처럼 보일 때 시간이 경과하는 것을 알아차리지 못한다고 말한다. 우리가 시간을 인식하는 것은 변화의 '이전'과 '이후'를 인식하기 때문이다. 그는 시간을 운동과 변화에 있어서 '이전'과 '이후'에 대한 우리의 인식과 관련된 번호 매기기 과정으로 간주할 수 있다는 결론에 도달했으며, 시간과 변화 사이의 관계가 상관적(相關的)이라는 것을 깨달았다. 변화 없이 시간을 인식할 수 없고, 시간 없이 변화가 일어날 수 없기 때문이다. '우리는 시간으로 운동을 측정할 뿐 아니라 운동으로 시간을 측정한다. 이 둘은 서로를 정의하기 때문이다. 시간은 운동의 숫자이기 때문에 움직임을 표시하고, 운동은 시간을 표시한다.'(『물리학(Physica)』 iv. 220b) 아리스토텔레스는 운동이 멈추더라도 시간은 멈출 수 없다는 것을 인식했지만, 끊임없이 계속되는 운동인 천체 운동이 있다는 것도 인식했다. 그는 플라톤에 동의하지 않았지만, 그 역시 우주론적 시간관에 깊은 영향을 받은 것은 분명하다. 그는 시간을 천체의 원운동과 동일시하는 것을 거부했지만, 이 원운동을 균일한 운동의 완벽한 예로 간주했다. 결과적으로, 이 운동은 완벽한 시간 척도를 제공한다.

아리스토텔레스에게 있어서 물리학은 자연의 운동과 변화에 관한 연구를 의미했지만, 그가 주로 강조한 것은 운동 자체의 실제 과정보다는 변화가 일어나는 상태에 관한 것이었다. 따라서 동적인 과정보다는 정적인 형태가 그의 자연 철학의 특징적 개념이 되었고, 형태와 장소가 시간보다 더 근본적이었다. 그의 자연 철학은 우주의 영속성이라는 관념이 지배했다. 그는 모든 진화론적 이론을 거부하고, 그 대신 본질적으로 순환적인 변화의 본성을 강조했다.

순환적이라는 우주의 본성에 대한 믿음은 그리스인이 바빌로니아인에 게서 물려받았던 대년(大年)의 개념에서 그 이상적인 상(像)을 찾았다. 이 개념에는 두 가지 별개의 해석이 있다. 한편으로, 이것은 단순히 태양, 달, 행성이 주어진 시간에 서로에 대해 위치했던 것과 동일한 위치에 도달하는 데 필요한 기간이었다. 이것은 플라톤이 『티마이오스』에서 사용했던 의미로 보인다. 다른 한편으로, 헤라클레이토스에게 이 개념은 세계의 형성에서 파괴와 재생에 이르기까지의 기간을 의미했다. 헤라클레이토스에 따르면, 우주는 불에서 튀어나와 불 속에서 끝날 것이다. 이러한 개념은 아마도 그 개념이 시작되었던 이란으로부터 전승되었을 것이다. 두 해석은 고대 후기에 스토아학파에 의해 결합되었는데, 스토아학파는 천체가 일정한 시간 간격으로 세계가 시작할 때와 동일한 상대적 위치로 돌아올 때, 만물이 이전과 동일하게 복원되고 완전한 순환이 모든 세부 사항에서 갱신될 것이라고 믿었다. 서기 4세기에 에메사의 주교였던 네메시우스(Nemesius)는 나중에 다음과 같이 말했다.

소크라테스와 플라톤을 포함한 사람들은 동일한 친구, 동료 시민과 함께 다시 살 것이다. 그들은 동일한 경험과 동일한 활동을 하게 될 것이다. 모든 도시와 마을과 들판은 예전처럼 복원될 것이다. 그리고 이 우주 복원은 한 번이 아니라 계속 반복해서, 실제로 끝없이 영원토록 일어난다. 파괴의 대상이 아닌 신들은, 한 기간의 과정을 관찰한 후, 이로부터 모든 후속 기간에 일어날 모든 것을 알고 있다. 이전에 있었던 것 외에 새로운 것은 없을 뿐만 아니라 모든 것이 아주 세세한 부분까지 반복되기 때문이다.[7]

그러나 루트비히 에델슈타인(Ludwig Edelstein)이 지적한 바와 같이, 고대 후기에도 시간을 비순환적이라고 여기는 역사학자, 과학자, 철학자가 있었다.[8] 스토아 철학자가 믿는 우주의 완전한 파괴와 정확한 재창조를 수반하는 우주론적 회귀는, 예컨대 역사학자 폴리비오스(Polybius, 기원전 약 202~120)가 믿는 바와 같이, 일반적인 사건의 경향성을 반복하는 것만 수반하는 역사적 회귀와 구별되어야 한다.

그리스 문명은 철학의 근원이었을 뿐만 아니라 기원전 5세기에 최초의 실제 역사가를 배출했다. 그때까지 그리스인은 트로이 시대 영웅들의 위업에 비하면 최근의 사건은 그다지 중요하지 않다고 믿었다. 사료 편찬은 전설에서 기념되는 가장 큰 사건의 규모에 비견되는 사건이 발생했을 때 생겨났다. 사르디스(Sardis)의 함락에서 크세르크세스(Xerxes) 1세의 퇴각에 이르기까지 페르시아 전쟁에서 일어난 모든 복잡한 사건은 하나의 사건으로 간주되었으며, 로버트 드류스(Robert Drews)가 '놀라운 규모의 위대한 단일 사건'이라고 불렀던 것을 형성했다.[9] 원래 그리스 역사가의 임무는 과거의 관점에서 현재를 설명하는 것이 아니라 중요한 활동과 사건이 미래에 잊히지 않도록 하는 것이었다. 결과적으로, 그 기원에 있어서 그리스의 사료 편찬은 철학보다는 서사시와 더 밀접하게 관련되어 있었고, 그 발전에 있어서는 기념의 역할을 유지했다. 예를 들어, 투키디데스(Thucydides)와 같은 그리스 역사가들은 가까운 과거에 집중한 경향이 있었는데, 이들의 목적은 기억되기는 하되 아직 기록되지 않은 중요한 활동을 기록하는 것이었다.

'역사학의 아버지'인 헤로도토스(Herodotus)와 투키디데스가 맞서야 했던 어려움은 만만치 않았다. 그 시대의 그리스인은 놀라울 정도로 자신들의 과거에 대해 아는 것이 거의 없었다. 그들에게는 1~2세기 이상 거슬러 올라가는 문헌도 없었을 뿐만 아니라, 그들이 '알고 있던' 것의 대부분은 단지 신화와 전설에 불과했다. 과거에 관한 그들의 관심은 주로 도덕적인 것이었기 때문에 실제 사건과 사건 발생 시기에 대한 정확한 지식은 필요하지 않았다. 헤로도토스는 자신의 시대 이전의 2세기에 대해 일종의 시간 순서를 확립할 수 있었지만, 더 짧은 시간 간격으로 발생하는 많은 사건에 관심을 가졌던 투키디데스보다 조금 더 장황한 작가였다. 모지스 핀리 경(Sir Moses Finley)이 지적했듯이, 투키디데스는 펠로폰네소스 전쟁에 관한 글(『펠로폰네소스 전쟁의 역사(History of the Peloponnesian War)』 ii, 1)을 쓰는 과정에서 실제로 적절한 연대 결정 체계를 발명해야 했다. 그리스의 각 도시마다 자신들만의 달력이 있었기 때문이었다. 그 시대에 연도는, 예를 들어 '아테네 첫 번째 집행관 때'와 '스파르타 첫 번째 집정관 때'와 같이 일반적으로 관리의 이름을 따서 표시했다. 투키디데스는 전쟁의 시작을 고정한 다음 그로부터 몇 년이 경과했는지 세어서 후속 사건의 연대를 정했다. 그는 전쟁이 있는 해마다 두 개의 기간으로 나누고, 각각을 여름과 겨울이라고 불렀다. 핀리 경은 '아주 간단하지만, 그 계획은 독특했기 때문에 이를 시도하는 데 있어서 의 어려움은 오늘날 거의 상상할 수 없을 정도'였다고 평가하고 있다.[10]

헤로도토스가 '역사(historia)'를 세계에 관한 일반적인 탐구에서 과거 사건에 관한 탐구로 전환한 반면, 투키디데스는 진정한 역사란 현재 또는 가까운 과거와만 관련될 수 있다고 믿었다. 그는 자신의 엄격한 신뢰성 기준을 후기 그리스 역사가에게 적용하는 데 성공하지는 못했지만, 과거 에 대한 진정한 역사 연구를 할 수 있다는 생각을 사실상 단념시켰다.[11] 그럼에도 불구하고, 기원전 5세기 후반 즈음에는 이전보다 시간의 의미 에 대한 전반적인 인식이 더 높아졌다. 호메로스는 역사적 주제를 다룬다고 주장하지만, 그의 역사는 연대기도 없고, 나중 시대와의 시간적 연속성도 없으며, 시간의 경과에 대한 진정한 의미도 없는 '배타적' 역사였다. 예를 들어, 오디세우스(Odysseus)가 '20년' 동안 집을 비웠음에도 불구하고, 그가 집으로 돌아왔을 때 그와 페넬로페(Penelope)는 더 이상 나이가 들지 않은 것으로 보인다. 요컨대, 호메로스에게 연도가 바뀌는 것은 아무런 차이를 만들지 못했다. 반면에, 헤로도토스와 투키디데스의 시대 즈음에 폴리스에서의 삶은 영웅을 다루는 단발적 일화들로 구성되지 않고, 제도, 법률, 계약, 기대의 연속성에 종속되어 있었다. 시간의 경과가 더욱 중요해진 것이다.

특히 달력 문제는 기원전 5세기의 마지막 수십 년 동안 그리스 수리 천문학의 초기 발전을 이끈 원동력이었다. 대부분의 그리스 종교 축제는 보름달이나 그 근방에 열렸지만, 이러한 축제는 농업 활동과 관련이 있었기 때문에 연중 적절한 시기에 열려야 했다. 따라서 달의 위상으로 월(月)을 측정하지만, 태양과도 보조를 맞추는 태음 태양력의 채택이 필요하게 되었다. 음력 월의 길이는 약 29와 1/2일이지만 달력의 월에는 하루의 분수(分數) 부분을 포함할 수 없으므로 29일과 30일이 번갈아 가며 배치되었다. 바빌로니아에서와 마찬가지로 이 달력은 이따금 13번째 월을 삽입해서 태양에 맞게 조정되었지만, 이에 관한 결정은 각 도시의 현지 관리에게 맡겨졌고, 이들은 이를 개별적이고 자의적으로 수행했다. 반면에, 천문학자들은 일정 기간의 주기를 통해 규칙적으로 윤달을 삽입하려고 했다. 기원전 70년경 『천문학 안내서(A Manual Of Astronomy)』의 저자인 제미누스(Geminus)에 따르면, 그리스인이 처음으로 얻은 그러한 주기는 99개월(이 중 3개월은 윤달임)을 포함하는 8년의 태양 주기였지만, '옥타에테리스(octaeteris)'로 알려진 이 주기의 기원에 대해서는 상당한 의심이 있다. 이러한 유형의 주기 중에서 제대로 증명된 첫 번째 주기는 기원전 432년 메톤에 의해 도입되었다. 앞서 언급한 바와 같이(3장 참조), 이는 235개월의 19년 태양 주기였다(부록 2 참조). 그러나 메톤 주기와 같은 천문학적 기반의 주기는 과학 문헌에서만 사용되었으며, 다양한 현지 상용 달력에는 영향을 미치지 못했다. 메톤은 아테네에 살았으며, 기원전 414년에 제작된 희곡 《새들(The Birds)》에서 아리스토파네스(Aristophanes)가 조롱하는 인물로 등장한다.

사료 편찬과 수리 천문학 외에 기원전 5세기 그리스인의 또 다른 위대한 혁신은 비극의 예술이었다. 소르본 대학의 그리스 문학 교수인 재클린 드 로밀리(Jacqueline de Romilly)는 1967년 코넬 대학에서 열린 '그리스 비극에서의 시간(Time in Greek Tragedy)'에 관한 메신저 강연에서 그리스 비극이 사료 편찬과 동시에 나타난 것은 우연의 일치가 아니라고 주장했다. 비극은 과거를 수반하는데, 이는 시간에 대한 그리스인의 인식이 점점 더 명확해지고 강해졌을 때 생겨났다. 그리스 비극은 범죄로 절정에 달할 때까지 점점 더 긴급해지는 하나의 문제에 관한 것이다. 그 발단과 결말이 장기간에 걸쳐 지속되는 짧고 연속적인 위기는 비극의 이중 요건이자 시간과의 이중 관계인 것처럼 보인다. '그 힘은 전후의 대조에 달려 있다. 대조가 깊을수록 사건은 더 비극적이다.'[12] 그렇지만, 드 로밀리 교수가 분명히 밝혔듯이, 그리스인은 기분과 감정에 시간이 작용하는 것을 보여주길 싫어했다. 예를 들어, 이피게네이아(Iphigeneia)가 짧은 시간 안에 결정을 바꾸는 것을 에우리피데스(Euripides)가 허용했을 때, 아리스토텔레스는 충격을 받았다!

다른 나라(헤로도토스의 경우, 이집트에 해당됨)와의 접촉은, 예를 들어 피라미드가 제시하는 장기간(長期間)에 대한 증거 때문에, 과거에 대한 더 큰 인식으로 이어졌다. 그 결과, 5세기 이후의 많은 그리스 작가들은 자신들의 사회가 오랜 발전 기간의 최종 결과라는 것을 깨달았다. 따라서 더욱 고상한 그리스인은 트로이 시대 이전의 사람을 그들의 먼 후손과 거의 동일하게 여기게 되었는데, 이는 그리스 전설을 비신화화(非神話化)하는 경향이 있었고, 그에 따라 과거를 완전히 새로운 시각으로 보는 경향이 생겨났다.

그러나 5세기 이후에는 과학적 주제에 관한 저술가를 제외하고 미래의 진보라는 개념을 믿는 사람은 거의 없었다. 실제로 전형적인 그리스인은 과거 지향적 성향을 띠었다. 미래는 자신들에게 완전한 불확실성의 영역으로 보였으며, 미래에 대한 그들의 유일한 지침은 망상적인 기대였기 때문이다. 철학자들의 경우, 플라톤은 모든 진보가 초월적 형상의 영원한 세계에서 기존 모델에 근접하기 위해 노력하는 것으로 이루어져 있다고 생각했으며, 아리스토텔레스는 모든 진보가 이미 잠재적으로 존재하는 형상의 실현이라고 믿었다. 따라서 두 사람 모두에게 있어서 형상 이론은 진화의 모든 가능성을 배제했다. 과학에서조차 고대 후기에는 모든 지혜가 과거에 놓여 있다고 생각했다. 도즈(E. R. Dodds)가 언급했듯이, '사용된 단편(斷片)들로만 인간이 자신들의 시스템을 구축할 수 있는 곳에서는 진보의 개념에 의미가 있을 수 없다. 미래가 미리 평가절하되기 때문이다.'13 결과적으로, 이 시기에 주요 철학 학파가 시간의 본성에 관해서 진보의 개념을 거부하고 순환적 견해를 주장하는 경향을 띠었던 것은 당연한 일이다. 아리스토텔레스 자신은 예술과 과학이 발견되었다가 잃어버리기를 반복한다고 믿었다. 예를 들어 『기상론(Meteorologica)』(339b27)에서 그는 '우리는 인간 사이에서 한 번, 두 번, 몇 번이 아니라 무한히 자주 동일한 의견이 생겨났다고 말해야 한다.'

고 주장하고 있다.

그럼에도 불구하고, 아르날도 모밀리아노(Arnoldo Momigliano)는 철학자와 달리 많은 그리스 역사가들은 순환적 시간관에 거의 관심을 기울이지 않았다고 지적했다.[14] 그는 또한 제국의 운명을 염려했던 로마의 역사가에게 그랬던 것처럼 그리스 역사가에게도 미래가 그렇게 크게 다가오지 않았다고 지적했다. 대신 그리스인은 현재와 과거에 더 관심이 있었다. 기원전 40년경에 역사가 디오도루스 시켈루스(Diodorus Siculus)는 전임자들에 대해 이렇게 적고 있다.

> 인류의 기원에 대한 두 가지 견해가 가장 저명한 과학자와 역사가 사이에서 유통됐다. 한 학파는 우주가 생성되지도 않고 파괴될 수도 없다는 전제하에 인류가 항상 존재해 왔으며, 스스로를 재생하기 시작한 때가 없다고 선언한다. 다른 학파는 우주가 생성되었고 파괴될 수 있으며, 인간도 마찬가지로 특정 시기에 처음으로 존재하게 되었다고 주장한다.[15]

순환적 견해와 관련해서, 모밀리아노는 그리스 사료 편찬에서 이 견해의 주요 지지자는 폴리비오스였다고 말하지만, 이 의견은 오직 폴리비오스의 『역사(Historiai)』에서 헌법과 관련된 장(章)에 근거하고 있다. 다른 어떤 곳에서도 이에 관한 흔적이 보이지 않기 때문이다. 예를 들어, 폴리비오스는 포에니 전쟁을 이미 과거에 일어났으며 미래에 다시 일어날 사건의 반복으로 취급하지 않았다. 그의 주요 주제는 지중해에서 증가하는 로마의 세력이었고, 이것은 모밀리아노가 지적했듯이 폴리비오스에게 새로운 역사적 관점을 다음과 같이 제공했다. '운명의 여신이 세상의 거의 모든 일을 한 방향으로 기울게 했기 때문에, 여신이 자신의 목적을 달성한 방식에 대한 간결한 견해를 독자에게 제시하는 것이 역사가의 임무다.'[16]

운명의 여신(또는 하늘의 뜻이나 운명)이라는 개념은 후기 헬레니즘 사상에서 중요한 역할을 했지만, 서로 다른 견해가 존재했다. 아리스토텔레스는 데모크리토스(Democritus, 기원전 460~390)가 목적인(目的因)이 아니라 작용인(作用因), 즉 목적론보다는 엄격한 결정론만을 믿는다고 비판했다. 아리스토텔레스는 엄격한 결정론이 자발적 행동과 비자발적 행동을 구분하는 자연적 기반을 파괴하기 때문에 거부되어야 한다고 믿었다. 법(法)의 목적상 일부 행동은 자발적으로 간주되어야 한다. 자발적 행동만이 정당하게 처벌될 수 있기 때문이다. 아리스토텔레스에게 이 주장은 단호한 것이었다. 에피쿠로스(Epicurus, 기원전 342~270)는 아리스토텔레스와 달리 데모크리토스의 원자론을 받아들였지만, 그 역시 아리스토텔레스와 마찬가지로 모든 인간 행위의 엄격한 결정론에 대한 데모크리토스의 믿음을 거부했다. 그러나 에피쿠로스는 목적론 대신 우연(偶然)과 자유 의지의 존재를 주장했는데, 부분적으로는 아리스토텔레스와 마찬가지로 어쩔 수 없는 일을 한 사람을 비난하거나 처벌할 수 없다고 주장했기 때문이기도 하지만, 행동을 일으키려는 우리의 명백한 자유에서 나타나는 일종의 자발성(自發性)이 인간에게(그리고 아마도 동물에게도) 있다고도 믿었기 때문이다. 에피쿠로스는 인간의 자유 의지와 우주의 무작위 운동의 존재를 설명하기 위해 그 유명한 '일탈(swerve)'을 엄격한 인과관계의 사슬에 도입했다. 그의 생각으로는, 그렇지 않으면 모든 물체가 같은 속도로 아래로 떨어질 것이기 때문이었다. 운명의 우연적 요소를 강조함으로써 그는 '내일 죽을 수도 있으니, 먹고 마시고 즐거워하라!'는 쾌락주의 철학으로 인도되었다.

키프로스의 제논(Zeno of Citium, 기원전 335~263)을 시초로 하는 스토아학파는 매우 다른 관점을 주창했다. 제논과 그의 추종자들은 이상적 형상과 감각 자료에 대한 플라톤의 두 세계 이론을 거부했다. 대신 이들은 우주 전체의 유기적 통일성을 믿었고, 지능(知能)을 불같은 성질을 지닌 정제된 물질적 실체로 간주했다. 에피쿠로스학파와 달리 스토아학파는 세속적 어려움 속에서 체념의 철학을 옹호하는 엄격한 결정론자였다. 그들에게 하늘의 뜻은 순환적 성격, 즉 영원히 반복되는 성격을 띠고 있었다. 그것은 필연성과 동일시되었고, 신화적인 익시온(Ixion)의 바퀴처럼 끊임없는 바퀴의 회전으로 상징되었다. 특히 별과 행성에 의해 밝혀졌듯이, 하늘의 뜻은 우주의 질서를 유지하는 힘이었기 때문에 스토아 철학의 보급은 헬레니즘 시대와 로마 제국 시대에 점성술에 대한 믿음이 커지는 데 영향을 미쳤다. 사건의 순환적 성격은 많은 사상가들에 의해 불가피한 것으로 간주되었다. 그렇지 않으면 사건에서 '합리성'과 '합법성'이 모두 제거될 것으로 생각했기 때문이다.

고대 후기의 유명한 전기 작가이자 도덕 철학자인 플루타르코스, 그리고 아리스토텔레스의 중요한 주석가인 아프로디시아스의 알렉산드로스(Alexander of Aphrodisias, 서기 2세기 말경에 활약)는 에피쿠로스학파의 견해뿐만 아니라 스토아학파의 견해를 비판했다. 플루타르코스는 운명의 점성술적 개념을 완전히 버리지는 않았지만, 그 안에 우연성을 위한 자리가 있다고 주장했다. 그는 '분석적' 및 '종합적'의 현대적 정의와 다소 비슷한 '필연성'과 '우연성'의 명확한 정의를 다음과 같이 공식화했다. '*필연*은 그 반대가 불가능한 가능성이지만, *우연*은 그 반대도 가능한 가능성이다.'[17] 이러한 구분은 특히 미래에 적용된다. 플루타르코스와 마찬가지로, 알렉산드로스는 모든 것이 불가피한 운명의 산물은 아니라고 주장했다. 그 이유는, 이성에 의해서 그리고 예술가가 기교를 발휘해서 만들어내는 것들은 예술가가 그것들 각각을 실제로 만들기는 하지만,

그에게는 그렇게 하지 않을 자유가 똑같이 있으므로 '필연적으로 만들어지는 것으로 보이지 않기 때문이다.'[18]

그리스인에게 고유한 시간관념이 없었듯이, 인류의 역사 또한 다양한 형태로 그들에게 모습을 드러냈다. 순환적 견해와 진보적 관점 외에도, 먼 과거의 황금시대에 관한 중요한 전통도 있었다. 이에 대한 설명으로 현존하는 것 중 가장 오래된 것은 기원전 700년경의 헤시오도스의 『노동과 나날』에서 찾을 수 있는데, 거기에서 그는 인간의 현재 상태와 특히 노동의 필요성을 설명하려고 노력했다. 헤시오도스에 따르면, 제우스의 통치 이전에 그의 아버지 크로노스가 왕이었던 '좋은 옛날'에 황금시대가 있었다. 엄밀히 말하면, 헤시오도스는 후기 작가들이 말하는 황금시대가 아니라 황금 인종(golden race)을 가리키고 있다. 태고의 황금시대라는 개념은 수메르인(기원전 2천 년경)으로 거슬러 올라간다. 그들에게 가장 중요한 특징은 두려움으로부터의 자유였다. 수메르의 어느 시인에 따르면, '먼 옛날에는 뱀도 없었고, 전갈도 없었다. / 하이에나도 없었고, 사자도 없었다. / 들개도 없었고, 늑대도 없었다. / 두려움도 없었고, 공포도 없었고, / 인간에게는 경쟁자가 없었다.'[19]

헤시오도스에 따르면, 한가한 사치의 시대에 뒤이어 영웅의 시대, 백은 시대, 청동기 시대, 그리고 마지막으로 당시의 철기 시대가 연속적으로 이어졌다. 오늘날 우리가 알고 있는 것과 달리, 이 마지막 시대는 그 이전의 청동기 시대보다 덜 문명화된 것으로 여겨졌다. 태고의 황금시대로부터 최초의 쇠퇴는 창세기에서 묘사된 히브리 신화 '타락(墮落)'과 유사한 점이 있는 프로메테우스 신화에 의해 설명되었다. 여기에는 여성의 창조(이브에 해당하는 판도라)와 그에 따른 악행(惡行)뿐만 아니라, 그리스의 경우 불의 발견을 포함하는 '금단의 지식'을 획득한 것도 포함된다.

그리스 사상의 고전 시대에 이르러 황금시대의 신화는 인간의 초기 상태가 추악하고, 야만적이며, 생각이 부족하다는 정반대의 생각에 부분적으로 자리를 내주었다. 기원전 3세기경에 살았지만 1~2세기 이전의 정신으로 글을 쓴 모스키온(Moschion)에 따르면, '한때 불모지였던 땅을 멍에를 멘 황소가 쟁기질하기 시작하고, 우뚝 솟은 도시가 생겨나고, 사람들이 은신처를 짓고, 야만적 방식에서 문명화된 방식으로 삶을 바꾼 것'은 '만물의 창조자이자 양육자'인 시간 덕분이었다.[20] 순환 이론에 관해, 일부 작가는 비록 세계가 쇠퇴하고 있지만, 바퀴가 다시 회전해서 결국 또 다른 황금시대가 먼 과거의 목가적 상태를 반복할 것이라는 희망을 명시적으로 제시했다. 플라톤은 『정치학(Politics)』에서 창조주가 우주에 회전을 부여하고 한 시대의 끝에서 자신이 통제권을 해제할 때까지 우주를 자신의 통치하에 두는 순환적 변화의 신화를 주장했다. 그 결과, 세계는 거꾸로 회전하고, 신이 다시 통제권을 재확인하고, 우주가 다시 이전과 같은 방향으로 회전하도록 할 때까지 모든 것이 악화하기 시작한다. 이 신화에 주목한 거스리 또한 아리스토텔레스가 반복되는 세계 재앙에서 특히 한탄한 것은 재앙이 수반하는 축적된 지식과 지혜의 상실이었다고 지적한다.[21]

아리스토텔레스는 생각하는 존재가 없어도 시간이 존재할 수 있는지도 의문을 품었다. 시간을 단순히 계승이 아니라 '셀 수 있는 계승'으로 간주했으므로 세는 사람이 없으면 아무것도 셀 수 없기 때문이다. 이러한 사고의 근원은 소피스트인 안티폰(Antiphon, 기원전 약 480~411)까지 거슬러 올라갈 수 있는데, 그의 단편 중 하나에는 시간에 대한 가장 초기의 정의가 실려 있다.[22] 이 정의에 따르면, 시간은 실체적 존재가 없는 정신적 개념 또는 측정 수단인데, 이는 오늘날 우리가 놀라울 정도로 현대적이라고 생각하게 하는 관점이다.

　마지막으로 고대 그리스에서 시간의 역할을 조사하는 데 있어서 시간 측정 도구에 대해서도 간략하게 언급할 필요가 있다. 그노몬(해시계) 그리고 기원전 270년경 알렉산드리아의 크테시비우스(Ctesibius)가 물이 더욱 일정하게 흐르도록 개량한 클렙시드라(물시계)와 더불어, 아테네의 아크로폴리스 북쪽에서 여전히 볼 수 있는 '바람의 탑'과 같이 더 정교한 도구 사용에 대한 증거가 존재한다. 이 탑은 기원전 1세기의 2/4분기에 마케도니아의 천문학자 안드로니코스 키르헤스테스(Andronicus Kyrrhestes)가 설계하고 건설한 것인데, 8개의 벽마다 풍향계와 복잡한 해시계가 부착되어 있는 이 탑의 가장 흥미로운 특징은 탑의 남쪽 옆에 세워진 작은 건물 안의 수조(水槽)이다. 근처의 샘에서 나온 물이 수조를 채워주고 있는데, 이는 유입 유형의 물 창고에 대한 요건이다. 일정한 압력이 가해지면, 수조 바닥 근처의 수도꼭지에서 나오는 물의 흐름 역시 일정하게 유지될 수 있었다. 수조에서 탱크로 흐르는 물이 탱크 내부의 부표(浮標)를 일정 높이만큼 들어 올리는 동안 수조의 물이 정확히 24시간 동안 탱크를 채우도록 수도꼭지를 조절할 수 있었다. 탑 안에 있는 물 창고와 밖에 있는 해시계를 이용하면, 방문객은 낮과 밤의 시간은 물론이고 하늘이 맑을 때뿐만 아니라 흐릴 때도 시간을 관찰할 수 있었다. 일광 기간이 항상 12개로 구성되도록 한 전통적인 가변 시간 사용에 대처하기 위해서 안드로니코스는 동시대의 로마 건축가 비트루비우스가 자세히 설명한 시스템을 사용했던 것으로 보인다. 시계의 부표는 평형추에 가는 줄로 연결되었으며, 이 줄은 수평축을 통과했다. 부표가 상승함에 따라 축이 회전했고 그 끝에 부착된 원형 금속판도 회전했다. 이 판에는 하늘의 지도가 그려져 있는데, 황도선을 따라 뚫려 있는 구멍들은 태양의 형상이 연간 운동을 모방하여 하루나 이틀 간격으로 움직일 수 있었다. 24시간마다 지도가 완전히 회전하는 것은 하늘의 일일(一日) 회전을 흉내 낸 것이다. 회전하는 지도 앞에 있는 기준선 격자가 시간을 표시했으며, 태양의 형상이 각 선을 통과할 때마다 여느 해시계와 마찬가지로 시간을 나타냈다. 이 바람의 탑을 자세히 묘사한 노블(J. V. Noble)과 데 솔라 프라이스(D. J. de Solla Price)는 내부가 눈부신 광경이었음이 틀림없다고 믿는다. (프라이스는 바람의 탑을 '고전 세계의 차이스 플라네타륨(Zeiss planetarium)의 일종'이라고 불렀다.) 그들은 포세이돈이 두 분수 사이의 중심인물이었고 헤르쿨레스와 아틀라스가 하늘의 운동을 흉내 내는 밝은 원반 앞에서 철망을 들고 있었다고 추측한다. 노블과 프라이스는 다음과 같이 결론짓는다. '우리는 과학 기술을 평범한 일로 받아들이는 시대에 살고 있으므로 과학 기술과 건축술이 효율적이고 기능적이기를 기대한다. 아테네는 … 경이로움과 아름다움이 있는 곳이었고, 이 시기는 수학자와 천문학자의 업적에 경탄하는 시기, 즉 바람의 탑을 짓고 존경하는 시기였다.'[23]

고대 이스라엘

현대적 시간관념은 초기 그리스도교의 시간관념에서 파생되었으며, 이는 다시 고대 이스라엘과 유대교의 시간관념으로 거슬러 올라갈 수 있다는 것은 오래전에 알려졌다. 순환적 시간관념을 채택하는 대신 유대인은 신의 목적을 점진적으로 계시하는 것으로서의 목적론적 역사 개념에 기초한 선형적 개념을 믿었다. 현대적 시간관념의 기원에 대한 이러한 견해를 뒷받침하는 것은 많지만, 앞으로 보게 되듯이, 이는 약간의 유보가 있어야만 고수될 수 있다는 것을 우리는 이제야 깨닫고 있다.

기원전 2천 년 후반에 이집트에서 탈출하여 가나안에 정착한 유대인은 자신들의 정착 지역에 이집트와 바빌로니아 사이의 주요 교통 통로가 있다는 것을 깨달았다. 사울, 다윗, 솔로몬의 통치가 끝난 후 얼마 지나지 않아 유대 왕국은 둘로 나뉘었다. 기원전 722년 북부 왕국인 이스라엘이 사르곤(Sargon) 2세에 의해 전복되었고, 그 수도가 파괴되었다. 2년 후 이스라엘 백성들은 아시리아로 추방되었다. 기원전 586년 바빌로니아인은 성전을 포함한 예루살렘을 파괴했으며, 남부 왕국인 유대의 많은 백성들은 바빌로니아로 추방되었다. 위트레흐트 대학의 구약성서학 교수인 시어도어 프리젠(Theodore Vriezen)에 따르면, 바빌로니아인은 주로 상류층을 추방했고, 국가가 완전히 쇠퇴하는 것을 막기 위해 2만여 명의 하류층은 남겨두었다.[24]

이러한 영고성쇠(榮枯盛衰)에 대한 유대인의 반응은 심오했다. 과거에 대해서는 신의 섭리((攝理))에 대한 증거를 구했고, 현재의 불행은 야훼, 즉 신에게 불충실한 것에 대한 형벌로 설명했다. 이들은 나라가 신을 섬기는 일에 더 열성적이게 된다면, 해방에 대한 희망이 더 커질 것이라고 믿었다. 비록 이것이 미래의 어떤 불특정 날짜에 일어날 것으로 예상하였지만, 이스라엘의 적을 물리치고 나라를 예전의 영광으로 회복시킬 메시아의 약속으로 그에 대한 믿음이 강화되었다. 따라서 역사에서 유대교 신(神)의 본질적인 목표는 이스라엘의 구원(救援)이었다.

이 믿음에 대한 명확한 설명은 기원전 2세기 마카비 혁명 직전에 셀레우코스(Seleucus) 왕조의 위협에 쫓기어 바빌론 유수(幽囚)에서 돌아온 지 오랜 후에 쓰인 다니엘 예언서에 나와 있다. 따라서 과거에 대한 호소는 미래 지향적 역사 철학으로 발전되었다. 그러므로 고대 히브리인에게 시간은 신성한 창조 행위로부터 신의 목적이 궁극적으로 성취되고 이 땅에서 선택된 민족인 이스라엘이 최종적으로 승리하는 것까지 확장되는 단일 방향의 선형 과정이었다는 주장이 자주 제기되었다.

『그리스도와 시간(Christ and Time)』의 저자이자 신학자인 쿨만(O. Cullmann)에 따르면, '원시 그리스도교와 성서 유대교에서 시간의 상징은 … *상향 경사 선(upward sloping line)*인 반면, 헬레니즘에서는 원(圓)이다.'[25] 한편, 정치 철학 역사가인 군넬(J. G. Gunnell)은 과거 지향적 성향의 그리스인보다 히브리인이 더 미래를 지향했지만, '선형적 진보라는 개념은 일시성(一時性)에 대한 히브리인의 경험을 합리화하는 것'이라고 주장해 왔다.[26] 더 최근에 또 다른 역사가인 트롬프(G. W. Trompf)는 〈서양 사상에서 역사적 재발(再發)의 개념(The Idea of Historical Recurrence in Western Thought)〉에 관한 연구에서 위대한 이스라엘 축제의 이념적 기반을 형성한 구약성서에 자신이 '재현(再現)의 개념'이라고 부르는 것이 널리 퍼져 있다는 것에 주목했다. 트롬프는 또한 출애굽기의 홍해 횡단과 의식적으로 비유되는 여호수아기의 요르단 횡단 및 초기 이집트 속박에 대한 바빌론 유수의 유사성과 같은 히브리 사료 편찬의 재현 사례를 인용하고 있다.[27] 더욱이 종말론 및 이에 관한 역사 측면의 설명에 있어서도 히브리 사상을 지배했던 미래에 대한 개념은 유대인이 잃어버렸다고 믿었던 태고(太古) 상태로의 복귀를 수반했다.[28] 다시 말해서, 그들은 자신들의 황금시대를 과거에서 미래로 옮겼지만, 유사(類似) 순환적 요소가 포함된 것이다.

군넬의 지적에 의하면, 그리스인과 달리 히브리인은 결코 시간의 '문제'를 그 자체로 분석하려고 시도한 적이 없다. 히브리인은 시간에 대한 경험을 개념화하지도 않았고, 역사에 대한 추상적 개념을 형성하지도 않은 것 같다. '역사는 야훼의 목적에 따라 개인 생활과 사회생활의 드라마가 전개되는 공간이었으며, 우주의 시간은 야훼의 행위와 우주에 대한 그의 능력을 단순히 증명해 주었다.'[29] 시간에 대한 히브리인의 경험을 특징짓는 가장 중요한 것 중 하나는 '과거와 미래의 동시대성(contemporaneity of past and future)'이었다. 다시 말해서, 히브리인에게 현재는 정확한 경계를 가지고 명확하게 구분되는 단위가 아니라 시간의 처음부터 끝까지 뻗어 있는 연속체의 일부였으며, 과거와 미래 모두의 영향을 지속적으로 받았다. 구약성서에는 복잡한 역사적 기록에 관한 관심에도 불구하고 번호가 매겨진 날짜가 없다는 것은 의미심장하다. 언약(言約)은 단순히 전통에 의해 보존된 중요한 과거 사건이 아니라 군넬이 '그 자리에 계신 그분 야훼와 그의 백성들 사이에 시간에 따라 펼쳐지는 공동의 드라마'라고 부르는 것의 주제였다. 신명기 5장 3절의 말씀에 따르면, '이 언약은 주님께서 우리 열조(烈祖)와 맺으신 것이 아니라, 오늘날 여기 살아있는 우리, 곧 우리와 맺으신 것이기' 때문이다.

히브리 사상과 그리스 사상(특히 아리스토텔레스 사상)을 구분하는 두드러진 점은 역사에서 실제로 발생했던 신의 창조물로서의 우주(宇宙)라는 사상이었다. 그리스 사상과 달리, 히브리 사상에서 자연은 신성한 것이 아니었고, 신은 모든 현상을 초월했다. 태양, 달, 별은 모두 신의 피조물로, 신이 손으로 한 일을 나타내는 역할을 했다(시편 19절). 이집트인이나 바빌로니아인과 달리, 히브리인은 왕권을 '우주에 닻을 내린' 것으로 간주하지 않았다. 히브리 종교에서, 그리고 그 종교에서만 인간은 준(準) 법적 언약으로 신과 결합하였고, 그 결과 인간과 자연 사이에 고대의 유대(紐帶)는 파괴되었다.[30] 이 때문에 때때로 그리스인은 '공간의 건설자'로, 로마인은 '제국의 건설자'로, 그리스도교인은 '하늘의 건설자'로 간주된 반면, 유대인은 '시간의 건설자'로 간주되었다. 에리히 푀겔린(Eric Voegelin)은 마르두크 서사시를 통해 바빌로니아를 대표하는 우주의 정치적 상징성을 전제로 하는 이른바 '우주론적' 문명과 자라투스트라의 종교에 기반을 둔 히브리인의 '종말론적' 문명(그러나 이란인이 처음으로 예시했음)의 근본적인 차이를 강조했다.[31] 유대 종말론의 주요 강조점은 항상 국가의 운명에 있었지만, 개인적 불멸의 교리(신의 정의(正義)에 대한 자라투스트라의 열정적인 믿음에서 비롯됨)는 바빌론 유수 기간 또는 그 이후에 유대인이 채택한 것으로 보인다. 이 교리에 대한 믿음은 바빌론 유수 이후 유대교의 가장 큰 혁신이었다. 히브리인의 시간관념에서 선형성(線形性)의 정확한 역할과 상관없이, 그 개념의 종말론적 성격은 그리스도교를 통해 시간의 단일 방향적이고 비순환적 성격에 대한 현대 사상 발전에 큰 영향을 미쳤다는 추측이 오랫동안 지속되었다.

그러나 그리스도교가 출현하기 이전부터 이스라엘은 역사에 부여된 중요성과 사건의 반복 불가능성에 있어서 고대 국가들 사이에서 독특했다는 가정에 의문을 제기하는 경향이 최근 몇 년 동안 점차 증가하고 있다. 그 이유는, 시간에 따른 전진(前進) 운동에 대한 명시적 인식과 끝없는 반복에 대한 거부는 조로아스터교에서 비롯되었을 뿐만 아니라, 지난 20여 년 동안 구약성서 학자들은 구약성서의 일부 구절과 특정 메소포타미아 문헌 사이의 유사성에 관심을 기울여 왔기 때문이다. 그 결과, 노스캐롤라이나 대학의 성서 문학 교수인 반 세터스(J. Van Seters) 등은 구약성서에 독특한 '역사에 대한 신성한 계획'이 있다는 생각이 '매우 과장되어' 왔다고 주장했다.[32] 다시 말해서, 이스라엘인이 '신의 선택을 받은 종족'이라는 확신은 이제 학자들에 의해서 일반적으로 수메르와 바빌로니아 도시 국가들이 기반을 두었던 근본적인 믿음, 즉 왕은 신성하게 선출된다는 믿음과 크게 다르지 않은 것으로 간주되고 있다.

히브리인은 시간 측정을 포함한 다른 방식에서도 수메르인과 바빌로니아인의 영향을 받았다. 그 결과로, 그들의 달력은 달에 기반을 두었다. 태음월로 세는 다른 민족과 마찬가지로, 히브리의 월(月)은 신월이 저녁 황혼에 처음으로 보일 때 시작된다. 일찍이 사울 시대에 신월 축제는 매우 엄숙하게 거행되었다. 나중에 예루살렘이 수도가 되었을 때, 산헤드린(Sanhedrin) 앞에서 믿을 만한 증인에 의해 월삭(月朔)의 출현이 증명되자마자, 그곳에서 전령이 파견되어 신월의 시작을 알렸다.

원래 유대 년(年)은 추분에 시작되었다. 유대인의 상용년은 여전히 이 시기에 시작되지만, 이집트를 탈출한 이후로 유대인의 교회 년(年)은 춘분의 니산(Nisan) 월과 함께 시작되었다. 윤월 삽입 여부에 따라 길이가 달라지는 년(年)을 사용함으로써 태양과의 적절한 조화가 유지되었다. 히브리인은 신월뿐만 아니라 만월(滿月)도 종교적으로 매우 중요한 의미를 지닌 것으로 간주했으며, 유월절(逾越節) 시기는 춘분이나 그 이후의 첫 번째 만월에 의해 결정되었다. 연도 계산과 관련해서 유대인은 기원전 2세기에 시리아의 셀레우코스 왕조 통치 때부터 서기 70년에 로마인에 의해 성전이 파괴될 때까지 셀레우코스 왕조와 동일한 연호(年號)를 사용했다.

성서의 일부 오래된 부분, 특히 초기 선지자에 관한 부분에서, 달은 하느님이 노동에서 쉴 때인 창조의 일곱 번째 날을 기념하는 안식일과 관련하여 자주 언급된다. 허턴 웹스터(Hutton Webster)는 자신의 저서 『안식일(Rest Days)』에서 수넴 여인이 선지자 엘리야에게 아들의 생명을 되찾게 해달라고 간청하러 가려고 할 때, 그녀의 남편이 '어찌하여 오늘

그에게로 가려고 하는가? 오늘은 월삭도 아니고 안식일도 아니다.'라고 말하며 어떻게 반대했는지를 설명하는 열왕기 하권 4장 23절의 구절에 주의를 집중했다. 웹스터가 계속해서 지적하듯이, 설형 문자 기록을 연구한 결과, 망일(望日)을 뜻하는 바빌로니아어 *샤바툼*(shabbatum)도 마찬가지로 해당 월의 14번째 (또는 15번째) 일이라는 것이 밝혀졌을 때, 우리는 히브리어 용어 *샤바스*(shabbath)의 주된 의미였을 것이 틀림없는 또 다른 유물을 얻게 되었다.

이름이 주어진 유일한 날인 안식일로 끝나는 히브리의 주 7일 체계는 '흉일'로 끝나는 바빌로니아의 7일 주기와 닮았지만, 둘 사이에는 중요한 차이점이 있다. 바빌로니아의 주기(週期)는 달과 직접 관련이 있지만, 히브리의 주(週)는 달과 관계없이 매년 매월 계속되었기 때문이다. 더욱이, 바빌로니아의 흉일은 왕, 제사장, 의사만 지켰지만, 히브리의 안식일은 모든 사람이 지켰다. 웹스터가 지적했듯이, '태음월에서 주(週)를 분리하여 인정된 달력 단위로 사용하고, 그러한 주의 하루를 종교 활동을 위해 고정한 것은 그 반대 증거가 발견될 때까지 히브리 민족에게 귀속되는 것이 틀림없는 중요한 혁신이었다.'[33]

이스라엘이 로마 제국의 일부가 될 무렵, 비록 '세계의 종말'이 눈앞에 있다는 믿음이 '노아 시대의 첫 번째 심판은 물에 의한 멸망이었지만, 마지막 심판은 불에 의한 멸망이 될 것이다'와 같이 명확한 형태를 취했던 것은 오직 쿰란(Qumran)의 에세네파 신도(Essenes)에게만 해당됐지만, 이러한 생각은 이미 다양한 종교 종파 사이에 널리 퍼져 있었다. 홍해 인근의 유대 사막 지역으로 철수한 극도의 금욕적 종파인 에세네파는 셀레우코스 통치자인 팔레스타인의 안티오코스(Antiochus) 4세의 잘못된 헬레니즘 개혁에 반대하는 마카비 혁명 당시인 기원전 2세기 중반에 기원한 것으로 보인다. 안티오코스 4세는 직전까지 이집트 프톨레마이오스(Ptolemies) 왕조의 지배를 받았던 이 지역을 점령했다. 에세네파는 묵시록적 견해와 율법주의에 지나치게 치우쳤을 뿐 아니라 광적으로 반(反) 헬레니즘적이었다. 알렉산더의 정복 이후, 이집트와 현재 중동(中東)이라고 부르는 나머지 지역은 헬레니즘 풍습과 견해가 지배했다. 그리스어는 이 지역의 *링구아 프랭커*(lingua franca)*가 되었으며, 이는 로마 제국 시대에도 유지되었다. 이 때문에, 예수와 그의 제자들이 사용하는 언어는 아람어(語)였지만, 신약성서의 책들은 그리스어로 세상에 나왔다.

많은 유대인, 특히 팔레스타인 밖의 유대인은 헬레니즘화 되었지만, 팔레스타인 안에서는 사두개인만이 헬레니즘 문화에 호의적이었다. 종파 중 가장 지적으로 계몽된 분파였던 사두개인은 지배권의 편에 서 있었다. 그들의 이름은 아론(Aaron)의 작은 아들의 후손으로 여겨지는 다윗 시대의 대제사장이었던 '사독의 아이들(sons of Zadok)'을 의미했다. 그들은 선택된 민족은 '깨끗한' 민족이어야 한다는 것이 분명해졌던 신명기에 원래 명시된 대로, 자신들이 모세 율법을 엄격히 고수해야만 구원 받을 것이라고 믿었던 지배적 종파인 바리새인의 주된 적(敵)이었다. 신명기적 관점은 나중에 토라(Torah)†와 선지자들의 책에서 정식화되었고 유대인 삶의 중심이 되었다. 실제로 지금까지 쿰란 종파에서 사용된 것으로 밝혀진 구약성서의 책 중 이사야(Isaiah)와 시편(詩篇)을 제외한 대부분은 신명기의 사본(寫本)이다.[34]

오늘날의 우리에게는 바리새인과 사두개인의 경쟁이 시간 측정 방법

---

* 역자 주: 공통 언어가 없는 집단이 서로 의사를 전달하기 위해 쓰는 보조 언어.
† 역자 주: 유대교의 율법서.

에 관한 서로 다른 견해로 확장된 것이 특히 흥미롭다. 바리새인은 음력 연도(농업년이 태양과 보조를 맞추도록 하는 윤달과 더불어)를 고수했지만, 사두개인은 그리스인이 사용하는 태음 태양년을 채택했기 때문이다. 각 종파는 실제로는 같은 날짜를 지켜야 했음에도, 상대 종파가 규정된 종교 축제를 잘못된 시간에 거행하길 원한다고 서로 비난했다. 바리새인이 지배적 종파였기 때문에 사두개인의 문헌은 거의 남아 있지 않지만, 남아 있는 것 중에서는 기원전 110년경에 작성된 희년서(禧年書)에 특별한 관심이 집중된다.[35] 이 희년력의 기초는 각 변의 길이가 3, 4, 5인 피타고라스의 유명한 직각 삼각형이었던 것 같다.[36] 처음 두 변의 합은 한 주의 일수를, 세 변의 합은 1년의 개월 수를, 각 변의 제곱의 합은 숫자 50을 나타낸다. 구약성서에 대한 주석을 포함하여 현존하는 많은 작품을 쓴 서기 1세기의 그리스-유대 철학자인 알렉산드리아의 필론 (Philo of Alexandria)에 따르면, 50은 가장 성스러운 숫자로, '우주 생성의 원리'(『묵상하는 삶에 대하여(De vita contemplativa)』 65)로 여겨진다. 빚 탕감, 노예 석방 등과 함께 유대인의 삶에서 50년 주기의 중요성은 결국 1300년 이래로 잇단 교황들이 50년마다 로마 교회의 희년을 선언하는 관행으로 이어졌다.

로마 제국과 초기 그리스도교인

그리스도교는 그 종교가 시작된 방식 때문에 잇단 압제자로부터의 구원(救援)에 대한 희망과 함께 독특한 유대인의 시간관을 물려받았다. 처음에 그리스도교인은 부활한 예수를 재림(再臨)이 임박하고 기존 세계 질서를 종식할 메시아로 여겼다. 점차, 이러한 재림이 일어나지 않고 시간이 경과함에 따라, 그리스도교인은 계속 존재하는 세상에 대처해야 했고, 그 종식은 막연한 미래로 연기되었다. 예수가 메시아라면 그가 이미 왔으므로 새로운 해석이 필요했다. 따라서 예수의 탄생은 신성한 목적의 첫 번째 단계를 끝내고 두 번째 단계를 시작했기 때문에 시간을 두 부분으로 나누는 것으로 간주하게 되었다. 유대교를 제외한 로마 제국의 다른 동시대 종교 추종자들과 달리, 그리스도교인은 자신들의 종교를 역사에서 신의 목적을 표현하는 것으로 간주했다. 그러나 유대교는 주로 이스라엘의 운명에 관심이 있었던 반면, 그리스도교인은 자신들의 신앙을 보편적 의미를 지닌 것으로 간주했다. 그리스도교인은 예수의 십자가형을 반복의 대상이 아닌 고유한 사건으로 간주했다. 그 결과, 시간은 순환적이 아니라 선형적이어야 했다. 사건의 반복 불가능성에 특히 중점을 둔, 본질적으로 역사적인 이 시간관이 그리스도교 신앙의 본질이다. 이는 히브리서 9장 25~26절에서 분명하게 드러나는 다음과 같은 히브리인의 관점과 대조되기도 한다. '대제사장이 해마다 다른 것의 피로써 성소(聖所)에 들어가는 것 같이 자주 자기를 드리려고 아니하실지니, 그리하면 세상의 기초가 놓인 이래 그가 여러 번 고난을 겪었어야 할 것이지만, 이제 그는 자신을 희생 제물로 드려 죄를 없애시려고 세상 끝에 한 번 나타나셨느니라.'

그리스도교가 시작된 시기는 로마 제국의 시기였다. 그 시기는 상당수가 동양에 기원을 둔 다양한 종교가 번성했으며 극도로 미신적인 시대였다. 전통적인 종교 달력은 연중 많은 날에 모든 종류의 사업을 금지했다. 특히, 불길한 날에 선박은 출항할 수 없었다. 따라서 로마의 선장은 8월 24일, 10월 5일, 또는 11월 8일에 항구를 떠나는 일이 없었을 것이며, 월말에 해상에 머무는 것은 나쁘다고 여겨졌다.[37]

로널드 사임 경(Sir Ronald Syme)이 지적했듯이, 로마인은 권위, 선례, 전통에 대한 특별한 존경심을 가지고 있었으며, 실제로 가장 나이 많은 원로원 의원들의 정서를 의미하는 조상의 관습에 부합한다고 여겨지지 않는 한 변화를 크게 반대했다. 로마인은 참신함을 의심하는 경향이 있었고, 과거에 대한 그들의 기억이 변화란 원래 저항을 받으면서도 종종 일어나는 것임을 상기시켰지만, 그들에게 '새로운(novus)'이라는 단어는 불길한 고리였다. 사임 경이 말했듯이, '로마의 독특한 위대함은 한 사람의 천재나 한 시대 때문이 아니라 많은 사람과 오랜 세월의 과정에 기인한다.'[38]

로마 역사가의 주요 영감 중 하나는 조상 숭배와 그들의 업적을 기리는 귀족 가문의 성향이었다. 그리스 역사가와 달리 로마 역사가는 자국의 과거에 대한 포괄적 조사를 제시하는 것을 애국자로서의 임무로 삼았다. 그러나 로마의 첫 번째 역사는 기원전 2세기에 로마에 살았던 그리스인 폴리비오스에 의해 기록되었다. 이후 유명한 역사가로는 카이사르(Caesar), 살루스트(Sallust), 리비우스(Livy), 타키투스(Tacitus), 수에토니우스(Suetonius) 등이 있다. 리비우스(기원전 59~서기 19)는 자신의 역사책에 '로마 건국 이래(Ab urbe condita)'라는 제목을 붙이고 아이네이아스(Aeneas)로 시작했다. 그의 작품에는 전조와 불가사의한 조짐이 풍부하기 때문에, 그와 비교하면 헤로도토스는 거의 현대적인 것처럼 보인다. 투키디데스와 비교할 수 있는 유일한 로마 역사가는 타키투스(서기 약 55~117)이다. 두 사람 모두 훌륭한 연설가였고 그들에게 역사는 통치자를 포함한 모든 사람의 행위를 평가할 수 있는 궁극의 법정이었지만, '투키디데스가 집정관이었던 곳에서 타키투스는 시간에 대해 판정하려고 했던 가장 뛰어난 사람이었지만 그래도 변호사였다.'[39] 그는 역사적 저술의 대부분을 구두 증언에 의존했지만, 모든 고대 역사가 중에서 자신이 조사한 저서와 문서를 가장 자주 인용하는 사람이었다. 그는 역사가의 의무란 '관대한 행동은 망각에서 앗아가고 해로운 계획의 당사자와 악행의 가해자가 후손의 법정에서 자신을 기다리고 있는 불명예를 미리 볼 수 있는 인간의 행위를 재판단하는 것'이라는 자신의 주장(『연대기(Annals)』 iii. 65)에서 잘 설명되는 고귀한 생각을 하고 있었다. 로마인은 역사의 과정을 전통적 가치의 이반(離反)과 고수(固守)를 번갈아 하는 것으로 간주하는 경향이 있었다. 커티우스(E. R. Curtius)가 지적했듯이, 로마인의 과거에 대한 경건한 태도와 과거를 현재의 일부로 간주하는 경향은 세계에 대한 진정한 역사관을 배제하고 시간적 관점에 대한 우리의 감각과는 매우 다른 일종의 시간 초월성을 의미했다.[40]

로마인은 그리스인의 문학적 및 기타 문화적 업적을 존중했지만, 그리스인이 수학에 부여한 중요성에 대해서는 곤혹스러워했다. 로마인이 실제로 과학에 별 관심이 없었다는 일반적인 결론에 대한 두드러진 예외는 루크레티우스(Lucretius, 기원전 94~55)였는데, 오늘날 그의 『사물의 본성에 대하여(De Rerum Natura)』는 지금까지 쓰여진 가장 위대한 철학적 시(詩)로 간주되고 있다. 이것은 키케로(Cicero, 기원전 106~43)와 베르길리우스(Virgil, 기원전 70~19) 모두에게 깊은 인상을 주었지만, 그 기반이 되는 에피쿠로스주의는 쾌락주의적 측면을 제외하고는 로마인에게 거의 인상을 주지 못했다. 시간 개념과 관련해서, 해당 시의 다음과 같은 구절은 현대적 관점에서 주목할 만하다. '마찬가지로, 시간 자체는 존재하지 않는다. 그러나 사물 자체에서 이미 일어난 일, 지금 일어나고 있는 일, 그리고 앞으로 일어날 일에 대한 감각이 생겨난다. 사물의 움직임이나 사물의 평온한 부동성(不動性)을 제쳐놓고 시간 자체를 감지할

수 있다고 주장해서는 안 된다.'41

에피쿠로스주의와 달리, 스토아 철학은 교육 수준이 높은 시민들에게 상당한 호소력을 가지고 있었다. 베르길리우스의 『네 번째 목가(Fourth Eclogue)』의 유명한 구절은 '영원한 회귀'의 개념을 다음과 같이 표현하고 있다. '이제 쿠마이(Cumae) 노래의 마지막 시대가 왔다. 세기(世紀)의 대열(大列)이 새롭게 시작된다. … 두 번째 티피스(Tiphys)가 등장하고, 선택된 영웅을 태울 두 번째 아르고선(船)이 등장한다. 두 번째 전쟁도 있을 것이고, 또다시 위대한 아킬레스가 트로이로 보내질 것이다.' 철학적 체념의 금욕적 태도는 점점 더 무의미한 형식이 되어버린 고대 로마의 다신교를 대체했다. 주피터가 살아남는 한, 그는 섭리 또는 운명의 화신이다. 아우구스투스(Augustus)가 도입한 황제의 신격화는 그다지 심각하게 받아들여지지 않았고, 후기 시대에 '신성 로마 황제'라는 칭호에서 '신성'이라는 단어가 암시하는 것보다 더 의미 있지도 않았다.

서기 2세기 안토니누스(Antonines) 시대의 *팍스 로마나(Pax Romana)*는 상류 계급이 지역 마을이나 지역의 관습에 집중하고 유지할 좋은 기회였지만, 하층민들에게는 더 넓은 시야와 전례 없는 여행 기회를 제공했다. 고대 후기의 저명한 권위자가 지적했듯이, '상인들은 끊임없이 이동해서 서유럽의 낙후된 지역에서 기회를 찾고, 때때로 고향에서 멀리 떨어진 곳에 정착했다.'42 실제로 프리지아 출신의 한 상인은 로마를 72번 이상 방문한 것으로 알려져 있다. 도처로 안전하게 여행할 수 있는 이 새로운 자유는 사람들의 삶뿐만 아니라 사고와 신념에도 지대한 영향을 미쳤다. 생활양식이 바뀐 이 사람들은 '2세기 후반 종교 지도자의 염려스러운 생각의 배경'을 제공했다.43 이제 그리스도교로 개종하는 사람들은 더 이상 지난 세기처럼 열등하고 억압받는 사람들이 아니라 주로 이들로부터 모집되었다.

그러나 이 당시 그리스도교는 국제적인 헬레니즘 문명의 영향을 받아 로마 제국으로 점점 더 많이 유입되고 있는 수많은 경쟁 종교 중 하나에 불과했다. 스토아 철학은 쇠퇴했는데, 그 철학의 마지막 저명한 인물은 161년에서 180년까지 통치한 마르쿠스 아우렐리우스(Marcus Aurelius) 였다. 끊임없는 변화의 부침을 강조하는 그의 『명상(Meditations)』은 지친 세상의 분위기를 발산한다.

다음 세기에는 영지주의(靈智主義)가 확산하였는데, 그 신자(信者)는 비밀이나 특권을 가진 지식인을 지칭해서 이를 뜻하는 그노스티코이 (gnostikoi), 즉 '지식자(知識者)'라고 불렸다. 영지주의는 지식을 통해서 구원을 얻을 수 있다는 일반적인 헬레니즘 사상에 기초한 사고방식이었다. 그리스도교 형식 외에도 비전(秘傳) 신앙(Hermeticism)과 마니교 (Manichaeism)와 같은 것들도 있었다. 영지주의 사상의 가장 독특한 특징 중 하나는 신과 세계의 근본적인 이원론으로, 신(神)은 자신의 피조물이 존재하는 곳과 동떨어진 악마의 영역으로 결과적으로 회복할 수 없는 악(惡)인 세계를 완전히 초월하는 것으로 여겨졌다. 영지주의는 그리스 과학에 대한 반란으로 간주될 수 있다. 영지주의는 이원론적이었지만 플라톤주의와는 상당히 달랐다. 즉, 우주 시간은 영원의 움직이는 형상이 아니라 '기껏해야 그 모델에서 멀리 떨어진 결함 있는 모방에 불과한 영원의 캐리커처였다.'44 마찬가지로, 영지주의는 역사에 대한 적대감으로 정통 그리스도교에 반대했는데, 이는 영지주의가 신이 과거를 통해 미래를 준비한다는 생각에 기반을 두는 대신 세상을 신이 없는 것으로 간주했기 때문이다. 결과적으로, 영지주의가 그리스도교 사상과 결합했을 때, 그 결과는 곧 교회에서 받아들일 수 없는 것으로 판단되었다.

그럼에도 불구하고 이 독특한 조합은 오래도록 살아남아 남부 프랑스에서 한동안 번성했지만, 결국 중세 교황 중 가장 강력했던 이노센트(Innocent) 3세의 지휘로 13세기 1/4분기에 북부 프랑스에 의해 분쇄된 알비파(派)의 이단으로 중세에 다시 나타날 운명이었다.

로마 제국에서 번성했던 다른 형태의 종교 중에는 미트라교(Mithraism)가 있었다. 극도로 남성적인 이 종교는 로마 군대에 인기가 있었다. 현대 미트라교 연구의 창시자인 프란츠 쿠몽(Franz Cumont)은 로마 미트라교가 이란 자라투스트라교의 연속이며, 그 기원은 힌두교도까지 거슬러 올라갈 수 있다는 것을 보여주었다. 베다 찬송가에서 미트라라는 이름을 접할 수 있기 때문이다. 쿠몽에 따르면, 베다(Vedas)*와 아베스타의 신학적 차이에도 불구하고, '베다 미트라와 이란 미트라는 유사한 특성을 너무 많이 보존해왔기 때문에 그들의 공통 기원에 대해 어떤 의심도 할 수 없다.'[45]

미트라는 두 가지의 서로 다른 도상적(圖像的) 형상으로 현존한다. 예컨대 런던 시(市) 발굴 과정에서처럼 서양에서만 발견되는 것에서, 미트라는 새해를 맞이하여 세계의 재탄생을 의미하는 황소를 살해하는 잘생긴 신으로 나타난다. 황소를 살해하는 미트라를 묘사한 대영박물관의 대리석 군(群)에서 가장 두드러진 점은 희생된 황소의 상처에서 세 개의 밀 이삭이 나오는 것으로 보인다는 것이다.[46]

서양에서뿐만 아니라 동양에서도 발견되는 미트라의 또 다른 형태는 사탄이 몸을 감싸고 있는 사자 머리 괴물과 같다. 뱀은 때때로 황도 12궁으로 장식되어 있다. 따라서 뱀은 황도를 도는 태양의 경로를 나타

---

* 역자 주: 브라만교 종교 문헌의 총칭으로, Rig-Veda, Sama-Veda, Atharva-Veda, Yajur-Veda의 4권이 있음.

내고, 미트라와 이란의 시간의 신(神) 주르반 사이의 연결을 나타낸다. 이 상징성은 메소아메리카(Mesoameria)*를 포함한 많은 고대 문명에서 발견되는 것과 유사한데, 여기서 뱀이 주기적으로 피부를 벗겨내고 재생한다는 사실에서 암시되었을 사탄은 끝없는 시간의 순환을 나타낸다. 창세기 3장의 타락 편에서 인간의 태곳적 순수함을 파괴하는 자도 사탄으로 묘사된다. 자신의 꼬리를 삼키고 '나의 끝은 나의 시작이다'라는 전설을 담고 있는 뱀에 의한 끝없는 시간 표현은 나중에 스코틀랜드의 메리(Mary) 여왕이 소유한 것과 같이 손가락에 착용한 반지에서도 나타난다.

미트라교의 사자 머리 신은 영원(永遠)을 상징했다. 미트라에 대한 이러한 표현은 이집트 예술에서 파생된 것으로 보이며, 미라로 만들어진 시체를 감싼 붕대에 영향을 받았을 수도 있다는 주장이 제기되었다.[47] 이집트에서는 영원한 시간의 신 오시리스와 동일시되었다는 징후도 있다. 『사자의 서(Book of the Dead)』의 일부 표현에서는 불사조가 오시리스에게서 나오는 것으로 묘사된다.[48] 불사조는 때때로 미트라교의 맥락에서도 묘사된다. 이집트 신학이 로마 제국에 영향을 미쳤기 때문에 페르마세런(M. J. Vermaseren)은 '이란이나 이집트만이 독자적으로 미트라교의 사자 머리 신의 숭배를 형성한 것이 아니라, 이집트가 주요 지역이었던 헬레니즘 시대는 일반적으로 영원에 대한 추상적 관념을 구체적으로 표현했다.'[49]

서기 2~3세기에 로마에서 번성했던 동양 기원의 다양한 종교 외에도, 철학적 사색(思索)의 부활도 있었다. 이것은 플라톤 사상의 부활에 바탕

* 역자 주: 멕시코와 중앙아메리카 북서부를 포함한 공통적인 문화를 가진 아메리카의 구역으로, 각종 화려한 문명이 번성한 문화 공간을 지칭함.

을 두고 있었으므로 신(新) 플라톤주의라고 불린다. 이 학파의 가장 위대한 인물은 플로티노스(Plotinus, 약 205~270)이다. 이집트에서 태어난 그는 244년에 로마에 정착했다. 그의 철학에서 실체(實體)는 이성으로 숙고한 영적 세계이며, 물질세계는 세계영혼(world-soul)이 그 세계에 부과한 이상적 형상을 담는 단순한 저장소일 뿐이다. 그의 세 번째 엔네아드(Ennead)*의 일곱 번째 부분인 '*시간과 영원에 대하여(On Time and Eternity)*'는 시간과 세계 창조가 논의되는 플라톤의 『티마이오스』 37~38 구절에 대한 묵상으로 간주될 수 있다.[50] 플로티노스는 시간의 기원이 세계영혼의 삶에서 발견될 것이라고 믿었다. 시간을 파악할 '영혼'(또는 마음)이 없다면 시간이 존재할 수 있는지에 대한 질문이 아리스토텔레스에 의해 제기되었지만 대답은 되지 않았는데, 전·후에 대한 운동과 변화의 '숫자 세기'로서의 시간에 대한 그의 정의는 시간을 숙고하고 측정하는 '영혼'의 존재를 전제하고 있는 것처럼 보였다. 고전 고대의 철학자 대부분에게 세계는 생기 있고 신성했다. 결과적으로, 그들(그리스도교인은 범신론을 거부했기 때문에 속하지 않음)은 시간을 측정할 수 있는 세계영혼을 말하는 것이 가능했는데, 이것은 사실 아리스토텔레스의 질문에 대한 플로티노스의 대답이었다. 플로티노스는 또한 시간과 영원의 유사성보다는 그 차이를 강조하는 것에 더 관심이 있었기 때문에 플라톤의 시간에 대한 유명한 은유를 영원의 움직이는 형상으로 수정함으로써 플라톤을 넘어 전진했다. 그의 견해로는, 존재하는 모든 것이 그 원인과 같아야 하지만, 하나의 사물이 다른 것에 의해 생성된다는 사실은 그것들이 서로 다르다는 것을 의미한다. 계층적 관점을 채택하고 '운동'보다는 '생명'이라는 용어로 말하기를 선호한 플로티노스는 시간을

---

* 역자 주: 이집트 신화의 9명의 신(神)을 일컫는 말.

영원(또는 영원을 숙고하는 더 높은 영혼)과 '영혼'의 '생명'(또는 창조적 힘)으로 시간을 드러내는 우주의 움직임 사이의 중간체로 간주했다.[51] 플로티노스는 그리스도교인은 아니었지만 심리적 용어로 시간을 생각했기 때문에 어떤 면에서는 성 아우구스티누스(St. Augustine)의 선조였다.

4세기 초에 로마 국가와 그리스도교 교회 사이에 간헐적으로 일어났던 투쟁은 교회가 더 강하다는 것을 증명하면서 끝났는데, 이는 부분적으로는 3세기 중반에 로마를 위협했던 군사적 격변의 결과였다. 그 후 로마 제국의 수도가 콘스탄티노플로 개명된 비잔티움으로 이전하고 그리스도교가 국교가 된 두 가지 중요한 사건은 각각의 운명을 해결하는 데 도움이 되었다. 콘스탄티누스(Constantine, 288~335) 황제는 재임 초기에는 헤르쿨레스의 으뜸가는 추종자였고, 그 후 솔 인빅투스(Sol Invictus)*의 추종자였다. 그가 그리스도교로 개종한 것은 교회와 유럽 역사에서 전환점이 되었다. 그리스도의 모노그램인 '카이로(Chi-Rho)'는 315년에 콘스탄티누스의 주화(鑄貨)에 나타나기 시작했다. 동시에 로마 주교는 서양에서 더 중요해지기 시작했는데, 이는 부분적으로는 황제가 더 이상 옛 수도에 살지 않았기 때문이기도 했다.

아우구스투스에게는 자신의 찬양 노래를 부른 시인 베르길리우스가 있었지만, 콘스탄티누스에게는 325년 니케아(Nicaea) 공의회의 회기 동안 자신의 왕좌 바로 오른쪽에 앉아 공교회, 즉 가톨릭교회의 신념과 규율에 결정적 영향을 끼쳤던 교회 정치가이자 역사가인 에우세비우스(Eusebius)가 있었다. 콘스탄티누스는 신권에 의해 황제로 선포되었다. 그 결과, 그는 '신의 스타일과 칭호를 교황의 스타일과 칭호로 교환하려는 의지로 인해 손해를 본 것이 아니라 이득을 얻었다.'[52] 해당 세기

---

* 역자 주: 로마 제국의 신 중 하나인 무적의 태양신.

후반에 제국은 결국 동쪽과 서쪽으로 분열되었다. 그 후, 침략자들로부터 더욱 직접적인 위협을 받았던 서로마 제국은 더 이상 동로마 제국의 더 강한 군사력을 요청할 수 없었다. 서로마 제국의 통치자 호노리오 (Honorius)가 동쪽의 훈족으로부터 자신의 영토를 압박당하고 있던 서(西)고트족의 왕 알라리크(Alaric)에게 노리쿰(Noricum)의 속주(屬州)를 거부하자, 알라리크는 410년 군대를 이끌고 로마로 진군하여 이 '영원한 도시'를 약탈했다. 이 전례 없는 재앙은 제국에 깊은 충격을 주었다. 이것은 카르타고(Carthage) 근처에 있던 히포(Hippo)의 주교로 하여금 곧바로 로마를 약탈한 것은 로마 시민이 전통적인 이교도 신들을 유기(遺棄)한 것에 대한 처벌이라는 혐의를 반박하기 위해 최초의 역사 철학서인 위대한 저서 『신의 도시(The City of God)』를 집필하도록 했다.

사도 바울과 마찬가지로 히포의 아우구스티누스는 처음에는 마니교도였고, 그다음에는 플로티노스와 같은 신 플라톤주의자였다가 그리스도교로 개종한 사람이었다. 로마가 몰락하기 얼마 전에 그가 저술한 『고백록(Confessions)』은 최초의 진정한 자서전으로, 1천 년 이상이 지난 후에 루소(Rousseau)가 쓴 것보다 훨씬 더 독창적인 문학 형식을 갖추었다. 이로 인해 윌리엄 제임스(William James)는 성 아우구스티누스를 '최초의 현대인'이라고 불렀다. 『고백록』에서 아우구스티누스는 그리스도교로의 개종과 경쟁 교리에 대항하는 투쟁을 포함한 자신의 삶에 관해 설명했다.

성 아우구스티누스는 신 플라톤주의자를 포기한 이후에도 플라톤의 철학적 사상, 특히 시간 개념의 영향을 많이 받았다. 플라톤과 마찬가지로, 그는 시간과 우주의 개념은 서로 분리할 수 없으며, 각각은 서로에게 필수적이라고 믿었다. 『신의 도시』(xi. 5, 6; xii. 16)에서 그는 사건이 실제로 일어나지 않는 한, 시간은 존재할 수 없다고 주장했으며, 『고백록』(xi. 14)에서는 신이 하늘과 땅을 만들기 전에는 무엇을 했느냐는 질문에 답할 때 다음과 같이 언급했다. '나는 (질문의 압력을 교묘히 피하면서) 즐겁게 하셨다고 말하는 사람처럼 대답하지 않겠다. "신께서는 신비를 꼬치꼬치 캐묻는 사람들을 위한 지옥을 준비하고 계셨다."라고 말하겠다.' 두 책 모두에서 그가 시간의 본질에 열정적으로 관심을 두고 역사의 순환 이론을 강력하게 거부하고 있음을 발견할 수 있다. 『신의 도시』(xii. 13)에 그는 다음과 같이 적고 있다.

> 이교도 철학자들은 동일한 사건이 자연의 순서에 따라 복원되고 반복되는 시간의 순환을 도입했으며, 과거와 미래 시대의 이러한 소용돌이는 끊임없이 계속될 것이라고 주장했다. … 그들은 이러한 헛수고로부터 불멸의 영혼이 지혜를 얻은 후에도 해방되지 않고, 거짓된 축복으로 끊임없이 나아갔다가 진정한 불행으로 끊임없이 되돌아간다고 믿는다. … 거짓되고 기만적인 현자(賢者)가 발견한 순환에서 무엇이 잘못된 것인지 알지 못하는 것에서 우리가 벗어날 수 있는 것은 직선적인 과정이라는 확고한 교리를 통해서만 가능하다.

그 이전의 플로티노스와 마찬가지로, 『고백록』 11권에서 성 아우구스티누스는 아리스토텔레스의 시간 개념에 대해 철저한 비평을 했다. 그는 아리스토텔레스가 했던 것보다 더 신중하게 시간과 운동을 구분해야 한다고 주장했다. 특히, 그는 시간을 천체의 운동과 연관시키는 것에 반대했다. 천체가 움직이지 않더라도 도공의 물레가 계속 돈다면 시간은 여전히 존재할 것이기 때문이다. 바퀴의 각(角) 회전으로 표시되는 시간적 지속이 있을 것이고, 태양의 움직임이 멈췄더라도 하루라고 불리는 시간 간격 동안 일정한 횟수의 이러한 회전은 여전히 일어날 것이기 때문이다. 마찬가지로, 물체가 때로는 움직이고 때로는 정지해 있는 경우, 시간으로 운동 기간뿐만 아니라 정지 기간도 측정할 수 있다. 운동과 시간의 연관성 및 그 기반으로서의 천체의 균일한 자전에 대한 아리스토텔레스의 호소 대신, 성 아우구스티누스는 플로티노스가 '세계영혼'의 개념에 대해 했던 것처럼은 아니지만 시간의 궁극적인 근원과 기준을 인간의 마음으로 돌렸다. 아리스토텔레스는 인간의 마음이 필연적으로 물질세계의 시간을 따라야 한다고 믿었기 때문에 인간이 시간을 지각하는 정신적 과정에 관해 탐구하지 않았지만, 성 아우구스티누스는 정신적 활동을 시간 측정의 기초로 삼았다. 그는 하나의 단음(單音)을 소리 낼 때 걸리는 시간을 측정하는 문제를 고려했다. 소리내기 전에는 소리 나는 데 걸릴 시간을 측정할 수 없는 것은 분명하지만, 소리가 난 후에 더 이상 소리가 존재하지 않는데도 어떻게 측정할 수 있을까? 현재를 진정으로 순간적(瞬間的)이고 지속기간(持續期間)이 없어서 분리할 수 없는 순간으로 간주한다면, 현재에서도 그 시간을 측정할 수 없다. 성 아우구스티누스는 사물이 사라진 후조차도 사물이 지나가면서 만들어내는 인상(印象)을 마음속에 간직할 능력이 있을 때만 시간을 측정할 수 있다는 결론에 도달했다. 다시 말해서, 인간은 사물 자체를 측정하는 것이 아니라 기억 속에 고정된 것을 측정하는 것이다. 인간이 측정하는 것은 지나가는 사건이 마음에 남기는 인상이다. 이 인상만이 사건이 지나간 후에도 남아 있기 때문이다. 마음은 예상을 통해 미래로, 기억을 통해 과거로 확장하는 힘이 있다. 현재에는 미래가 과거가 되는 수단으로서의 영혼의 집중만 있을 뿐이며, 소리의 미래가 지속적으로 감소해서 완전히 과거가 되었을 때만 마음은 미리 생각한 기준으로 이것을 측정할 수 있다. 성 아우구스티누스는 마음이 어떻게 외부 사건의 시간 측정에 대한 정확한 크로노미터가 될 수 있는지 설명하지 않았지만, 심리적 시간 연구의 선구자로서 시간 감각 이해에 기여한 사람들의 선두에 서 있다.

그리스인 대부분과 로마인에게는 순환에 대한 믿음 여부와 상관없이 시간의 지배적 측면은 현재와 과거였지만, 그리스도교는 인간의 관심을 미래로 이끌었다. 철학자 에리히 프랭크(Erich Frank)의 말에 따르면, '그리스도교와 함께 … 인간은 시간을 새롭게 이해하게 되었다.'[53] 성 아우구스티누스가 제시한 바와 같이, 미래를 향한 그리스도교적 시간관은 순환적이지도 않고, 본질적으로 새로운 일이 일어나지 않은 채 무기한 계속되지도 않는다는 점에서 고전 고대의 시간 흐름에 대한 개념과 달랐다. 존 베일리(John Baillie)는 성 아우구스티누스가 시간의 순환적 견해에 대한 상세한 비판에서 창조의 교리와 특히 '신의 창조력을 통해 사건의 과정은 진정한 참신함의 출현으로 특징지어진다'는 교리의 귀결을 옹호하길 열망했다는 점을 더욱 부각했다.[54] 그리스도교적 시간관의 발전에 대한 성 아우구스티누스의 중요성을 평가하는 데 있어서 그의 저서는 신약성서에 비교될 수 있다. 최근에 올라프 페더슨(Olaf Pedersen)은 사도 바울이 자신의 편지에 전혀 날짜를 적지 않을 정도로 시간과 연대기에 철저히 무관심했던 점에 주목했다.[55] 아마도 이러한 총체적 관심 부족은 그가 다른 초기 그리스도교인과 공유했던 재림이 임박했다(로마서 13장 11~12절)는 믿음 때문이었을 것이다. 그리스도교인에게 시간은 창조와 함께 시작되었고, 그리스도의 재림으로 끝날 것이다. 세계의 역사는 이 두 사건 사이에 갇혀 있었다. 이러한 믿음의 확산은 고전 고대의 정신적 사고방식과 중세의 사고방식 사이의 구분을 나타낸다. 더욱이, 우리의 현대사 개념은 아무리 합리화되고 종교로부터 분리되었다고 할지라도 그리스도교에서 시작된 역사적 시간 개념에 기초하고 있다.[56]

현대의 시간적 방향성은 그리스도교에 빚지고 있지만, 달력 형식과 시간 기록 관습은 주로 로마인에게 빚지고 있다. 그러나 율리우스 카이사르(Julius Caesar) 이전에 시간 측정학에 대한 로마의 업적은 그다지 인상적이지 않았다. 예를 들어, 기원전 263년 제1차 포에니 전쟁 당시 시칠리아에서 옮겨져 광장에 세워졌던 로마의 첫 해시계는 남쪽으로 4° 이상 떨어진 출발 장소에 적합한 시간을 나타냈기 때문에 부정확했다. 거의 1세기 후인 기원전 164년이 되어서야 로마의 위도에 적합한 공공(公共) 해시계가 세워졌다. 로마에 공공 클렙시드라가 설치된 것은 기원전 158년 스키피오 나시카(Scipio Nasica)에 의해서였다. 그리스 관행을 따라 로마 법정에 시계가 도입되면서 일부 파렴치한 법률가가 클렙시드라 담당자에게 뇌물을 주어 물 공급이 자신에게 유리하도록 조절했다. 카이사르에 의하면, 군대에서는 물시계를 사용해서 야간 경계 시간을 맞추었다고 한다(『갈리아 전기(De bello Gallico)』 v. 13). 마가복음 (13: 35)에 따르면, 야간 경계는 저녁, 자정, 새벽, 아침 등 4번이었다.

제국 시대의 시인 유베날리스(Juvenal, 서기 약 50~130)에 따르면, 자신의 시대에 부유한 상류층은 시간을 읽고 이를 알려주는 개인 물시계와 노예를 소유하고 있었다고 한다. 따라서 시계는 지위의 상징으로 간주되었다. 그러한 예는 페트로니우스(Petronius)의 『트리말키오의 연회(Feast of Trimalchio)』에서 나타나는데, 트리말키오는 자신의 식당에 아름다운 시계를 가지고 있었다. 그럼에도 불구하고 로마 시계의 일정하지 않은 시간과 상대적 부정확성은 세네카(Seneca)가 『신성한 클라우디우스를 호박으로 만들기(Apocolocyntosis div Claudii)』(ii. 2-3)에서 '시계들이 일치하는 것보다 철학자들이 일치하기가 더 쉬우므로' 정확한 시간을 말하는 것이 불가능하다고 불평하도록 만들었다.

현재의 달력은 기원전 45년 1월 1일에 율리우스 카이사르가 도입한 달력을 수정한 것으로, 그 이후 그의 이름을 따서 명명되었다(부록 1 참조). 그 이전에 로마인은 많은 고대 달력과 마찬가지로 2년마다 추가적인 월, 즉 윤월을 포함하는 체계를 택함으로써 달에 기초한 상용 달력을 태양을 기반으로 하는 천문년과 맞추려고 노력했다. 각 월의 길이는 정확한 규칙에 따라 결정된 것이 아니므로 사제들이 재량권을 행사할 수 있었는데, 이들은 정치적 목적을 위해 이 권력을 자주 남용하곤 했다. 윤월의 일수를 조작함으로써 이들은 임기를 연장하거나 선거를 앞당길 수 있었는데, 그 결과 율리우스 카이사르 시대에는 상용년이 천문년과 약 3개월의 위상차가 생겨서 겨울 월이 가을에 오고, 춘분이 겨울에 왔다.

이 부조화를 교정하기 위해 카이사르는 그리스 천문학자 소시게네스 (Sosigenes)의 조언에 따라 기원전 46년을 445일로 연장할 것을 지시했다. 이로 인해 그 해는 '혼란의 해'라고 불리게 되었지만, 그의 목적은 혼란을 종식하는 것이었다. 그는 또한 음력 년과 윤월을 폐지하고, 자신의 달력을 전적으로 태양을 기반으로 했다. 그는 1년을 365와 4분의 1일로 고정하고, 평년은 365일로 구성했으며, 4년마다 366일의 윤년을 도입했다. 그는 1, 3, 5, 7, 9, 11월은 각각 31로, 2월을 제외한 나머지 달은 30일로 정하도록 명령했다. 2월은 보통 29일이지만 윤년에는 30일이 되도록 했다. 불행하게도 이 깔끔한 배열은 기원전 7년에 아우구스투스를 기리기 위해서 6번째(Sextilis) 월을 그의 이름을 따서 개명하고(그는 이 달이 자신의 행운의 달이라고 믿었음) 마르쿠스 안토니우스(Mark Antony)에게 살해된 자신의 증조부 이름을 따서 개명된 전월(前月)과 같은 일수를 할당함으로써 방해를 받았다. 따라서 2월에서 하루가 빼앗아 8월로 옮겼다. 31일이 3개월 연속으로 나타나는 것을 피하고자 9월과 11월은 각각 30일로 단축되었고, 10월과 12월은 각각 31일로 늘어났다. 따라서 첫 번째 로마 황제를 기리기 위해 질서 정연한 배열이 비논리적인 혼란 상태로 변형되어서 많은 사람들이 기억하기 어려울 것으로 생각했지만, 이는 2천여 년 동안 대부분의 세계에서 성공적으로 적용되고 있다.

원래 로마 달력은 3월 1일인 봄에 시작되었지만(9월에서 12월까지의 이름에 반영된 바와 같이), 선출된 임기 1년의 집정관들이 기원전 153년부터 1월 1일에 취임하기 시작했다. 그 이후로 로마인은 한 해가 그날 시작되는 것으로 간주했다. 나중에 이 선택은 전통적으로 그와 관련된 축제 때문에 교회에서 이교도적인 것으로 간주했다. 대신, 교회는 성모영보 대축일(聖母領報 大祝日)을 한 해의 첫날로 사용하는 것을 선호했고, 이로 인해 성탄절 9개월 전인 3월 25일이 채택되었지만, 이 선택은 결코 보편적인 것이 아니었다. (대체로 천문학자들은 1월 1일을 1년의 시작일로 유지했다. 일반적으로 상용년 시작일의 역사는 복잡하다.[57] 예를 들어, 베네치아에서는 1797년 공화국이 몰락할 때까지 3월 1일에 1년이 시작되었다.) 서기 312년부터 과세 목적으로 '15년 세금 주기'가 콘스탄티누스 황제에 의해 도입되었으며, 15년 세금 주기의 매 년이 시작되는 날인 9월 1일부터 계산되는 비잔틴 년(年)을 만들어냈다. 이러한 달력들은 중세 시대 내내 서양에서 인기를 유지했으며, 1806년 나폴레옹(Napoleon)이 폐지할 때까지 신성 로마 제국의 최고 법정에서 계속 사용되었다.

로마인은 단일 연대로 연도를 명명하는 개념을 이용했다. 이 개념은 바빌로니아의 헬레니즘 통치자인 셀레우코스 1세에 의해 기원전 312년 혹은 311년에 실행되었다. 다음 세기에 기원전 776년을 시작으로 연속적인 올림피아기에 의한 그리스 연대 결정 체계는 역사가인 시칠리아의 티마이오스(Timaeus of Sicily) 또는 알렉산드리아에 있는 박물관의 유명한 사서이자 지구의 크기를 측정했던 에라토스테네스(Eratosthenes)에 의해 시작되었으며, 이후 그리스 연대기는 이를 바탕으로 했다. 로마의 연대 결정 체계인 *로마 건국 이래*(ab urbe condita)는 기원전 1세기에 바로(Varro, 기원전 116~127)가 도입했는데, 이는 도시의 전설적인 건립 날짜를 기초로 했다. 이 체계는 기원전 46년 율리우스 카이사르에 의해 비준되어 널리 사용되었지만, 결과적인 로마 연대와 올림피아드 연대의 정확한 관계에 대해서는 약간의 불확실성이 있었다.[58] 역사가 폴리비오스에 따르면, 로마는 기원전 750년에 해당하는 올림피아기 날짜에 건국되었다.

다른 날짜들 또한 이 사건에 귀속되었다. 아우구스투스 시대에 편찬된 공화국의 행정 장관 목록은 기원전 752년부터 집계된 수치에 기초했다. 결국, 일반적으로 받아들여진 날짜는 원래 바로가 제안한 기원전 753년이었다. 전통에 따르면, 로마의 생일은 4월 21일의 파릴리아(Parilia) 축제일이었다. 결과적으로, 서기 247년의 해당 일에 로마인은 도시 건국 1천 주년을 기념했고, *로마 에테르나*(Roma aeterna), 즉 '영원한 도시, 로마'라는 유명한 글씨가 새겨진 동전이 주조되었다.

제국 로마에서 전해져 내려온 시간 분할에 관한 관습 중에는 주 7일 체계가 있다. 그 기원은 수메르인과 바빌로니아인으로 거슬러 올라간다. 한 달을 각각 10일씩 세 부분으로 나눈 그리스인은 이를 한 번도 사용하지 않았지만, 유대인은 이를 사용했다(80쪽 참조). 원래 로마인은 한 달을 첫 번째 날인 캘런즈(Calends)('calendar'라는 단어가 이로부터 파생됨), 3, 5, 7, 10월의 15번째 날과 나머지 달들의 13번째 날인 아이즈

(Ides), 그리고 아이즈 8일 전의 날인 노운즈(Nones)로 나누는 복잡한 체계를 가지고 있었다. 원래 캘런즈는 삭일(朔日)이었고, 아이즈는 망일이었다. 처음에는 한 해가 3월에서 12월까지 10개월로 나뉘었는데, 당시에는 한겨울에서 봄까지 농사일이 거의 없었기 때문에 그 기간은 제외되었다. 이후 이 기간은 1월과 2월로 나뉘었다. 로마의 초기 역사에서 일광 기간에 인식된 시각은 오직 일출, 정오 그리고 일몰뿐이었다. 그러나 밤은 4개의 *경계(vigilae)*로 나뉘었는데, 이 체계의 기원은 군사적인 것으로 추정된다. 날짜는 각각 캘런즈, 노운즈, 아이즈에서 거꾸로 계산되었다. 로마인이 계산한 날과 지정되어야 할 날이 모두 포함되었는데, 예를 들어, 1월 2일은 *1월 노운즈 4일 전날(ante diem IV Non. Jan.)*로 지정되었다. 노운즈는 아이즈 전(前) '9번째' 날이었기 그렇게 이름이 붙여졌다. 아이즈 이후의 날은 다음 달의 캘런즈 이전의 날들로 계산되었다. 이 체계는 16세기 후반까지 서유럽에서 여전히 사용되고 있었다![59]

그러나 제국 시대에는 점성술의 영향을 받아, 각 '행성'의 이름을 따서 명명된 다른 서로 날들로 주 7일 체계를 사용하는 관습이 대중화되었다.[60] 폼페이의 비문에는 '신들의 날들', 즉 토성, 태양, 달, 화성, 수성, 목성, 금성이 나열되어 있다. 예컨대 프랑스에서의 요일과 같은 현대의 요일이 파생된 이 순서는 얼핏 보면 의미가 없는 것처럼 보인다. (코페르니쿠스 이전의 우주론에 따르면) '행성들'이 지구에 대해 놓여 있는 것으로 생각되었던 순서, 즉 토성, 목성, 화성, 태양, 금성, 수성, 달의 순서와 명백하게 일치하지 않기 때문이다. 그 설명은 행성이 요일뿐만 아니라 하루의 시간도 지배한다고 믿어지며, 하루하루가 첫 시간을 지배하는 행성과 관련되어 있다는 것이다. 토요일의 첫 시간은 토성의 지배를 받았으며, 마찬가지로 여덟 번째, 열다섯 번째, 스물두 번째 시간도 토성의 지배를 받았다. 스물세 번째 시간은 목성, 스물네 번째 시간은 화성, 다음 날의 첫 번째 시간은 태양에 할당되어 일요일을 지배하는 방식으로 일주일 동안 계속된다. 이로부터 서기 3세기에는 요일에 따라 가장 중요한 날짜를 나타내는 관습도 도입되었다.[61]

그리스도교인은 자신들의 종교가 유대인에게서 유래되었기 때문에 처음에는 안식일을 제외한 날들에 번호를 매기지만 이름을 지정하지 않는 유대인의 주 7일 체계를 따랐다. 그러나 머지않아 그들은 이교(異教)에서 개종한 사람들의 점성술적 믿음의 영향을 받기 시작했고, 그 결과 행성 주(週)를 채택했다. 한편, 미트라교의 영향으로 이교도는 일주일의 첫날을 토요일(Dies Saturnis) 대신 일요일(Dies Solis)로 대체했다. 이러한 변화는 유대인 안식일 대신 일요일, 즉 예수가 죽은 자 가운데서 부활한 주일(Dies Dominica)을 오랫동안 일주일의 첫날로 지켜온 그리스도교인에게 호소력이 있었다. 행성 주는 서기 321년에 콘스탄티누스 황제에 의해 공식적으로 채택되었는데, 그는 또한 토요일 대신 일요일을 일주일의 첫날로 삼는 그리스도교 관습을 따랐다. 그는 공식적으로 행정관, 시민 그리고 장인이 '신성한 태양의 날'에 노동을 쉬어야 한다고 선언했지만, 현장 작업은 허용했다. 유대교의 영향으로 이미 서기 1세기에 로마 사회는 아폴로, 포세이돈 등을 기리는 날과 같은 특별한 경우를 제외하고는 방학도 없었던 고대 그리스와 달리, 매주 휴일(休日)을 도입하기 시작했다.[62] 테르툴리안(Tertullian, 약 155~222)은 그리스도교인이 일요일에는 악마에게 기쁨을 주지 않도록 세속적 의무나 직업을 삼가야 한다고 선언한 최초의 교부(教父)였다.

우리가 아는 한, 성탄절에 대한 첫 번째 언급은 로마 달력으로 354년에 있었다. 이전에는 1월 6일을 그리스도의 서른 번째 생일에 일어났던 것으로 여겨졌던 그리스도 세례 기념일인 구세주 공현축일(公現祝日)로 축하했다. 이 목적을 위해 1월 6일을 선택한 것은 이집트의 영지주의 그리스도교인으로 거슬러 올라가는데, 거기에 사용된 달력에서 해당 날짜는 전통적으로 나일강 축복과 관련이 있다. 그리스도의 생일은 유아 세례가 성인 세례를 대체했을 때에야 교회에서 중요해졌다. 이것은 그리스도의 신성한 본성이 그의 세례보다는 출생에서 비롯되었다는 믿음으로 이어졌다. 그 결과, 400년경에는 성탄절이 교회 년의 중요한 날짜가 되었다. 12월 25일이 선택된 것은 동지(冬至)의 성대한 이교도 축제를 몰아내기 위해서였다.

4세기 후반, 스페인 출신이었던 서양의 마지막 대제(大帝) 테오도시우스(Theodosius)는 마침내 축제로 뒤범벅이 되었던 이교도 로마 달력을 폐지했고, 이로써 로마인은 자신들의 역사적 과거와 가장 친숙한 연결고리 중 하나를 끊어냈다. 결과적으로, 유럽 세계가 보편적인 사회 요구에 부합하고 교회 년을 기반으로 하는 균일한 달력을 갖게 된 것은 그의 덕분이다. 386년에 그는 자신의 포고령을 재확인하고 주일(主日)을 모독하는 자들에게 가혹한 제재를 가했다.[63] 주일이 본질적으로 일곱 번째 날에서 첫 번째 날로 옮겨진 유대교 안식일, 즉 '금기' 일이라는 견해는 때때로 중세의 법과 신학의 모습으로 나타났다. 그것은 잉글랜드와 스코틀랜드 청교주의의 안식일 과잉과 일요일 입법으로 절정에 달했다가, 대부분은 제1차 세계대전 이후 완화되었다.

부활절은 160년경에 로마에 도입되었으며, 알렉산드리아에서처럼 히브리 유월절 다음 일요일에 기념되었는데, 이는 실용적 목적으로는 춘분 이후 첫 만월이 뜬 다음 일요일로 간주될 수 있었다. 알렉산드리아의 키릴로스(Cyril, 376~444)가 작성한 부활절 목록에는 디오클레티아누스(Diocletian) 황제와 서기 284년의 박해를 시작으로 하는 연이은 일련의 연도가 수반되었지만, 서기 525년에 로마에 살았던 스키타이의 수도사 디오니시우스 엑시구우스(Dionysius Exiguus)가 교황 요한(John) 1세의 요청에 따라 키릴로스 목록의 속편을 준비할 때, 그리스도교의 적(敵)의 통치 기간으로부터 계산하는 것이 부적절하다고 느꼈던 그는 그리스도의 현현(顯現)으로부터 연도를 결정하기로 했다.[64] 천문학적 증거에 따르면, 이는 기원전 5년 전반기에 일어났을 것이다. (역사가나 연대기학자와 달리, 천문학자에게는 0년이 있다.) 디오니시우스 체계는 현재 우리가 사용하고 있는 서기(AD) 체계의 기원이었지만, 거의 200년 동안 사용되지 않았던 이 체계가 사용된 가장 오래된 것으로 알려진 작품은 8세기 초 비드(Bede, 763~735)의 『잉글랜드 교회사(Ecclesiastical History of the English Nation)』였다. 그리스도의 탄생으로부터 거꾸로 전개되는 기원전(BC) 체계는 때때로 비드가 사용했지만, 그 이후에는 15세기까지 사라졌었다. 이 체계는 17세기 후반까지 일반적으로 사용되지 않았다.

중세의 시간

중세 유럽

지중해를 건넌 반달족이 서기 430년에 성 아우구스티누스의 유해가 안장된 그의 고향 성벽을 공격하고 있었다. 이는 상징적인 사건이라 할 수 있다. 그 위대한 시절, 특히 2세기의 안토니누스 시대에 로마 제국은 주로 도시 문명이었기 때문이다. 도시는 중세 유럽의 무계획적 건축물과는 매우 달랐다. 도시는 알렉산드리아나 안티오키아(Antioch)와 같은 헬레니즘 시대의 대도시처럼 직교 격자 체계에 거리를 의도적으로 배치하도록 계획되었다. 로마 제국의 붕괴는 도시의 쇠퇴와 전원화(田園化)의 증가로 매우 분명하게 나타났다. 이러한 변화는 주로 남부와 동부 지방보다 항상 의무는 더 많으면서도 부(富)와 문화의 원천은 더 적었던 북부와 서부 지방에서 일어났다. 예를 들어, 아프리카는 생산된 옥수수의 3분의 2를 로마에 공급했는데, 이는 고대의 가장 인상적인 광경 중 하나였음이 틀림없는 거대한 곡물 선박으로 운송되었다. 북부와 서부 지방은 상대적으로 덜 개발되었는데, 세고비아, 아를, 요크, 쾰른 같은 해당 지방의 주요 도시는 주로 군사 캠프였다.

로마 제국 몰락의 원인 중에는 야만인의 잇따른 공격도 있었다. 6세기에 비잔틴의 황제 유스티니아누스(Justinian, 527~565)의 대장군인 벨리사리우스(Belisarius)와 나르세스(Narses)가 서부 지역의 많은 부분을 재정복하는 데 성공해서 한동안 지중해가 다시 로마의 호수가 되었지만, 다음 세기에 유럽은 위험한 새로운 적과 마주했다. 새롭고 군국주의적인 종교인 이슬람교에서 영감을 받은 광신적 전사들이 동양과 서양 사이의 마지막 단절을 가져왔다. 700년에 이르러 서유럽의 학문은 아일랜드와 노섬브리아(Northumbria)의 해안으로 국한되었다. 학문의 유일한 중심지는 그 외딴 지역에 있는 수도원이었으며, 우리가 '유럽의 게르만 민족이 만들어낸 최초의 과학적 지성'을 발견한 것은 수도사로 변신한 노섬브리아의 부유한 귀족 베네딕트 비스코프(Benedict Biscop)가 682년에 재로(Jarrow)에 설립한 수도원에서였다.[1] 가경자(可敬者) 비드는 재로에서 라틴어, 그리스어, 히브리어를 읽고 가르치며 기도하는 베네딕토 수도회의 수도사로 일생의 대부분을 보냈다. 그는 베벌리의 성 요한(St. John)에 의해 사제 서품을 받았기 때문에 '가경자'라는 칭호를 얻었는데, 이는 수도사들 사이에서는 보기 드문 위엄이었지만, 그 당시 사제에게는 일반적인 호칭이었다. 실로 위대한 학자였던 그는 자신의 능력을 개발할 독특한 기회를 얻었는데, 이는 비스코프가 이탈리아 남부에서 어렵게 입수한 약 2~3백 권의 고서(古書)를 재로에 가져왔기 때문이다. 비드는 또한 헥섬의 아카(Acca) 주교가 수집한 장서(藏書)에 접근할 수 있었다.[2] 따라서 그는 성 아우구스티누스의 작품과 대(大) 플리니우스(the elder Pliny)의 과학 저술을 포함하여 당대에 유별나게 광범위한 고대 문학의 지식을 습득할 수 있었다.

비드의 삶에서 주요한 목적은 자신의 지식을 동시대인과 후계자들에게 이해할 수 있는 형태로 전달하는 것이었고, 이 점에서 그는 탁월한 성공을 거두었다. 아서 브라이언트 경(Sir Arthur Bryant)이 매우 생생히 표현했듯이, '기도와 가르침 사이에 지칠 줄 모르는 손으로 글을 쓰는 것과 때로는 너무 추워서 펜을 잡을 수 없을 때도 있었던 그의 학문과 노동의 삶은 잉글랜드의 자랑스러운 추억 중 하나다.'[3] 비드에게는 총 35편의 저서가 있는데, 그중 20편은 출애굽기, 잠언, 그리고 기타 성서에 대한 주석이었고, 6편은 연대기에 관한 것이었다. 그의 가장 유명한 저서인 『잉글랜드 교회사』는 잉글랜드에서 제작된 최초의 역사 서적이었다. 라틴어로 쓰인 이 책은 알프레드(Alfred) 대왕이 9세기 말에 영어로 번역했다. 에우세비우스의 교회사보다 세속적 물질 문제를 더 많이 다루고 있는 이 책은 부분적으로는 기록된 자료에 근거하고 부분적으로는 생존해 있던 사람들의 기억에 근거했다. 중세 역사학의 상당 부분이 이 책을 기반으로 했다. 특히 비드는 자신의 제자 에그베르트(Egbert)를 통해 9세기 카롤링거(Carolinger) 왕조의 르네상스에 직접적인 영향을 미쳤는데, 에그베르트에게서 훈련을 받고 요크의 대주교가 된 알쿠인(Alcuin)은 샤를마뉴(Charlemagne) 대제 휘하에서 대륙의 학문을 자극하기 위해 많은 노력을 기울인 고대 프랑크어 학교를 설립했다.

비드의 저서는 이미 7세기에 잉글랜드에서 매우 중요한 의미를 지닌 주제가 된 연대기 역사에서 상당한 중요성을 지니고 있다. 655년 펜다(Penda) 전투에서 머시아(Mercia)의 이교도 왕이 죽음으로써 우상 숭배에 대한 그리스도교의 승리를 확정 지었지만, 이 중요한 사건은 로마 교회와 켈트 교회 사이의 불화로 가려졌다. 불화의 주요 원인은 부활절 날짜와 관련이 있다. 《성공회 기도서(Book of Common Prayer)》에 명시되었듯이, 부활절 날짜 결정에 관한 현재 규칙(부록 3 참조)은 부활절이 3월 21일 또는 이날에 뒤이은 첫 만월 이후의 첫 번째 일요일이라는 로마 전통을 따른다. 그러나 망일이 일요일이면, 부활절은 그다음 일요일이다. 그 이유는 유대인의 유월절과 날짜가 겹치는 것을 피하기 위해서였다. ('만월'이라는 표현은 달이 처음 등장한 날로부터 계산된 14번째 날을 의미한다.) 아일랜드에서 훈련받은 수도사들의 도움으로 성 골룸바(St. Columba)가 6세기에 설립한 켈트 교회는 동방 교회와 달리 항상 일요일에 부활절을 축하하는 로마를 따랐다. 그러나 로마로부터 멀리 떨어져 있던 켈트 교회는 로마에서 결정된 교리 및 기타 변경 사항을 완전히 파악하는 데 어려움을 겪었다. 결과적으로, 켈트 교회는 캔터베리 성당과 달리, 한 달의 14번째 날이 일요일이 되는 로마의 관습과 일치하지 못했다. 그 결과, 7세기 중반에 노섬브리아에서 특별한 어려움이 발생했다. 오스비(Oswy) 왕은 켈트족의 관습을 따랐지만, 로마누스(Romanus)라는 켄트족 사제와 함께 있던 그의 배우자 에안플레다(Eanfleda) 여왕이 로마 관습을 고수했기 때문이다. 대부분의 기간에는 이것이 특별한 문제를 일으키지 않았지만, 결국 여왕의 부재로 인해 왕이 부활절 축제를 즐기지 못한 경우가 발생했는데, 여왕에게 그날은 종려주일이었기 때문에 여왕은 여전히 단식 중이었다.

부활절 문제를 포함한 교회 간 논쟁점을 해결하기 위해 오스비는 664년 위트비(Whitby) 공회의를 소집했다. 이에 대해서는 비드의 『잉글랜드 교회사』 24장에서 설명하고 있다. 오스비는 아마도 제시된 난해한 주장을 자세히 따라갈 수 없었을 것이지만, 결국 하늘의 문에서 열쇠를 쥐고 있는 성 베드로(St. Peter)에 맞서지 않겠다는 것을 이유로 로마 관습을 받아들이기로 했다. '왕이 이 말을 했을 때, 참석했던 지위고하를 막론한 모든 사람이 더 불완전한 제도를 포기하고 더 나은 것으로 판명된 제도를 따르기로 하면서 동의를 표했다.'[4] 이후 잉글랜드 교회는 로마 교회가 제국으로부터 물려받은 통일성과 계율의 이점을 갖게 되었다.

비드는 이 중요한 공의회에 관한 상세한 설명을 수집했을 뿐만 아니라, 과학적 걸작으로 평가받고 있는 725년의 『시간 계산에 관하여(De temporum ratione)』에서 532년부터 1063년까지의 부활절 날짜표를 계산했으며, 또한 동시대의 비잔틴 황제인 이사우리아 조(朝) 레오(Leo)의 통치에 이르기까지 세계의 보편적 연대기를 최초로 시도했다. 그 저서의 29장은 가장 오래된 '항만 설립'과 관련된 조수(潮水)에 관한 최초의 과학적 조사, 즉 만조(滿潮) 시간과 그 전에 달이 자오선을 통과한 시간 사이의 평균 시간 간격에 대한 최초의 과학적 조사를 포함하고 있다는 점에서 주목할 만하다.

2세기 전에 디오니시우스 엑시구우스가 고안한 그리스도의 현현으로부터 연도를 계산하는 서력(西曆) 체계가 잉글랜드에 도입된 것도 비드를 통해서였다. 디오니시우스 1년 주기는 3월 25일, 동정녀 마리아의 성모영보 대축일과 함께 시작되었다. 비드 시대에서부터 서기(西紀)는 헌장(憲章)의 연대 결정을 위해 확립되었지만, 처음에는 잉글랜드에서만 가능했다. 풀(R. L. Poole)에 따르면, '이 체계는 앵글로색슨 선교사와 학자를 통해 대륙으로 전해졌다. 성 보니파스(St. Boniface)는 이 체계를 프랑크 왕국으로 가져갔다. 그러나 이 체계는 9세기의 마지막 4분기가 되어서야 왕실 문서 보관소에서 정기적으로 사용된 것으로 보이며, 그때부터 공문서의 고정 요소가 되었다.'[5] 965년 선출된 교황 요한 13세가 직무를 수행하고서야 교황 제도가 현현의 해에 의해서 연도 세는 것을 시작했지만, 1048년 선출된 교황 레오 9세의 시대가 될 때까지는 그러한 관습이 통일적으로 채택되지 않았다.

『시간 계산에 관하여』의 35장은 '인간의 나이'에 대한 개념의 *표준 구절(locus classicus)*로서, 중세 인간의 삶을 셰익스피어(Shakespeare)의 《뜻대로 하세요(As You Like It)》(2막 7장)에서 제이퀴즈(Jaques)의 '인간의 일곱 나이'에 대한 연설을 통해 오늘날 우리에게 가장 잘 알려진 별개의 여러 시기로 구분했다. 대부분의 고대 및 중세 작가들은 인간의 삶을 지속적인 발전이 아니라 한 '나이'에서 다음 '나이'로의 얼마간의 급격한 변화로 구두점을 찍는 것으로 생각했다. (이 개념은 1909년에 원래 개인의 삶의 그러한 변화와 관련된 의식에 *통과의례(les rites de passage)* 라는 용어를 도입한 사회 인류학자 반 게네프(A. van Gennep)에 의해 선사 시대까지 확장되었다.) 비드는 *네 가지* '인간의 나이' 이론을 설명한 최초의 잉글랜드 사람이었다. 이 이론의 기원은 기원전 6세기의 피타고라스학파까지 거슬러 올라가야 하는데, 그들의 우주론적 사색(思索)은 '*테트라시스(tetracys)*' 즉, 각 변에 4개씩 점이 있는 정삼각형 형태로 대칭적으로 배열된 10개의 개별 점들로 구성된 기하학적 상징을 기반으로 했다. 숫자 4는 많은 자연 현상, 예를 들어 사계절, 네 가지 기본 방향, 그리고 엠페도클레스(Empedocles)에서 아리스토텔레스에 이르는 물질에 대한 그리스의 4원소론과 관련이 있다.

약 2천 년 동안 4라는 숫자에는 큰 의미가 있었다. 예를 들어, 비드 이후 오랜 시간이 지나, 학문의 위대한 후원자였던 헨리(Henry) 4세의 막내아들이자 글로스터의 험프리(Humphrey) 공작(1391~1447) 집안의 고관이었던 존 러셀(John Russell)은 『영양에 대하여(Boke of Nurture)』에서 자신의 군주와 손님을 위해 준비한 정성스러운 생선 요리 만찬의

4가지 코스에 적절한 '미묘함' 또는 장식용 장치가 어떻게 수반되는지에 대해 설명했다. 첫 번째 코스에서 험프리 공작의 손님들은 봄(쾌활한 분위기와 관련됨)이 시작될 때 구름 위에 서 있는 '용맹한 청년'('공기' 원소를 의미함)에 대한 표현을 숙고해야 했다. 다음 코스에서는 불 속에 서 있는 '전사(戰士)'(여름 및 성마른 분위기와 관련됨)에 대한 표현을 마주했고, 세 번째 코스를 즐기는 동안에는 '손에 시켈레(sikelle)'를 들고 강가에 서 있는 남자의 형태(물과 가을과 수확 시기와 관련된 차분한 분위기와 관련됨)와 마주했다. 향신료와 포도주가 함께 제공되는 네 번째이자 마지막 코스는 차갑고 단단한 돌 위에 앉아 있는 '회색빛 외모의 나이 든' 남자의 형태('대지와 우울한 분위기'라는 요소를 나타냄)로 겨울을 표현했다. 따라서 버로우(J. A. Burrow)가 말했듯이, '험프리 공작의 손님들은 이 참회(懺悔) 없는 생선 연회가 진행되는 동안 그들 자신의 인생 향연의 네 가지 코스를 보도록 초대받았다.'6

비드는 '네 가지 나이' 이론을 논하고 심지어 '여섯 나이'의 대안적 개념을 언급하기도 하지만, 나중에 셰익스피어가 묘사한 '일곱 나이'에 대해서는 언급하지 않고 있다. 미국의 중세 연구가 찰스 호머 해스킨스 (Charles Homer Haskins)가 1927년 도입한 유용한 용어인 '12세기 르네상스'에서 학문이 부활하기 전에는 '일곱 나이'가 라틴 서부에 알려지지 않았기 때문에 비드가 이를 언급할 수 없었던 것이다. 네 가지 나이와 달리 '일곱 나이'의 개념은 그 기원이 점성술적이었다. 이는 알렉산드리아의 천문학자 프톨레마이오스로 거슬러 올라가는데, 7은 태양과 달을 포함한 '행성'의 개수이다. 이 개념은 프톨레마이오스의 『테트라비블로스(Tetrabiblos)』(iv. 10)에 자세히 설명되어 있다. 로빈스(F. E. Robbins)의 영어 번역본은 1940년에 출판되었다. 발췌문은 위에서 인용된 버로우 책의 부록 197~198쪽에 있다.

서기 800년에 교황에 의해 신성 로마 황제에 오른 샤를마뉴 대제의 노력으로 유럽 문화의 중심이 지중해에서 북쪽으로 이동하기 시작했지만, 9세기와 10세기에 바이킹의 습격으로 인해 그 완전한 효과는 서기 약 1000년까지 지연됐다. 이 습격으로 특히 고통을 겪었던 잉글랜드는, 서던(R. W. Southern)의 말에 따르면, 12세기 르네상스 시대에 이르러서도 '프랑스 지성 제국의 식민지로, 그 방식이 중요하고 생산적이지만 여전히 종속적이었다.'[7] 잉글랜드 수도원의 주요 창작 활동은 사료 편찬에 있었다. 비드와 『앵글로 색슨 연대기(The Anglo-Saxon Chronicle)』의 저자들을 제외하고, 이전 세대들은 전반적으로 역사적 기록에 크게 관심을 두지 않았지만, 노르만 정복은 큰 변화를 가져왔다. 노르만인은 아무도 자진해서 밝히지 않는 소유권을 몰수하겠다고 위협하며 재산에 대한 소유권을 제출하도록 요구했다. 이러한 상황에서, 노르만 정복은 영국 수도원에 조직의 생존이 과거의 발견과 보존에 달려 있다는 확신을 심어주었다. 결과적으로, 서던이 주장했듯이, '역사는 단순한 장식품이 아니라 필수품이었다.'[8]

12세기 르네상스의 주요 특징 중 하나는 노르만의 잉글랜드 정복뿐만 아니라 십자군 원정과 북이탈리아 공동체, 즉 도시 국가 부상(浮上)으로 촉발된 사료 편찬의 폭증(暴增)이었다. 더욱이, 실질적으로 카페(Capet) 왕조의 두 번째 창시자인 프랑스 군주 루이(Louis) 6세(1081~1137)의 찬미하는 삶을 작곡하는 데 말년을 바친 위대한 교회 건축가이자 생드니(St. Denis) 수도원장인 쉬제(Suger, 약 1081~1151)와 같은 사람은 사실 기록보다는 유리한 선전을 목적으로 역사책을 썼다. 쉬제의 역사적인 저술은 자신의 수도원 수도사들에게 역사에 대한 감각을 개발하고 일련의 연대기를 편찬하도록 이끌었다. 같은 세기에는, 임박한 출현의 징후 없이 서기 1000년이 지나간 후, 주로 세계의 종말을 결정하는 것을 목적으로 하는 우주의 역사 또한 번성했다. 물론 이런 유형의 역사는 정치적이기보다는 신학적으로 지향되었다. 그러나 12세기 종말론적 역사가의 영향은 곧 피오레의 요아킴(Joachim of Fiore, 1145~1202)의 영향으로 가려질 운명이었다(119~120쪽 참조).

일부 대륙 학교에서 발전시킨 전문 기술로, 노르만 정복 직후 잉글랜드에 영향을 미치기 시작한 것 중에는 측정 기술과 계산 기술도 있었다. 해스킨스는 베네딕트 수도원의 부원장이자 1125년이라는 연도가 적힌 무덤이 아직도 그대로 있는 몰번의 월처(Walcher of Malvern)가 쓴 자전적 단편에서 이에 대한 흥미로운 증거에 주목했다. 여기에서 그는 이탈리아에서 우연히 관찰한 1091년 10월 30일의 월식을 언급하고 있다. 잉글랜드로 돌아온 그는 이탈리아와 잉글랜드에서 일식 시간이 몇 시간 차이 나는 것으로 보인다는 것을 발견했다. 이에 당황한 그는 다음 해 10월 18일 예기치 않은 또 다른 일식이 일어날 때 가능한 한 정확하게 시간을 기록하기 위해 주의를 기울였다.

> 나는 즉시 아스트롤라베(astrolabe)를 쥐고 개기일식 시간을 주의 깊게 기록했는데, 이는 밤 11시에서 4분의 3 시간이 조금 넘었다. 이 시간을 주야평분시로 변환하면 12시 45분 직전인 것으로 판명된다. 따라서 앞서 설명한 규칙에 따르면, 음력으로는 10월 3일 19시 30분에 시작되었다.[9]

서던이 언급했듯이, 내가 일부분만 인용한 이 구절은 그 당시 시간을 말할 때 직면하는 어려움과 달의 위상과 태양력 사이의 정확한 상관관계를 확립하려는 과정에서의 정확도에 대한 월처의 열망을 보여준다.

중세인에게 천문학은 지상의 사건을 이해하고 통제할 수 있는 최상의 수단을 제공하는 것처럼 보였기 때문에 특히 관심을 끌었다. 천문학자들이 비드가 도달한 단계를 넘어서 전진할 수 있도록 하는 필수 도구는 아스트롤라베였다. 이 도구는 11세기에 이슬람 세계에서 서양으로 유입되었는데, 당시 이슬람 세계는 서양보다 더 높은 수준의 문명과 과학 기술에 관한 전문 지식을 누리고 있었다. 북유럽의 누구라도 이슬람 과학에 관해 적절하게 이해하기 위해서는 해외로 나가야 했다. 이 목적을 위해 가장 먼저 그렇게 한 사람 중에는 배스(Bath)의 아델라드(Adellard, 활동 기간 1116~1142)가 있었다. 그는 처음에 파리로 갔지만, 그곳에서 원하는 것을 찾지 못하자 이탈리아 남부의 살레르노로 갔다가 다시 시칠리아로 옮겨가서 아랍어를 배웠고, 나중에는 스페인을 방문했던 것으로 추정된다. 라틴 서부의 과학 발전에 있어서 그의 탁월한 역할은 중요하고 영향력이 큰 성격을 지닌 아랍어를 번역한 덕분이었다.

이슬람 세계

이슬람이 과학에 관심을 두게 된 시점은 529년 유스티니아누스가 아테네에 있는 네오플라토닉 아카데미(Neoplatonic Academy)를 폐쇄한 것으로 거슬러 올라간다. 이란으로 초대된 아테네의 학자들은 많은 그리스 학문을 가져갔다. 따라서 서아시아의 학식 있는 사람들 사이에서 과학에 관심이 높아졌고, 그 지역의 많은 부분을 무슬림이 정복한 후 결국 바그다드에 과학 연구소가 설립되었다. 이 연구소는 『아라비안나이트(Arabian Nights)』로 명성을 얻은 하룬 알 라시드(Harun-al-Rashid)의 아들이자 그 자신이 천문학자였던 알 마문(al-Ma'mun, 재위 기간 813~833)의 칼리프 통치 기간에 가장 높은 명성을 얻었다. 9세기 말에는 오늘날 아랍어 제목인 『알마게스트(The Almagest)』로 알려진 프톨레마이오스의 위대한 천문 서적 『천문학 집대성(Syntaxis)』을 포함한 수많은 헬레니즘 과학 기술 서적이 아랍어로 번역되었다. 이 모든 활동의 결과, 바그다드는 헬레니즘 세계의 지적(知的) 수도인 알렉산드리아의 진정한 후계자가 되었다. 이란과 인도의 전통과 결합하고 더 많은 과학 연구와 발명을 통해 강화된 그리스 과학 기술에 대한 지식은 바그다드로부터 시칠리아와 이탈리아 남부, 특히 무어인의 스페인을 포함한 이슬람 세계의 다른 지역으로 퍼져 나갔는데, 12세기에 스페인의 주요한 학문 중심지는 코르도바(Cordoba)와 톨레도(Toledo)였다.

이슬람 세계의 모든 지역 무슬림에게는 천문학적으로 정의된 기도 시간과 메카의 방향을 결정할 수 있는 수학 교육을 받은 사람이 필요했다. 따라서 아랍과 라틴 천문학자 모두가 사용하는 주요 도구인 아스트롤라베를 포함하여, 시간을 측정하는 데 많은 휴대용 도구가 필요했다는 것은 놀라운 일이 아니다. 아스트롤라베는 서기 2세기에 프톨레마이오스에게 알려졌으며, 입체 투영 방식의 근본이 되는 수학 이론은 적어도 프톨레마이오스의 위대한 전임자인 히파르코스(기원전 2세기)까지 거슬러 올라간다.

그런데 중세 유럽에서 사용된 아스트롤라베의 형태는 스페인에서 발견된 무슬림 유형에서 파생되었다. 이에 대해서는 14세기 후반에 시인 초서(Chaucer)가 영어로 훌륭하게 설명했다. 이 아스트롤라베는 테두리 주위에 각(角) 눈금이 매겨진 원형 금속판(일반적으로는 황동)으로 구성되었으며, 기준선(또는 지름)이 표시되고, 그 중심에는 회전하는 선(또는 포인터)이 연결되어 있었다. 휴대용 모델은 기준선이 수평이 되도록 테두리의 고리에 매달 수 있었다. 포인터를 특정한 별을 향하게 하면 그

별의 고도는 테두리 눈금으로부터 오차가 약 1°인 정확도로 판독될 수 있다. 주어진 위도에서, 북극성은 실제로 일정한 고도를 가지며 다른 별들은 지구의 일주(日周) 운동으로 인해 그 주위를 회전하는 것처럼 보인다. 아스트롤라베의 앞면에는 팀판(tympan)이라는 얇은 판이 있는데, 그 위에는 주어진 위도의 관찰자에 대한 고도와 방위각(수평선에 따른 각 거리) 선들이 입체 투영 방식으로 새겨져 있었다. 레테(rete)라고 알려진 입체 투영 방식의 개방형 별 지도가 팀판 앞에 있었고, 고도선과 방위각 선 위를 따라 손으로 회전할 수 있었다.

아날로그 컴퓨터의 초기 형태인 아스트롤라베는 주로 천문학적 계산을 단축하는 구형(球形) 삼각법 문제를 해결하기 위해 고안되었다.[10] 그 위에 새겨진 눈금으로부터, 수평선과 관련하여 이른바 '항성'의 위치 및 항성에 대한 태양, 달, 행성의 위치를 결정할 수 있었다. 특정 장소의 위도에 대해 설계되었으므로 이 아스트롤라베의 가장 중요한 용도는 태양 고도 또는 레테에 대응하는 별 중 하나를 관찰한 것으로부터 정확한 낮 시간이나 밤 시간을 결정하는 것이었지만, 현대적 기준에서 볼 때, 그 결과는 당연히 그다지 정확하지 않았다. 게다가, 아스트롤라베가 긴 계산을 피할 수 있게 해주었지만, 예컨대 천궁도를 만들기 위해 행성 위치를 계산하는 것은 여전히 상당량의 작업을 수반했다.

다른 시간 측정 도구와 관련해서는, 두 개의 기념비적인 이슬람 물시계의 광대한 유적이 모로코의 페즈에 여전히 남아 있다.[11]

그리스어로 된 헬레니즘 논문의 번역본에 부분적으로 기초를 둔 것으로 여겨지는 『물시계 구축에 관하여(On the Construction of Water-clocks)』라는 아랍어로 쓰인 책은 아르키메데스(Archimedes, 기원전 287 ~212)가 발명한 물시계의 기계장치에 대한 기본적 개념과 후대에 비잔틴 또는 이슬람 장인이 만든 기계장치에 독창적으로 추가된 개념을 함께 보존하고 있다. 1150년 이후에 쓰였을 것으로 보이는 이 책은 최근에 힐(D. R. Hill)이 영어로 편집하고 번역했는데, 힐은 '측시학적(測時學的)으로 이 책은 헬레니즘 세계의 물시계와 이슬람 세계의 물시계 사이의 중요한 연결고리를 제공하고 있다'고 지적한다.[12] 다른 이슬람 시계에 대한 자세한 내용은 바그다드에서 850년경에 저술되고 힐이 번역한 책에서 찾을 수 있다.[13]

이슬람의 영향력이 유럽의 시간적 개념 발전에 중요한 문화적 공헌을 한 특별한 사례 중 하나는 음악에 관한 것이다. 중세 초기의 모든 교회 음악은 음표가 유동적 시간 값을 갖는 평범한 전례 성가(典禮 聖歌)였다. 음표의 지속기간 사이에 정확한 비율이 있었던 정량(定量) 음악은 이슬람의 발명품이었던 것으로 보이며, 12세기에 유럽에 소개되었다. 유럽에서 음표의 정확한 시간 값이 막대 위에 마름모꼴로 표시되는 표기법 체계가 등장한 것도 역시 이 시기였다.

시간에 대한 이론적이고 철학적인 분석과 관련해서 중세 이슬람 사상가의 가장 중요하고 독창적인 기여는 불연속적 또는 원자론적 시간 이론이었다.[14] 이 개념의 창시자는 아니지만 가장 유명한 대표자는 12세기 철학자 모세 마이모니데스(Moses Maimonides)로, 그는 신앙심 깊은 유대인이었지만 아랍어로 글을 썼다. 그의 작품 중 가장 유명한 작품인 『난처한 이들을 위한 안내서(The Guide for the Perplexed)』에서 그는 다음과 같이 말하고 있다. '시간은 시간 원자, 즉 짧은 지속기간으로 인해 나뉠 수 없는 많은 부분들로 구성되어 있다. … 예를 들어, 한 시간은 60분으로 나뉘고, 1분은 60개의 부분들로 나뉘는 식이다. 10번 이상 연속적으로 60으로 나뉜 후 마침내 시간 원소가 얻어지는데, 이것은 분할의 대상이 아니며 실제로 나눌 수도 없다.'[15] 이와 같은 원자론적 시간관은 어느 한 순간에 세상이 존재하는 것이 그 다음 순간에도 존재하는 것을 의미하지 않는다는, 세계에 대한 극도로 우발적이고 비(非) 인과적인 개념과 관련이 있다.

맥도날드(D. B. MacDonald)는 이슬람에서 이 견해를 갖게 된 기원에 관한 어려운 질문을 숙고한 후, 이는 '적어도 2세기 반 동안 마호메트의 죽음에서 뻗어 나간, 그토록 어둡지만 강렬한 신학적, 지적 발전의 시기에' 무슬림 이단에서 비롯되었다고 제안했다.[16] 에피쿠로스의 원자론, 그리스 회의론자들의 방법, 시간과 공간에 관한 제논의 역설은 모두 관련된 이단자들에게 영향을 미쳤을 수도 있지만, 맥도날드는 물질적 원자론과 시간적 원자론을 결합한 그리스 이론의 흔적을 찾을 수 없었고 대신 이슬람 사상에서 이러한 이론이 발생한 원인을 인도의 영향으로 돌리려고 했다.

이슬람 달력은 몇 안 되는 순수 음력 달력 중 하나로, 1년이 회귀년 또는 계절년보다 10일 이상 짧았다. 이슬람 기원(紀元)은 마호메트가 메디나(Medina)로 도피한 첫날인 622년 7월 16일에 시작되었다. 마호메트가 태어나거나 신성한 사명을 맡거나 사망한 때가 아닌 날이 시대의 기점으로 채택된 상황은 알 비루니(al-Biruni, 약 973~1050)가 위대한 저서 『고대 국가 연대기(The Chronology of Ancient Nations)』에서 설명하고 있다.[17] 이슬람 삶의 근본적인 순간은 신월과 함께 발생하는데, 이는 두 명의 '순간에 대한 증인'이 지켜보고 입증해야 한다.[18] 그러나 '완전한 순간'은 최후의 심판의 시간이다. 이 순간의 '증인'은 신성한 하느님 자신이기 때문이다.

역사의 시대 구분과 천년 왕국 사상

물론 이러한 유형의 종말론적 시간관이 이슬람에만 국한된 것은 아니었다. 조로아스터교, 유대교 그리고 초기 및 중세 그리스도교에서도 이 시간관이 발견되기 때문이다. 그리스도교의 경우, 오늘날에는 순전히 세속적 관점에서 역사에 접근하지만, 종말론적 시간관은 우리가 여전히 사용하고 있는 연대기적 방법인 역사의 시대 구분으로 이어졌다. 중세 역사가들은 성 아우구스티누스가 창세기 시작 부분에 묘사된 창조의 6일에 해당하는 6개의 시대로 세계사를 나누기 위해 고안한 계획을 따랐다. 4세기 후반과 5세기 초반의 어려운 시기에 살았던 성 아우구스티누스는 명확한 날짜를 예측하지 않도록 조심하면서도 서기(西紀)를 시간이 끝나는 7번째 시대로 이어지는 노쇠와 소멸의 시대로 여겼다. 사도(使徒) 시대와 성 아우구스티누스 시대 사이의 그리스도교 역사관에서 가장 중요한 변화는 세상의 종말이 가까이 있지 않다는 점진적 깨달음이었다. 그는 재림이 언제 일어날지에 대한 우리의 완전한 무지를 강조하는 신약성서(예: 마가복음 13장 32절)의 그러한 구절들을 특히 강조했다. 비드 역시 최후의 날의 시간은 인류에게 알려지지 않았다고 믿었다.

베릴 스몰리(Beryl Smalley)가 말했듯이, '6개의 시대라는 개념은 중세 사료 편찬관에게 그들 시대에 대한 우울한 심상(心象)을 안겨주었다.'[19] 그러나 이러한 심상은 낙관주의를 억누르고 진보의 가능성을 배제했지만, 중세 역사학자들에게 그다지 큰 부담을 주지는 않았다. 특히 많은 사람들이 희망과 두려움을 안고 기다려온 서기 1000년이 세상이 끝날 아무런 기미도 없이 지나갔기 때문이다. 10세기의 많은 예언자들은 서기 1000년에 세상이 끝날 것이라고 믿었지만, 구레비치(A. J. Gurevich)에 따르면, 서기 1000년이 다가옴에 따라 유럽에서 집단 정신이상과 관련된 전설은 사람들이 정말로 세상의 종말이 임박했다는 것을 두려워했던 15세기 말에 시작되었다.[20]

천년 왕국 신앙은 시편 89편 4절에 '주님과의 하루는 천년과 같다'라고 표현된 생각과 히브리서 4장 4~9절에 따른 안식일 또는 일곱 번째 날을 하늘의 안식을 상징하는 것으로 해석한 것이 결합해서 생겨났다. 천년 왕국 신앙의 가장 영향력 있는 중세의 대표적 인물은 피오레의 요아킴이었다. 그는 이탈리아 남부 칼라브리아(Calabria)의 쿠라조(Curazzo) 대수도원장이 된 시토 수도회의 수도사였다. 그곳은 그리스 문화와 로마 교회가 만나고 강력한 사라센의 영향을 받는 세계의 일부로, 많은 사상과 신앙이 교차해서 흐르는 지역이었다. 요아킴은 결국 시토 수도회를 떠나 칼라브리아의 외딴곳으로 은퇴한 후, 제자들을 불러 모으고 교황의 허가를 받아 자신의 회중(會衆)을 설립했다. 완전히 비세속적인 수도회에 대한 요아킴의 생각은 그가 사망한 직후 아시시(Assisi)의 성 프란치스코(St. Francis) 추종자들을 중심으로 형성되기 시작한 신도회에서 거의 표현되었지만, 프란치스코 수도사들의 본부는 곧 일상생활의 요구에 양보했다.[21] 결국 요아킴의 공동체는 1570년에 시토 수도회에 흡수되었다.

요아킴은 꽃이 피게 될 새로운 삶을 기대하며 자신의 수도원을 피오레의 산 조반니(San Giovanni in Fiore)라고 불렀다.[22] 그는 경전, 특히 묵시록을 열심히 연구하는 학자였으며, 삼위일체의 신비 및 그 신비가 시간 과정과 어떻게 관련이 있는지에 대한 칼라브리아 피정(避靜)에서 묵상하는 동안 새로운 천년 왕국의 역사에 대한 철학을 공식화하도록 자신을 이끌었던 강력한 영적 조명의 순간을 가졌다. 그는 뿌리, 줄기, 껍질이 한 그루의 나무를 형성한다고 주장하면서 삼위일체의 단일성을 크게 강조했다. 그러나 요아킴은 세 가지 구별되는 시대 또는 상태, 즉 두려움과 예속의 시대였던 하느님과 구약성서의 시대, 믿음과 복종의 시대였던 그리스도와 신약성서의 시대, 그리고 구약성서와 신약성서를 대체하고 사랑과 기쁨과 자유의 시대가 될 영원한 복음의 제3 시대인 성령의 시대가 있다고 주장했다. 성령 시대의 도래에 대해 그가 열렬히 표현했던 희망은 유대교의 메시아 시대에 대한 개념에 그 기원을 두고 있었을 것이다. 그 이유는, 그가 메시아 시대와 마찬가지로 성령 시대는 본질적으로 역사 너머가 아니라 역사 안에 있으며, 실제로 역사의 절정이라고 간주했기 때문이다. 이 믿음은 천국이 이 땅에서 일어날 수 있는 한, 그것은 이미 교회 안에서 실현되었다는 아우구스티누스의 견해와는 완전히 양립할 수 없었다.[23] 요아킴의 역사 개념은 성 아우구스티누스보다 훨씬 더 역동적이었다. 요아킴주의(Joachimism)의 영향력에 대한 권위자는 다음과 같이 언급하고 있다.

> '피오레의 요아킴에서 존 후스(John Huss)에 이르기까지, 토마스 뮌처(Thomas Münzer)에서 희망 신학과 우리 시대의 정치 신학에 이르기까지, 이 그리스도교 혁명 전통을 특징짓는 것은 하느님의 나라가 공간과 시간의 또 다른 세계가 아니라, 다른 세계, 변화된 세계, 우리 자신의 노력으로 변화된 세계로 인식된다는 것이다. … 이는 인류 역사가 모든 문제가 해결된 곳이라는 뜻이다.'[24]

요아킴은 17세기 말까지의 후기 예언에 지대한 영향을 미쳤다. 그 당시 그렇게 많은 진지한 사상가들이 어떻게 예언적 사고를 했는지 오늘날의 우리가 이해하기는 어렵다. 심지어 아이작 뉴턴(Isaac Newton, 1642~1727)조차도, 비록 요아킴에게서 직접적인 영향을 받지는 않았지만, 예언, 역사 그리고 세계 종말의 상관관계에 많은 시간을 할애했다.[25]

그러나 *그의 초기 가정을 인정한다 하더라도*, 그는 사실 수리 물리학과 천문학에 대한 유명한 공헌에서와 마찬가지로 그 분야의 계산에서도 과학적이었다.

시간 측정

역사가 마크 블로흐(Marc Bloch)는 유명한 저서 『봉건 사회(Feudal Society)』에서 중세인은 시간 측정 장비가 부족해서 시간의 의미를 인식하는 데 어려움을 겪었다는 사실을 특히 강조했다. 물시계는 귀하고 값비쌌을 뿐만 아니라 잉글랜드, 프랑스 북부, 네덜란드, 독일과 같은 나라에서는 하늘이 너무 자주 흐려서 해시계가 적절하지 않았기 때문이다. 애서(Asser)의 『알프레드 대왕의 생애(Life of King Alfred)』에 따르면, 그 지적 군주는 시간 경과를 표시하기 위해 동일한 길이의 촛불을 연속적으로 켜놓았다. 그러나 블로흐가 말했듯이, '그 당시에는 하루를 분할하는 데 있어서 균일성과 같은 관심은 예외적인 것이었다.'[26] 이 점을 설명하기 위해, 그는 새벽에 이루어지던 법정 다툼에 관해 하이노트(Hainault) 연대기에 기록된 사건을 설명하고 있다. 오직 한 명의 논쟁자만 출석했고, 규정된 대기 기간이 끝난 9시가 되자 그는 상대방의 불출석을 법적으로 기록해 달라고 요청했다. 심판관들은 제한 시간에 도달했는지를 결정해야 했다. 그들은 심사숙고하고, 태양을 바라본 다음 성직자에게 문의했다. 전례의 관행과 교회의 규칙적 타종이 심판관이 가진 것보다 시간의 리듬에 대한 더 정확한 지식이라는 것에 익숙했기 때문이다. 블로흐가 언급했듯이, '끊임없이 눈으로 시계를 바라보며 사는 데 익숙한 우리에게는 토론과 조사 없이는 법정에서 몇 시인지 확인할 수 없었던 이 사회가 우리 문명으로부터 얼마나 동떨어진 것처럼 보이는가!27

현존하는 중세의 많은 문서에서 드러나는 특징 중 하나는 기록된 사건의 시기와 지속기간의 측정에 있어서 정밀도가 떨어진다는 것이다. 1956년의 와일스(Wiles) 강의에서 존 네프(John Nef)는 현대의 계량적(計量的) 사고방식의 기원을 찾으려면 16세기의 마지막 수십 년 동안에 집중해야 한다고 결론지었다.28 그보다 앞서서는 일반적으로 그 흔적을 거의 찾아볼 수 없으므로 그 당시 보통 사람들의 시간 의식에서 정밀도가 결여되어 있다는 것을 발견하는 것에 놀라지 말아야 한다. 리처드 글래서(Richard Glasser)는 자신의 저서 『프랑스인의 삶과 사상에서의 시간(Time in French Life and Thought)』에서 《롤랑의 노래(Chanson de Roland)》 어디에서도 시간의 징후를 찾을 수 없다는 사실에 주목했다. 서사시인은 '가을에 낙엽이 지는 것도, 세대가 흘러가는 것도 깨닫지 못했다. 이런 것은 결코 그의 관심을 끌지 못한 현상이었다. 세상의 본질적인 특성은 신(神)에 대한(vis-à-vis) 세상의 일시성(一時性)이지, 세상에서 끊임없이 일어나는 가시적 변화가 아니었다.'29 14세기까지 오직 교회만이 시간 측정과 분할에 관심이 있었다. 시(時)의 개념조차 중세 프랑스 이전에는 지속기간의 단위로 사용되지 않았다. 대중적인 말로 이것은 단지 시각을 나타내는 데만 사용되었을 뿐이다.30

그 당시 사고방식의 변화가 더디게 이루어졌다는 점을 고려할 때, 14세기에 기계식 시계가 도입된 후에도, 더욱 지적인 많은 사람을 포함한 대부분의 사람들이 일상생활에서 시간 경과에 우리보다 훨씬 덜 신경을 썼다는 것은 당연한 일이다. 유명한 천문 도구 제작자인 장 푸소리스(Jean Fusoris)가 1415년 헨리 5세의 프랑스 침공 당시 반역 혐의로 체포된 놀라운 사례가 있다. 그는 한 해에 두 번의 심문을 받았는데, 처음에는

'쉰 살 정도'라고 주장했다가 두 번째에는 '예순 살 정도'라고 주장했다![31]

잉글랜드에서는 출생일을 제공하는 교구 호적부가 1538년에 법으로 제정되었다. 이전에는 누군가의 나이를 공식적으로 결정해야 할 때 그 지역의 법관과 관련자를 알고 있는 주민들로 구성된 '배심원단'의 입회하에서 이루어져야 했다. 이러한 절차는 재산을 상속받는 미성년이 성년이 되었다고 주장하거나 결혼 승낙을 받은 사람이 혼인 연령에 도달했음을 법적으로 판단할 필요가 있다고 생각되었을 때 이루어졌다. 물론 일반적으로 중세인에게 귀속되는 시간에 대한 무관심은 절대적인 것은 아니었다. 이미 1200년 즈음에 이르러서는 시간에 대한 경제적 압박의 징후가 수없이 많았으며, 심지어 2세기 전에도 플뢰리(Fleury) 인근의 농부와 장인은 자신의 분야에서 일해야 할 필요 때문에 축일(祝日)을 무시하는 경향이 있었던 것으로 보인다.[32]

중세의 선조들이 시간 경과를 기록하는 데 있어서 우리와 매우 다른 기준을 가지고 있었다는 또 다른 징후는 그들이 편지에 날짜를 기록하는 방식에서도 드러난다. 15세기까지도 일반적으로 사람들이 서기(西紀)로 현재 연도를 알고 있었는지는 의심스럽다. 서기가 교회의 계산에 의존했고 일상생활에서는 많이 사용되지 않았기 때문이다. 그들은 편지에 날짜를 써넣는 경우가 거의 없었으며, 날짜를 쓸 때면 왕의 통치 연도까지만 썼다. 당대의 연대기 기록자가 서기를 지정할 때에도 종종 잘못 언급되었다. 장소에 따라 년(年)도 다르게 할당되었기 때문에 이는 놀랄 일이 아니다. 풀(Poole)은 이를 설명하기 위해 다음과 같은 가상의 예를 들었다.

> 베네치아 해의 첫날인 1245년 3월 1일에 여행자가 베네치아에서 출발한다고 가정하면, 피렌체에 도착했을 때 자신이 1244년에 있는 것을 발견할 것이다. 잠시 머문 후 피사로 갔을 때, 그곳에는 이미 1246년이 시작되었

을 것이다. 서쪽으로 여행을 계속하면서 프로방스에 들어갔을 때 그는 다시 1245년에 있는 자신을 발견하고, 부활절(4월 16일) 이전에 프랑스에 도착했을 때는 다시 한 번 1244년에 있게 될 것이다.[33]

이는 날짜가 당혹스럽게 뒤얽힌 것처럼 보이지만, 일반적으로 여행자는 월과 일만 기록한다. 그러나 여행자가 년을 고려했다면, 그것은 그가 평소에 살던 곳의 년이었을 것이다. 실제로는 문서와 연대기 작가만이 연도의 숫자에 관심을 기울였다.

물론 월과 일은 정확하게 명시될 가능성이 더 컸고 편지에는 이러한 측면에서 자주 날짜를 기록했지만, 훨씬 더 많이 사용된 것은 축일과 성인의 날이었다. 가드너(J. Gairdner)는 『패스턴 서한집(Paston Letters)』 서론에서 편지에 종종 그러한 축하 행사 *이전* 또는 이후의, 예컨대 월요일이나 수요일과 같은 특정 요일에 쓰인 것으로 날짜가 매겨졌다는 것을 지적했다. 예를 들어, 아그네스 패스턴은 심지어 지난 일요일의 본기도(本祈禱)를 참조하여 주중의 특정 편지(25번째)에 '방황하시는 하느님(Deus Qui Errantibus) 이후의 수요일에 급하게 페스턴이 씀'과 같은 날짜를 기록했다.[34] 한 달의 첫날부터 마지막 날까지 연속적으로 날짜를 매기는 현대적 관행은 6세기 후반에 시리아와 이집트로부터 서양으로 전해졌다. 교황 그레고리(Gregory) 7세가 이를 교황청 문서 보관소에 도입했지만, 그의 후계자들은 옛 로마 양식으로 되돌아갔다. 샤를마뉴 대제(800년경) 하에서 문예 부흥은 라틴의 전통에 있었기 때문에 수세기 동안 지속된 제국의 찬송가에서도 로마 양식으로 공식적으로 복귀했다.

시간과 날짜에 대한 훨씬 더 현대적인 태도는 이탈리아의 유명 시인이자 고전 문학의 부활자인 페트라르카(Petrarch, 1304~1374)에 의해 이전 세기에 채택되었다. 시간은 어린 학생 시절 그의 마음을 불태우고 평생 영향을 준 주제였다. 그가 자기 삶의 시간적 이정표에 대한 자세한 기록을 보관했기 때문에 우리는 그에 앞서 살았던 어느 누구보다도 그에 대해 더 정확한 정보를 가지고 있다. 그는 시와 산문을 포함한 자신의 모든 저작물에서 '날짜의 정확성에 놀라움을 금할 수 없는 관심'이라고 묘사된 것을 유지했다.[35] 더욱이 편지를 썼던 대부분의 중세인과 달리, 그리고 실제로 시간에 대해 별로 생각하지 않고 서신을 보내는 대부분의 현대인과 달리, 페트라르카는 '시간에 따라 자신의 태도를 취하는 것의 중요성을 강조하듯이 신중하게 날짜(시간이 포함됨)를 쓴다.'[36] 예를 들어, 1364년에 쓴 편지에서 그는 베네치아가 크레타를 물리쳤다는 승리 소식을 전한 배가 도착한 정확한 시각을 알려주는데 주의를 기울였다. '내 생각에 그것은 올해인 1364년 6월 4일의 여섯 번째 시간이었던 것 같다.' 페트라르카에게는 시간이 항상 중요했던 것 같지만, 나이가 들어 감에 따라 시간을 더욱더 소중하게 생각하는 경향이 있었다. 다른 일과 마찬가지로 시간은 부족해질수록 더욱 소중해진다는 것을 깨달았기 때문이다. 시간적 과정에 대한 민감성에 있어서 그는 동시대의 많은 사람들과 달랐으므로 그를 16세기 후반의 스펜서(Spenser)나 셰익스피어와 같이 인간의 마음과 정신에 미친 돌이킬 수 없는 시간의 영향에 크게 관심을 둔 문학의 선구자로 볼 수 있다. 중세 서유럽 사회는 진보에 대한 일반적인 개념을 발전시키지 못했지만 중요한 혁신이 많이 이루어졌다. 실제로 기술에 있어서 서유럽은 로마 제국을 훨씬 넘어섰다. 배수관에 연결된 온수와 그 도로망을 포함하는 정교한 난방 시스템에서 분명히 알 수 있듯이, 로마인은 어떤 면에서는 훌륭한 엔지니어였지만, 다른 면에서는 종종 놀라울 정도로 원시적이었다. 중국에서 전해진 것 외에도 중세 발명품에는 예를 들어 독서용 안경, 물레, 이전에 사용했던 것보다 강한 철 도구, 무거운 쟁기, 석탄을 연료로 사용하는 것 등이 포함되었다. 또한, 고딕 양식의 대성당 건립에 부연(附椽) 버팀벽을 비롯한 많은 새로운 장치가 도입되었다. 중세의 가장 중요한 혁신 중 일부는 말을 동력원으로 사용하는 것과 관련이 있었다. 9세기경에는 구우(丘牛)에 적합했던 조잡한 멍에보다 더 효율적인 마구(馬具)가 도입되었다. 해당 세기말에 알프레드 대왕은 노르웨이에서 말이 쟁기질에 이용되었다는 사실에 놀라움을 금치 못했다.[37] 이는 말이 멍에와 마구를 두른 상태에서는 불가능했을 것이다. 말이 그것으로 당기기 시작하자마자 목줄이 말의 숨통을 눌러 머리로 가는 혈류를 제한할 뿐만 아니라 질식시킬 수 있기 때문이다!

또 다른 중요한 발전은 발굽에 못 박힌 철제 편자였다. 이전에는 편자가 단지 묶여 있기만 해서 말의 진행을 크게 방해했다. 못 박힌 편자 사용에 대한 논쟁의 여지없는 최초의 증거는 9세기로 거슬러 올라간다. 전쟁과 마상(馬上) 창(槍) 시합에 사용되는 보호용 금속 갑옷을 개발하고 정교화 하는 것은 대장장이의 기술에 상당한 자극을 주었다. 이것은 시간 측정에 특히 중요하게 될 운명이었다. 최초의 기계식 시계를 만든 사람의 선구자가 대장장이였기 때문이다. 이 중 가장 위대한 사람 중 하나인 월링포드의 리처드(Richard of Wallingford)는 14세기 초의 세인트올번스(St. Albans) 수도원장으로(7장 참조), 대장장이의 아들이었다는 것은 확실히 중요하다.

06

극동과 메소아메리카의 시간

인도

이슬람의 원자론적 시간 이론은 인도 영향의 결과일 수 있다는 것은 이미 언급된 바 있다(5장 참조). 맥도날드는 이 가능성을 논하면서 인도어로 쓰인 헤르만 자코비(Hermann Jacobi)의 '원자 이론'에 관한 기사에 주목했다.[1] 기사에서 자코비는 기원전 2세기 또는 1세기에 기원한 불교의 한 종파인 소트랑키타스(Sautrânkitas)가 공식화한 만물의 순간성(瞬間性)에 관한 이론을 언급했다. 그 이론에 따르면, 만물은 오직 한순간에만 존재하고 그다음 순간에는 그 자체의 영인본(影印本)으로 대체되므로 영화 카메라 필름의 연속 프레임과 같은 일련의 순간적 존재에 불과할 뿐이다. 한순간에만 나타나다가 사라지는 존재라는 개념은 현상(現象)일 뿐이며 절대적 실체는 지성의 영역에 속하지 않는다는 것을 증명하기 위해 불교도가 사용했다. 그러나 불교가 그 자체 목적을 위해 사용했던 이 원자론적 시간 개념이 어떻게 그리고 왜 이슬람이라는 매우 다른 대상에 적용되었는지는 여전히 미해결인 질문으로 남아 있다.

고전 고대에는 알렉산더의 정복이 인도 아대륙의 북서부까지 확장되기 전에도 유럽과 인도 사이에 연결이 있었다. 부처와 마하비라(Mahavira)가 살았던 기원전 6세기에 이미 인도의 해당 지역은 이란의 아케메네스 왕조에 의해 통치되었으며, 그 이후로 인도에서 이란의 영향력은 중요해졌다. 주르반교적 체계에서와 마찬가지로, 시간에 관한 철학적 사색은 나중에 다른 체계에 흡수된 칼라바다(Kalavada)로 알려진 특정 인도 철학의 핵심 부분을 형성했다. *칼라*(kala)라는 용어는 원래 리그베다(Rig-Veda)*에서 힌두인이 희생 의례와 관련된 '적절한 순간'을 나타내기 위해 사용했다. 나중에 이것은 일반적으로 '시간'을 나타내게 되었고, 산스크리트어 글에서 보통 그런 의미로 사용되었다. 베다 시대에는 추상적인 시간관념을 우주의 기본 원리로 간주하였지만, 그것이 신성(神性)으로 만들어졌는지는 불확실하다. 그러나 단어 *칼라*는 시바 신의 배우자 형태 중 하나인 '검은 자' 칼리(Kali)와 연관되어 있다. 시간은 검은색으로 여겨졌고 파괴의 시바 신과 연결된 것으로 여겨졌는데, 그 이유는 시간이 가혹하고 매정하기 때문이다.

최근에 아닌디타 발스레브(Anindita Balslev)는, 예를 들어 11세기에 발생한 시간 지각 가능성에 관한 것과 같은 많은 힌두 철학적 주장들의 미묘함에 주목했다. 한편으로, 바타-미망사카(Bhatta-Mimamsaka) 학파는 시간을 지각할 수 있다고 주장했지만, 그 반대학파인 나이야-바이세카(Nyaya-Vaiseka) 학파는 시간은 색이나 형태 등과 같은 감각적 특성이 부족하므로 추론된 개념일 뿐이라고 주장했다. 바타-미망사카 학파는 감각적 특성이 지각 가능성의 유일한 기준이 아니며, 시간은 항상 감각적

---

* 역자 주: 인도의 가장 오래된 시편(詩篇)으로 된 성전(聖典).

대상의 자격으로 지각된다고 주장했다. 즉, 사건은 빠르거나 느린 것과 같이 지각되는데, 이러한 속성은 시간에 대한 직접적인 참조를 수반한다는 것이다. 나이야바이세카 학파는 시간 *자체*(per se)는 지각될 수 없으며, 추론이 시간을 존재론적 실재(實在)로 알 수 있는 유일한 수단이라고 반박했다.[2] 또 다른 미묘한 철학적 논의는 순간의 객관적 실재와 지속의 이상적 본성 사이의 대조에 관한 것이었다. 그 이유는, (오늘날 서양에서 우리가 생각하는 것과 반대로) 순간은 경험되는 반면, 지속은 정신적 구성물이기 때문이다.

인도인은 숫자로 날짜를 기록한 역사책을 쓰지 않았으며, 개인의 삶을 끝없는 시간 속에서 무한히 반복되는 동일한 개인의 연속적인 삶 중 하나로 간주했다. 이러한 윤회(輪回), 즉 영혼의 환생(幻生)이라는 개념은 서양에서, 특히 동양의 영향을 받았을 수도 있는 피타고라스학파에서 가끔 나타났다. 그 이유는 피타고라스가 부처 및 자라투스트라와 거의 동시대인이었기 때문이다. 베다 암송에 있어서 사소한 오류라도 강한 반대로 간주되었지만, 지나가는 사건은 힌두교도에게 진정한 의미가 없는 것으로 간주되었기 때문에 그들에게 정확한 날짜를 제공하는 것이 아무 의미가 없다는 것은 놀라운 일이 아니다. 힌두인은 어마어마한 비율의 정교한 우주 순환을 고안하는 데 훨씬 더 관심이 있었다. 큰 숫자를 좋아했던 그들은 한 번의 순환에 12,000 신년(神年)을 할당했는데, 1 신년이 360 태양년이므로 총 432만 년이 되고, 이러한 우주 순환의 1천 번이 1겁(劫, kalpa)을 구성했다. 1겁은 브라마(Brahma)*의 생애에서 하루와 같았다.[3]

시간의 본성에 관한 힌두 사상은 인과관계가 산스크리트어로 표현되는 방식으로 잘 설명되어 있다. 원인과 결과 개념 사이의 인과관계를

---

* 역자 주: 인도 후기 베다 시대의 힌두교 주요 신의 하나로, '범천(梵天)'이라고도 함.

나타내기 위해, 결과에서 시작하여 그 원인까지 거슬러 올라가는 것이 자연스럽다는 것을 암시하는 방식으로 혼합문(混合文)이 형성되었다. 이러한 태도는 결과와 원인이 모두 마음속에 공존하는 것으로 간주하기 때문에 시간을 제거하는 경향이 있다. 따라서 인과적으로 관련된 모든 현상은 항상 완전한 것으로 간주된다. 이러한 회고적 사고방식은 인도와 중국과 같은 국가에서 일반적인 사고의 특징인 경향이 있었다. 이는 현상의 진행이 원인에서 결과까지 명확하고 고유한 시간적 방향을 가지고 있다고 여겨지는 서양 과학의 사고 과정과 대조를 이룬다.

중국

중국인은 인도인보다 실제 시간 측정에 더 관심이 있었다. 클렙시드라는 중국에서 발명되지는 않았지만, 중국 역사의 초기 단계부터 사용되었다. 이것은 아마도 바빌로니아로부터 전해졌을 것인데, 바빌로니아에서는 초기 상(商)* 시대(기원전 1500년경) 이전에 가장 단순한 형태의 유출 유형이 이미 사용되고 있었다. 중국인은 또 다른 고대 유형의 물시계에 대해서도 알고 있었는데, 이 물시계는 바닥에 구멍이 뚫린 채 떠다니는 그릇이 가라앉는 데 일정한 시간이 걸리도록 조정되었다.[4] 하지만 한(漢) 시대 이후인 기원전 200년부터는 유입 유형이 우세했다. 하나의 용기에서 압력 수두(水頭)가 떨어지면서 발생하는 시간 계측 속도가 저하되는 것을 피하기 위해 둘 이상의 저장소가 필요하다는 사실을 곧 깨닫게 되었고, 겨울의 추운 날씨에도 얼지 않는 수은을 사용하는 등 다양한 개선이 이루어졌다. 정교한 물시계는 서기 2~11세기에 만들어

---

* 역자 주: 중국 최초의 왕조로, 은(殷)나라의 다른 이름.

졌으며, 1088년에 북송(北宋)의 관료 소송(蘇頌, 1020~1101)이 설계하고 세운 놀라운 기구로 정점에 달했다.

　비록 이 시계는 남아 있지 않지만, 발명가의 설명은 남아 있다. 이 설명은 1950년대 중반에 중국 과학 기술에 관한 최고 권위자인 케임브리지의 조셉 니덤(Joseph Needham) 박사에 의해 재발견되었다.[5] 이 시간 계측 장치의 본질적 특징은 13세기 후반 유럽에서 발명된 버지 앤 폴리오트(verge-and-foliot) 시스템과는 전혀 다른 연동 장치의 탈진기(脫振器)였다(7장 참조). 일정한 수위의 물탱크에서 큰 물레방아의 국자로 물이 계속해서 차례로 쏟아졌지만, 각 국자는 물이 가득 찰 때까지 내려갈 수 없었다. 국자가 내려가면서 두 개의 레버(또는 계량대)가 걸리면 연동 장치 연결을 통해 바퀴 상단의 차단기가 해제되어 하나의 국자만 이동하도록 되어 있었다. 실제로 이 기계는 동일한 양의 유체를 연속적으로 계량하여 시간을 분할했다. 시간 계측에 대한 천문학적 점검은 선택된 별을 가리키는 조준기를 통해 이루어졌다. 시간 계측은 탈진 작용보다는 물의 흐름에 의해 좌우되었기 때문에, 이 장치는 일정한 액체 흐름의 시간 계측 특성과 기계적으로 생성된 진동의 시간 계측 특성 사이의 연결고리로 간주될 수 있다. 이러한 중국의 수차(水車) 시계는 유럽 최초의 기계식 시계와 상당히 다를 뿐만 아니라 훨씬 더 정확했으며, 이 점에서 이는 17세기에 진자시계가 도입된 후에야 능가 될 수 있었을 것이다.[6] 기술적 정교함에도 불구하고 이 정교한 시계의 사용은 본질적으로 점성술적이었는데, 황제의 아내나 첩이 자손을 낳았을 때 하늘이 흐리더라도 천체의 위치를 알 수 있도록 하는 것이 목적이었던 것 같다.

　16세기와 17세기에 최초의 유럽 선교사가 중국에 왔을 때는 5백 년 전의 천상 시계 장치에 대한 어떤 흔적도 남아 있지 않았다. 실제로

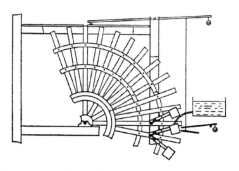

그림 1. 중세 중국의 수차 시계. 엄밀한 의미에서 기계식 시계는 아니었지만, 소송의 수차 시계는 매우 초기 유형의 탈진기를 포함하고 있다. 24초마다 일정한 속도로 빈 컵에 쏟아지는 물의 무게는 컵을 눌러서 하나의 바큇살만큼 바퀴가 회전하도록 하여 또 다른 빈 컵을 홈통 아래에 놓기에 충분했다. 바퀴에는 36개의 살이 있어서 24시간 동안 100번 회전했다.

선교사가 중국 통치자에게 선물한 기계식 시계는 놀라운 기쁨으로 받아들여졌다. 한편, 불과 향(香)을 사용하는 것과 관련하여 훨씬 널리 퍼진 다른 시간 계측 전통은 살아남았다. 이 전통은 서기 6세기로 거슬러 올라간다. 향은 불꽃 없이 균일한 속도로 타기 때문에 종교 일의 시간 구분을 나타내거나 기타 목적에 적합하다. 실제로 향 시계는 해시계와 클렙시드라만큼이나 중국인이 광범위하게 사용한 것으로 보인다. 선향(線香)과 눈금이 새겨진 초는 모두 송(宋) 왕조(960~1279) 시대에 시간 계측에 흔히 사용되었으며, 둘 다 이후에 일본에 소개되었다. 실비오 베디니(Silvio Bedini)는 '양초시계의 발명은 전통적으로 잉글랜드의 알프레드 대왕에 의해 이루어졌지만, 분명히 동양에서는 더 이른 역사가 있었다'고 평했다.[7] 값이 저렴하기 때문에 선향을 피워 시간을 알아내는 방식은 현재까지 계속 사용되어 왔다. 이러한 시계 중 일부는 서로 다른 향 조각마다 서로 다른 향을 발산하여 민감한 코를 가진 사람이 대략적인 시간을 알 수 있도록 했다.

역사에 대한 중국인의 태도는 왕조의 흥망성쇠가 하늘의 명령에 따라 좌우된다는 믿음에 기반을 두고 있다. 평민 출신이더라도 이러한 통치 위임을 확보하면 천상의 아들인 제왕이 될 수 있지만, 그 자손이 그의 모범에 대한 적절한 경외심이 부족해지면 하늘의 지지를 잃고 왕조가 무너졌다. 하늘의 징조가 분명해지면 새로운 황제가 중국의 조상 영혼으로부터 축복을 받았기 때문에 그에게 충성을 옮기는 데 불성실한 것은 없었다. 따라서 중국에서 과거는 정치적 변화의 세계에서 연속성을 보장하기 위해 본질적으로 하늘의 통치 위임 개념에 따라 사용되는 명확한 사회적 목적이 있었다. 플럼(J. H. Plumb)은 '왜 유럽에서는 역사가 발전한 반면, 중국에서는 현재를 위해 과거의 쇠사슬에서 역사를 이끌어 내지 못했는가?'라는 흥미로운 질문을 제기했다.[8] 그 이유는, 아주 오랜 기간에 걸쳐 방대한 양의 기록 자료를 확보했음에도 불구하고, 중국인은 현대 서양의 역사 개념에 상응하는 어떤 것도 개발하지 못했기 때문이다. 플럼의 견해로는, '역사 문제에 대해 그들이 마음을 닫은 것이 발전 부재(不在)의 이유였다.' 상충되는 문명, 종교, 문화 사이의 상호작용에 대한 기록이 있는 유럽의 과거는 중국인의 통일성과 '모든 것을 망라하는 확실성'이 부족하여 중국인이 결코 접하지 못한 종류의 역사적 문제를 제시했다. 더욱이, 유럽에서 르네상스와 종교 개혁으로 교회의 지배가 종식된 이후 역사의 세속화*에 상응하는 것이 중국에서는 아무것도 없었다. 중국은 역사적 자료 및 그 해석 모두에 대해 관료적 통제를 유지한 반면, 유럽에서는 역사 비평이 발전할 수 있는 훨씬 더 자유로운 기회가 있었던 것이다.

니덤에 따르면, 시간의 철학적 개념과 관련해서, 연속체 개념과 결합

---

* 역자 주: 종교와 교육의 분리를 의미함.

한 중국 사상에서 물질적 원자론 가설이 중요한 역할을 한 적은 없지만, 기원전 5세기의 철학자 묵자(墨子)의 추종자들인 묵가(墨家)에서는 시간적 원자성에 치우치는 경향이 있었다.[9] 더욱 주목할 만한 것은, 묵가가 시간에 대한 운동의 관계에 있어서 함수 의존성이라는 개념을 공식화하는 단계에 가까웠던 것으로 보이는데, 이 개념은 17세기 과학 혁명이 일어나기 전까지 유럽에서는 완전히 발전되지 못했던 개념이었다. 그러나 일반적으로 말하자면, 서로 다른 시간 간격은 별도의 개별 단위로 간주되는 경향이 있었다. 우주는 지금 한 요소와 그다음 다른 요소가 번갈아 주도하며 순환적 교대 패턴을 겪는 거대한 유기체로 간주되었으며, 계승의 개념은 상호 의존성의 개념에 종속되었다. 공간이 영역들로 분해되는 것처럼, 시간은 대(代), 기(期), 세(世)로 나뉘었다. 결과적으로, 니덤이 지적했듯이, 중국의 자연 철학이 '별도의 구획이나 상자에서 시간에 대해 생각하는 데 전념하는 한, 아마도 시간을 추상적인 기하학적 좌표, 즉 수학적 취급에 적합한 연속적 차원으로 균일화하는 갈릴레이(Galilei)가 등장하는 것이 더 어려웠을 것이다.'[10]

중국은 유럽에서 너무 멀리 떨어져 있었기 때문에 제국 로마의 부유한 계층에 비단이 처음 공급되었을 때 아무도 그것이 어디서 왔는지 알지 못했지만, 비단이 로마에 도달했다는 사실은 이 두 문명이 서로 접촉이 전혀 없지는 않았다는 것을 보여준다. 중세에는 화약, 종이 및 항해용 나침반과 같은 발명품이 중국에서 유럽으로 전해졌다.

마야

시간에 특별한 주의를 기울였지만 서기 600년에서 900년 사이에 절정에 달했던 문명이 쇠퇴한 후에도 오래도록 유럽과 아시아로부터 완전히 고립된 채 남아 있어야 했던 문명은 메소아메리카의 마야 문명이었다. 마야족은 변덕스러운 기후에 맞서 싸워야 하는 농업 민족이었다. 그들은 농부 연감(年鑑)에 대한 필요성을 느꼈을 것이기에 일수(日數)를 집계하고 특수 기호로 이를 기록하기 시작했다. 그들의 신들에 관해서는, 자비로운 신은 존경을 받았지만, 모호한 성격의 신은 적절한 시기에 달래야만 했다. 그러한 시기에 아무 일도 하지 않음으로써 가능한 한 문제를 피하기 위해서는 악(惡)의 신이 언제 담당할지 아는 것이 훨씬 더 중요했으며, 이러한 요구에 부응하여 상당히 복잡한 달력 체계가 고안되었다. 이것은 숫자에 대한 주목할 만한 표기법 발달로 촉진되었는데, 마야 문명은 역사상 가장 수리적(數理的) 사고에 강한 문명 중 하나다. 그들은 자릿값 개념을 사용했고, 0에 대한 기호도 갖고 있었다.

마야족은 우리의 십진법이나 바빌로니아인의 60진법 대신 숫자 20을 기반으로 하는 진법을 사용했다. 한 달은 20일로 구성되었으며, 각각의 날들은 신성하고 독특한 징조로 간주되었다. 20일씩의 13개월은 마야 연감의 핵심을 형성하는 260일의 주기를 제공했다. 이러한 선택의 이유는 마야의 가장 중요한 도시 중 하나로 북위 15°에 있는 코판(Copan) 근처에서 태양의 연속적인 천정(天頂) 통과 사이의 연간 간격 중에서 더 긴 간격이 260일이기 때문일 수 있다는 주장이 제기되었다.[11] 성년(聖年)의 260일에는 각각 1에서 13까지의 숫자가 붙어 있었고, 또한 260일 후에야 동일한 숫자와 이름의 조합이 돌아오도록 배열된 20개의 다른 날짜 이름도 있었다. 260일 주기의 날 중에서 사람이 태어난 날의 신이 그 사람의 수호성인 또는 수호신이었다. 개인이 태어난 날의 이름을 따서 이름을 짓는 것이 관례가 되었고, 생일이 같은 숫자를 갖는 쌍은 결혼할

수 없다는 증거도 있다.[12]

260일 주기, 즉 '성년' 외에도 마야에는 고고학자들에게 '상용년'으로 알려진 365일의 태양년이 있었는데, 이는 각각 20일로 구성된 18개월과 5일의 윤일(閏日)로 구성되었다. 마야의 '순환력(循環曆)'에서 다음으로 큰 주기는 18,980일로, 이는 260일 주기와 365일 주기가 서로 맞물리는 기간에 해당한다. 18,980이라는 숫자는 260과 365의 최소공배수이다. 18,980일은 상용년으로는 52년이고, 성년으로는 73년이다. 360일 (18×20일)의 20년으로 구성된 *카툰(katun)*은 마야의 관점에서 가장 중요한 시간 단위였다. 한 *카툰*의 사건은 같은 숫자를 갖는 날로 끝난 이전 *카툰*의 사건과 비슷할 것으로 예상하였기 때문이다. 마야 달력의 주목할 만한 특징은 '장기 계산법(Long Count)'으로 알려진 기원(紀元)인데, 이는 우리 달력에 따르면 기원전 3113년 8월 10일로 추정되는 관습적인 출발점에서 시작된 날짜 계산법이었다. 이 출발일은 세계의 마지막 창조와 일치했을 것인데, 이는 아마도 세상이 여러 번 창조되고 파괴되었다고 마야족이 믿었기 때문이다. 오늘날 '장기 계산법'은 천문학적 사건보다는 역사적 사건의 연대를 산정하는 데 사용되었다고 여겨지고 있다. 1960년 경부터 마야족 역사에 대한 지식이 많이 증가하고 있다. 이전에는 순전히 달력에 관한 것으로만 여겨졌던 기념비에 새겨진 많은 비문들이 이제는 역사적으로 중요한 특정 사건을 기념하는 것으로 알려졌지만,[13] 현존하는 단 세 권의 마야 서적은 모두 천문학에 관한 것이다.

이 중 가장 중요한 것은 이른바 *드레스덴 사본(Dresden Codex)*으로, 금성에 대해 놀라울 정도로 정확한 일련의 목록을 포함하고 있다.[14] 이 행성은 멕시코의 깃털 달린 사악한 뱀인 케찰코아틀(Quetzalcoatl)과 동등한 마야의 쿠쿨칸(Kukulcan)과 동일시되었다. 내합(內合) 이후 금성의 헬리어컬 상승의 예측, 즉 보이지 않는 기간 이후 '샛별'로 처음 다시 나타날 것이라는 예측은 이를 특별한 공포의 순간으로 여긴 마야족에게 매우 중요한 관심사였다. 마야족의 모든 주기는 260일의 성년의 고유한 날, 즉 금성이 1 아아우(Ahau)인 날에 재진입하는 단계를 가졌다. 중요한 문제는 얼마나 많은 금성의 회합(會合) 공전, 즉 '샛별'로서의 재등장 횟수 이후에야 이 현상이 1 아아우에 반복될 것인지를 결정하는 것이었다. 금성의 회합 주기가 정확히 584일이라면, 필요한 공전 횟수는 65회이며, 이는 260일 주기로는 146회에 해당한다. 그 이유는 584와 260의 최소공배수는 37,960으로, 이는 65와 584를 곱한 것 그리고 146과 260을 곱한 것과 같기 때문이다. 그러나 마야 사제들은 584일이 금성의 평균 회합 주기를 약간 과대평가한 것이라는 것을 발견했다. (소수점 둘째 자리까지의 정확한 결과는 583.92일이다.) 그들은 이 불일치에 놀라울 정도로 잘 대처했다. 산술에 분수(分數)가 없었고 이른 아침의 잦은 안개와 장마철의 많은 구름으로 인해 관찰에 어려움이 있었음에도 불구하고, 그들은 금성 회합 주기를 결정하는 데 있어서 궁극적으로 5천년 만에 하루 정도의 오차, 즉 오차율이 대략 2백만분의 1에 해당하는 정확도를 달성했다. 이 정도의 정확도는 현대에 이르러서야 유럽의 행성 천문학에서 달성되었다. 이 정확도는 현재의 그레고리 태양력의 거의 2배이고 동시대 유럽의 율리우스력의 거의 40배였다. 이러한 놀라운 성과를 위해서는 여러 세대에 걸친 참을성 있는 관찰자들의 긴밀한 협력이 필요했을 것이다.

모든 고대 민족 중에서 마야족은 시간 개념에 가장 집착했던 것으로 보인다. 중앙아메리카의 일부 초기 민족, 특히 올멕족(Olmec)도 시간에 관심을 가졌다는 증거가 있지만, 마야족만큼은 아니었다.[15] 고대 유럽에서는 주중의 날들이 토성의 날, 태양의 날, 달의 날 등과 같이 주요 천체의 영향을 받는 것으로 간주된 반면, 마야족에게는 매일 그 자체가 신성했다. 마야족은 시간의 구분을 서로 다른 기간, 즉 일, 월, 년 등을 구별하는 각각의 숫자를 의인화한 신성한 운반자 계층이 짊어진 짐으로 묘사했다. 등에 짊어진 짐의 무게는 이마를 가로지르는 가죽끈으로 지탱했다. 짐을 짊어진 신이 다른 신을 계승하는 정해진 기간이 끝날 때마다 순간적인 멈춤이 있었다. 이 주제에 대한 생생한 묘사는 마야족에 대한 최고의 전문가 중 한 명인 톰슨(J. E. S. Thompson)이 다음과 같이 표현했다.

> 한 명의 신이 이마에서 가죽끈을 벗기 위해 손을 올리는 동안, 다른 신들은 짐을 벗어 무릎에 안고 있다. 낮이 끝날 때 인계받는 밤의 신은 짐을 지고 일어나는 동작을 취한다. 그는 왼손으로 가죽끈에 걸리는 무게를 덜어준다. 오른손으로 땅을 짚고 일어나기 시작하면서 몸을 안정시킨다. 명인(名人)은 무거운 짐을 짊어지고 땅에서 일어나려는 육체적 노력을 신의 형상에 비친 긴장 속에서 전달한다. 이는 인디언 짐꾼이 여행을 재개하는 전형적인 장면으로, 과테말라 고원을 가본 사람이라면 누구에게나 친숙한 장면이다.[16]

시간적 현상에 대한 끊임없는 몰두에도 불구하고 마야족은 한 사람이 짐을 지고 가는 여정으로서의 시간 개념에는 도달하지 못했다. 그들의 시간 개념은 마법적이고 다신교적이었다. 신성한 운반자가 교대로 행진하는 길은 시작도 끝도 없었다. 사건은 일련의 운반자가 각자의 신에 대해 반복되는 의무에 대한 주문(呪文)으로 상징되는 원을 따라 이동했다. 일, 월, 년 등은 모두 영원히 행진하는 릴레이팀의 일원이었다. 각 신의 짐은 문제의 시간 분할에 대한 특정한 징조를 나타내게 되었다. 어떤 해에는 그 짐이 고갈될 수도 있고, 또 다른 해에는 풍작(豊作)이

될 수도 있었다. 주어진 날에 어떤 신이 함께 행진할 것인지 계산함으로써, 사제들은 모든 행진자의 결합된 영향력을 결정하여 인류의 운명을 예측할 수 있었다. 각 시간 분할에 대한 주기의 계층 구조로 인해 마야족은 미래보다 과거에 더 많은 관심을 기울이게 되었다. 그 이유는, 특정 세부 사항은 변할 수 있지만, 역사는 각 *카툰*마다 반복될 것으로 예상되었으며, 중요한 사건은 사전에 규정된 일반적 패턴을 따를 것이었기 때문이다. 따라서 마야족의 세계관에서는 진보(進步)에 대한 의식은 없었고, 단지 과거, 현재, 미래가 혼합되어 하나가 되는 경향이 있을 뿐이었다.

고전 마야 문명은 스페인이 중앙아메리카를 정복하기 약 600년 전에 붕괴된 것으로 보이지만, 현존한다고 해도 마야족의 시간에 대한 집착은 현대 세계에 아무런 영향도 주지 않은 채 역사적 호기심으로 남아 있었을 것이다. 그 이유는 마야족 사제들이 보여준 놀라운 수학적, 천문학적 전문 지식에도 불구하고, 그들의 사고방식은 과학적이 아니라 주술적이었기 때문이다. 그들은 그리스인보다 시간에 대해 훨씬 더 관심이 많았지만, 매 순간을 초자연적 힘의 발현으로 간주했다는 사실은 마야 사상을 지배했던 시간 개념이 순전히 점성술적이라는 것을 의미했다. 바퀴를 발명하지 않은 문명은 자동으로 기계식 시계를 발명하는 데에서 배제되었는데,[17] 실제로 마야족은 시간 경과를 측정하기 위해 해시계나 물시계를 개발한 것으로 보이지 않는다. 요컨대, 그들에게 달력은 있었지만 시계는 없었던 것이다.

시계의 역사와 시계가 현대 세계에 미친 영향에 관한 최근 저서의 저자는 예컨대 11세기에 세계 전역에서 시간 측정 기술을 살펴보는 사람이라면 누구라도 '중국인이 유럽인보다 훨씬 앞서 기계식 시계를 개발할 가능성을 예상했을 것'이라고 언급했다.[18] 반대로 중국의 시계 제조 기술은 진보하지 못했고, 16세기에 예수회가 중국에 시계를 가져왔을 때 소송 등의 발명품은 잊힌 지 오래였다. 마야족의 정확한 천문 관찰과 마찬가지로, 이러한 기술적 성과는 막다른 골목으로 판명되었다. 대신에 기계식 시계가 처음 등장하고, 그와 더불어 시간 측정을 기반으로 하는 새로운 문명이 나타난 것은 서유럽에서였다.

PART
03

현대 세계의 시간

기계식 시계의 출현

버지 탈진기의 발명

물시계는 시간 경과를 기록하기 위한 고대의 유일한 기계적 도구, 더 엄격하게 말하면 기계적 도구에 가까운 도구였다. 용어의 엄격한 의미에서, 물시계와 기계식 시계 사이의 근본적인 차이점은 물시계가 예컨대 구멍을 통과하는 물의 흐름과 같은 연속적 과정을 수반하는 반면, 기계식 시계는 지속적으로 반복되는 기계적 운동에 의존하며, 이에 따라 불연속적인 구간들로 시간을 균일하게 나눈다는 것이다. 고대의 물시계는 상당수가 상당히 복잡한 도구였는데, 그 이유는 특히 1년 내내 변하는 시간을 나타내도록 설계되었기 때문이다. 고대에는 기계식 시계가 없었지만, 천체의 상대 운동을 재현하기 위한 기계식 모델은 구성되었던 것으로 보인다. 기원전 1세기 키케로가 쓴 글(『국가론(De Republia)』 I. xiv. 22)은 아르키메데스가 시라쿠사(Syracuse)에서 발명한 기계식 모델을 가리키고 있다. 관련 기어 장치에 대해 아무것도 알려진 것이 없지만, 관련 수학 계산은 행방불명인 아르키메데스의 논문 《구체(球體) 만들기에 관하여(On sphere-making)》, 즉 '천체 모형 만들기에 대하여'에 포함되었을 가능성도 있다. 그런데 기원전 1세기의 주목할 만한 헬레니즘 기어 장치가 하나 살아남았다. 이 장치는 1900년 그리스 남부 해안 안티키테라(Antikythera)의 불모 섬 근처에서 난파된 그리스 선박에서 발견되었다. 1974년 데 솔라 프라이스는 청동 기계장치의 부식된 잔해를 엑스선 및 감마선 촬영한 결과를 보고하면서 이것이 달력 계산 장치라고 결론지었다.[1] 이것은 황도대에서 태양과 달의 위치를 결정하는 방법을 포함하고 있는 것으로 보이며, 19 태양년이 음력으로 235 개월에 해당한다는 메톤 주기(부록 2 참조)의 기계화를 위해 고정 기어 비를 가진 바퀴의 조립을 포함하고 있었다. 현재 지식에 따르면, 이 기계는 고대 기술공이 발명한 진정한 기계식 시계에 가장 근접한 기계였다.

최근까지 안티키테라 기계장치는 헬레니즘 전통에서 수학적 기어 장비의 유일한 생존 사례로 여겨졌다. 그러나 유스티니아누스 1세의 재위 기간(527~565) 또는 그 직전에 제작된 것으로 추정되는 초기 비잔틴 기원의 기어 장치 네 조각이 1983년에 런던 과학박물관에 인수되었다.[2] 달의 대략적 모양과 그 시기를 하루 단위로 표시하고 황도대에서 그 위치와 태양의 위치도 표시할 수 있는, 기어 달린 달력이 있는 휴대용 황동 해시계를 완벽하게 재구성하는 것이 가능했다. 조각 중 2개는 각각 59개 및 19개의 톱니와 10개 및 7개의 톱니 기어를 포함한다. 이것들은 서기 1000년경 페르시아의 과학자 알 비루니가 기술한 기계식 달력의 일부에 해당한다. 이에 따라 수학적 기어 장비에 대한 헬레니즘 전통과 중세 이슬람 전통 사이의 실질적 연결고리가 드러났다. 유일하게 남아있는 이슬람 기어 장비의 예는 하루 단위로 달 모양과 시기 그리고 황도

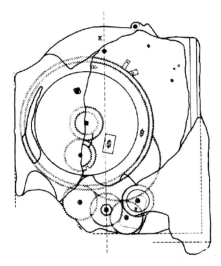

그림 2. 안티키테라 기어 장치의 재구성. 이것은 데 솔라 프라이스가 31개의 기어 바퀴 잔여물을 포함하고 있는 것으로 보이는, 심하게 부식된 채 현존하는 4개의 청동 조각에서 재구성한 안티키테라 기계장치의 차동 기어 어셈블리의 모습이다. 이 잔여물에 있는 각각의 톱니 개수로부터, 그는 이 기구의 기능이 달력에 관한 것이라고 주장했다. 그 이유는 완전한 기계장치에서 메톤 주기(부록 2 참조)의 숫자 19와 235가 관련된 것으로 보였기 때문이다. 이 기계장치는 기원전 86년 술라(Sullar)의 군대가 아테네를 약탈한 후 바다를 통해 로마로 전달되었던 '전리품' 컬렉션의 일부를 형성했을 가능성이 있다.

대에서 태양과 달의 위치를 산출하는 달력 메커니즘으로, 이 장비는 현재 옥스퍼드 대학 과학사 박물관에 있는 13세기 초 페르시아의 아스트롤라베에 부착되어 있다. 라틴 서부에서 살아남은 가장 오래된 기어 장비는 1300년경 프랑스의 아스트롤라베에 부착되어 있으며, 현재 런던 과학박물관에 있다.

최초의 기계식 시계와 초기의 기어 달린 천문 모델 및 자동 장치 사이의 명확한 연결고리는 아직 발견되지 않았지만, 웰스 대성당의 시계와 같이 현존하는 14세기 후반의 시계가 달의 위상과 시간에 따라 연속적으로 나타나는 숫자를 표시하는 방식은 그러한 시계들이 먼 과거로부터 계속되는 전통의 산물이었다는 것을 암시한다. 이러한 견해를 뒷받침하는 원문(原文) 증거도 있다. 기계식 시계의 실제 기원은 13세기 말경에 발생한 것으로 추정되지만 수수께끼로 남아 있다.

13세기 초의 물시계 시장은 쾰른에 1220년 즈음에 특별한 거리인 우를로겐가세(Urlogengasse), 즉 시계 제작자 거리를 점거한 시계 제작자 조합이 존재했던 것으로 알려질 정도였다.[3] 북부 지방에서는 물이 얼어붙는 겨울에 물시계가 성가신 존재였을 것이었으므로 14세기에는 모래시계가 발명되었다. 이러한 발명은 분말 달걀껍데기로 만들어진 새롭고 더 고운 '모래'를 도입하면서 이루어졌다. 굵은 모래는 모래가 흐르는 구멍을 빠르게 확대하기 때문에 시계용으로 사용될 수 없다. 모래시계는 짧은 시간 측정에만 적합하다는 것이 판명되었으며, 주로 배 후미에 떠 있는 통나무에 묶인 줄에서 풀어지는 매듭의 수를 세어서 배 위에서 배의 속력을 측정하는 데 사용되었는데, 보통 30초라는 주어진 시간을 측정했다. 모래시계는 또한 선원들의 시계를 맞추는 데에도 사용되었다. 덧붙이자면, 15세기 말이 되어서야 모래시계가 시간 영감(Father Time)의 속성으로 묘사되었다.[4]

기계식 시계를 개발하려는 동기는 시간 엄수가 엄격하게 요구되는 미덕이자 전례나 식사에 지각하는 것을 처벌하던 중세 수도원의 필요성에 의해 촉진되었을 것이다. 시간을 엄수해야 하는 이유는 '시간 절약'에 대한 욕구 때문이 아니라 수도원 생활의 규율을 유지하는 데 엄격한 시간 규제가 필요했기 때문이다. 어쨌든 기계식 시계 개발은 주로 교회에 의한 것이었음은 필연적으로 보인다. 밧줄과 도르래로 동력을 전달하는 것은 장인들이 오래전부터 알고 있었지만, 기어 열(列), 특히 방대한 열에 관한 수학은 고등 교육을 받은 사람만 알고 있었고, 그 교육은 오직 교회에 의해서만 제공되었기 때문이다.

시계를 뜻하는 영어 단어 'clock'은 어원적으로 종(鐘)을 의미하는 중세 라틴어 단어 *클로카(clocca)* 또는 프랑스 단어 *클로체(cloche)*와 관련이 있다. 종은 중세 생활에서 중요한 역할을 했으며, 톱니바퀴와 진동 레버로 만들어져 종을 울리는 기계장치는 기계식 시계의 발명을 준비하는 데 도움이 되었을 것이다. 이러한 견해를 뒷받침하는 증거는 유일하게 현존하는 13세기 서양 물시계의 그림에서 볼 수 있는데, 이 물시계는 1250년경에 파리의 루이 9세 궁정에서 사용된 것으로 보이며, 본질적으로 시간을 알리는 장치였다. 유일하게 볼 수 있는 바퀴에는 24개의 톱니가 있는 것으로 보이는데, 이는 이 시계가 매일 회전했음을 의미하는 것이다. 구동력은 차축(車軸)에 감긴 끈에 매달려 천천히 하강하는 추(錘)를 통해 주어졌는데, 이는 시계의 추동력으로 알려진 가장 초기의 사례다. 약 20년 후인 1271년 '영국인 로버트(Robert)'로도 불리는 로베르투스 앙글리쿠스(Robertus Anglicus)가 쓴 『사크로보스코의 구체(球體)에 관한 논문(Treatise on the Sphere of Sacrobosco)』에 대한 논평에서는 완전히 기계적인 크로노미터에 대한 *예측*이 뒤따랐다. 그는 이것이 차축에 매달려 있는 추(납으로 만들어짐)로 구동되는 균형 바퀴로, 일출과 일몰 사이에 한 바퀴 회전하는 것으로 상상했다. 그러나 그는 그러한 시계를 만들려고 시도하는 시계 제작자들에 대해 '그들은 그 일을 완성할 수 없을 것'이라고 말했다.5

카스티야(Castile)의 '현자(賢者)' 알폰소(Alfonso) 10세의 후원으로 '알폰소 목록'으로 알려진 천문표 세트가 톨레도의 유대 율법학자 이삭 벤 시드(Isaac ben Sid)에 의해 편집되었고, 1227년 『천문학 지식서(Libros del saber de astronomica)』로 출판되었다. 1886년 마드리드에서 재발행된 이 책의 제4 권은 '수은 시계'를 포함한 다양한 발명품에 관해 기술하고 있다. 이 시계는 칸막이벽에 작은 구멍이 있는 12개의 칸으로 분할된 드럼으로 구성되었으며, 브레이크가 장착된 추동 시계이다. 아래쪽 6개의 칸에는 수은이 채워져 있다. 구동 추로 인해 드럼이 회전함에 따라 수은은 추와 균형을 맞출 때까지 상승한 다음 칸막이벽을 통해 흐르면서 서서히 떨어지게 된다. 드럼의 균일한 운동은 수은의 점도에 달려 있다. 운동은 드럼의 크기 또는 무게를 변화시켜 조절할 수 있다. 이 흥미로운 장치에서 빠져 있는 기계식 시계의 본질적인 특징은 '탈진기'였다. 기계식 시계는 아마도 1277년 이후에 발명되었을 것이다. 만약 이보다 더 일찍 발명되었다면, 이는 『천문학 지식서』 제4 권에 포함되었을 것이 거의 확실하기 때문이다. 기계식 시계가 발명된 시점은 아마도 1280년에서 1300년 사이인 것 같다.

기계식 시계를 가능하게 만든 결정적인 발명은 '버지 앤 폴리오트' 탈진기였다. 수평 막대인 '폴리오트'는 그 중심을 가로지르는 수직 막대인 '버지'를 축으로 회전하는데, 버지에는 두 개의 바퀴 멈추개가 있다. 바퀴 멈추개는 톱니바퀴(드럼에 매달린 추로 구동됨)와 맞물려 있는데, 톱니바퀴는 버지를 먼저 한쪽으로 밀고 그다음에는 반대쪽으로 밀어내면서 폴리오트를 진동시킨다. 버지가 앞뒤로 한번 진동함에 따라 바퀴는 톱니 하나의 공간만큼 전진 혹은 '탈출한다.' 폴리오트에는 양쪽에 두 개의 추(조절기)가 달려 있으며, 진동 속도는 추의 무게 또는 버지로부터의 거리를 변경해서 조절할 수 있다. (이탈리아에서는 폴리오트가 때때로 유사한 왕복 운동을 하는 균형 바퀴로 대체되기도 했다.) 이 시스템에는 진동 횟수를 세는 기계장치도 포함되었다. 이미 언급한 바와 같이, 이러한 독창적인 발명은 13세기 말쯤이었을 것이지만, 누가 처음 발명했는지는 아무도 모른다. 비슨(C. F. C. Beeson)에 따르며, 기계식 탈진기가 장착된 시계에 관한 유럽 최초의 기록은 베드퍼드셔(Bedfordshire)에 있는 『던스터블 소(小)수도원 연보(Annals of Dunstable Priory)』에 기록된 1283년의 것이다.[6] 그는 또한 엑서터 대성당(1284), 런던의 구(舊) 세인트폴 대성당, 옥스퍼드의 머튼 칼리지(1288?), 노리치 대성당 수도원(1290), 일리(Ely) 대수도원(1291), 캔터베리 대성당(1292)의 기록도 인용하고 있다. 이러한 점에 주목한 노스(J. D. North)는 다음과 같이 언급하고 있다. "기록들을 하나씩 보면 회의적으로 보이기 쉽지만, 이를 종합해보면, 특히 사용된 재료비에 상대적으로 많은 돈이 들어간다는 점을 고려하면, 기계식 시계가 실제로 현장에 등장했음을 유추할 수 있다."[7]

최초의 진정한 기계식 탈진기는 유럽 전역의 다양한 교회 시계에서 발견되는 버지 앤 폴리오트 유형이라고 추정되는 것이 일반적이기는 하지만, 우리가 확실하고도 상세하게 알고 있는 가장 초기의 탈진기는 대장장이 아들로 1327년 수도원장이 된 월링포드의 리처드가 세인트올번스 수도원을 위해 1328년경에 설계한 시계의 탈진기다. (그의 아버지 직업은 특히 중요하다. 기계식 시계의 발명은 아마도 그것을 처음 생각한 수도사처럼 학식 있는 사람과 그것을 실제로 만든 대장장이의 협력에 달려 있었을 것이기 때문이다.) 이것은 버지 앤 폴리오트 시스템에 여분의 바퀴를 포함하는 진동 기계장치였다. 노스는 남아 있는 필사본에서 순전히 구두로 제시된 설명으로부터 세인트올번스 탈진기를 재구성하는 데 성공했다.[8] 이것은 어떤 면에서는 버지 유형보다 우월했다. 노스는 또한 1세기 반 이상 후에 레오나르도 다빈치(Leonardo da Vinci)에게 유사한 탈진기가 있었다는 것도 발견했다. 해당 탈진기의 그림은 1495년경의 레오나르도의 《코덱스 아틀란티쿠스(Codex Atlanticus)》에 나와

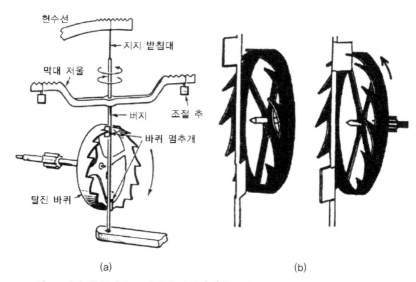

(a)　　　　　　　　　　　　　　(b)

그림 3. 버지 앤 폴리오트 기계식 시계. '잎'을 뜻하는 라틴어에서 유래된 *폴리오트*는
양쪽 끝에 추(또는 조절기)가 있는 수평 막대(또는 저울)이다(그림 3(a)). 그 중간 지점에서
막대는 플랜지(flange)라고도 불리는 2개의 바퀴 멈추개가 있는 수직 굴대인 *버지*에
고정되어 있다. (*버지*는 '가지(twig)'를 뜻하는 라틴어에서 유래되었다.) 바퀴 멈추개는
톱니바퀴와 맞물려 있는데, 톱니바퀴가 버지를 먼저 한쪽으로 밀어낸 다음 반대쪽으로
밀면(그림 3(b)) 폴리오트가 진동하게 된다. 바퀴 자체는 2번 진동할 때마다 하나의
톱니만큼 전진했다. 진동 속도는 추의 무게 또는 버지로부터의 거리를 변경하여 조절할
수 있다. 이 독창적 기계장치는 견고하고 마모에 거의 영향 받지 않으며, 움직이는 부품에
기름칠이 잘 되어있으면 끊임없이 똑딱거릴 수 있다. 이 기계장치의 가장 큰 단점은
진동을 제어하는 추가 자체적으로 고유한 주기를 갖지 않는다는 것이다.

있지만, 레오나르도가 더 이상 그 탈진기의 발명가로 간주되지는 않는다.
세인트올번스 시계에는 2개의 유사한 탈진기가 있었는데, 하나는 시방윤
열(時方輪列)*을 조종하는 것이고, 다른 하나는 시간에 해당하는 횟수
만큼의 타격을 하는 24시간 시스템으로, 매시간 종을 울리는 것이었다.
노스에 따르면, 유압 시계에 의해 적절하게 선택된 간격에 촉발되는 그러

---

* 역자 주: 시곗바늘을 움직이기 위한 전달 장치.

150

한 진동 타격 장치가 최초의 기계식 탈진기로 가는 길을 제대로 가리켰다는 것은 상상할 수 없는 일이 아니다.

잉글랜드에서 현존하는 가장 오래된 시계는 1386년 이전에 제작된 솔즈베리 대성당의 시계로, 문자반이나 바늘이 없으면서도 시간을 알려주었다. 버지가 절반 진동하는 데 걸리는 시간은 4초였다. 이 시계는 1956년에 완전히 작동할 수 있는 원래 상태로 복원되었다.[9] 동일한 장인이 만든 것으로 여겨지는 것으로, 적어도 1392년부터 웰스 대성당에 있었던 또 다른 완전한 시계는 현재 런던 과학박물관에 있다. (두 시계 모두 얼마 지나지 않아 진자시계로 변환되었다.)

초창기의 모든 기계식 시계는 정확도가 떨어졌다. 그 이유는 폴리오트와 바퀴에 고유 진동 주기가 없었을 뿐만 아니라 마찰의 영향도 있었기 때문이다. 그러나 이 시기는 문명이 더욱 왕성해지고 금속공의 수가 증가하고 기술이 향상되던 시대였다. 정교한 천문 시계를 만들기 위해 엄청난 열풍이 불었다. 중세 기술에 관한 저명한 역사가가 언급했듯이, '시간을 알리는 소리에 맞춰 천사가 나팔을 불고 행진하는 동안 그 한가운데에서 행성이 주기적으로 주전원을 따라 회전하지 않는 한, 어떤 유럽 공동체도 머리를 들 수 없다고 느꼈다.'[10] 이러한 '시계' 중에서 눈에 띄는 것은 1348년에서 1365년 사이에 파도바의 지오반니 드 돈디(Giovanni de' Dondi)가 설계한 아스트라리움(astrarium)이었다. 정교하게 잘린 톱니와 복잡한 기어 장치가 부착된 이 복잡한 기구는 황동으로 만들어졌으며, 크기는 단조(鍛造)된 철로 만든 서투른 초기 잉글랜드 시계보다도 작았다. 이 기구는 단지 부수적으로 시계 역할을 했다. 본질적으로 우주를 기계적으로 표현한 일종의 플라네타륨인 이 기구는 거의 같은 시기인 1350년 설치된 스트라스부르 대성당의 유명한 천문 시계 시리즈 중 최초의 것보다 훨씬 더 정교했다. 원래 스트라스부르 시계는 움직이는 숫자 외에도 연간 달력 문자반과 음력 문자반 및 아스트롤라베가 포함되어 있었을 것이지만, 지오반니 드 돈디가 설계한 기구는 날짜가 고정되었든 바뀌든 상관없이 모든 종교 축일에 대한 영구 달력을 포함했을 뿐만 아니라, 황도를 완전히 한 바퀴 회전하는 데 18년 이상 걸리는 달 궤도 교점(交點)의 운동을 포함하여 태양, 달, 행성들의 천체 운동을 표시했 다.

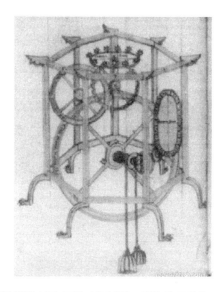

그림 4. 드 돈디의 천문 시계 그림. 1461년에 그려진 이 도면은 드 돈디 천문 시계의 일부로, 옥스퍼드 대학 보들리 도서관의 필사본에서 나온 것이다(*MS. Laud Misc. 620, fol. 10v.*). 1364년 파도바에서 완성된 이 복잡한 추력 구동 기구는 왕관 모양의 수평 균형 바퀴에 의해 조절되었다. 이 바퀴의 버지에 2개의 바퀴 멈추개가 장착되었다. 위쪽 멈추개는 탈진 바퀴의 24개 톱니 중 하나에 의해 움직이도록 만들어졌는데, 이 톱니는 버지와 균형 바퀴를 돌려서 이 멈추개가 빠져나오는 동시에 아래쪽 멈추개가 맞물리도록 했다. 그런 다음 아래쪽 멈추개는 버지와 균형 바퀴를 반대 방향으로 돌리게 되는데, 이러한 과정이 계속 반복된다. 균형 바퀴는 2초의 박자를 가지고 있다. 최근 몇 년 동안 이 시계의 여러 모형이 만들어졌는데, 그중 하나는 워싱턴 D.C.에 위치한 스미스소니언 연구소의 박물관에 있다.

이 놀랍도록 완전한 천문 시계가 군주들의 주목을 받은 것은 당연한 일이었다. '차분하지만 질서와 정밀함을 매우 사랑하는 교활한 통치자'로 묘사된 지식인이었던 지안 갈레아조 비스콘티(Gian Galeazzo Visconti) 공작이 1381년에 이 시계를 인수했다.[11] 그는 이 시계를 파비아(Pavia)에 있는 자신의 궁전으로 옮겼는데, 1420년에 공작의 도서관에 있는 것으로 기록된 이 시계는 작동 상태를 유지하는 것이 매우 어려웠다. 황제 카를 5세가 1529년에 파비아에서 이 시계를 보았을 때는 수리가 필요한 상태였다. 기계장치에 관심이 있던 카를 5세는 크레모나(Cremona)의 지오날로 토리아노(Gionallo Torriano)에게 수리를 의뢰했지만 부식으로 인해 수리가 불가능하다는 것을 알게 되었고, 이와 유사한 도구를 만드는 것에 동의했다. 카를 5세는 수집한 많은 괘종시계와 회중시계를 가지고 1555년에 산 유스테(San Yuste) 수도원으로 은퇴할 때 토리아노를 데려 갔다. 1558년 카를 5세가 사망한 후 그의 아들 펠리페(Philip) 2세를 섬기던 토리아노는 톨레도로 이주하였다가 그곳에서 1585년에 사망했다. 몇 년 전에 드 돈디 시계의 토리아노 복제품이 17세기에 톨레도에 있는 그의 집에 여전히 있었다는 필사본 증거가 발견되었다. 따라서 이전에 생각하듯이, 1809년 프랑스인이 저지른 방화로 산 유스테 수녀원과 소장 예술품이 소멸되었을 가능성은 거의 없다. 최근 몇 년 동안 드 돈디 시계의 재건 작업은 여러 차례 이루어졌다.

14세기에 기계식 시계는 유럽에서 점점 더 많아졌는데, 교회에 설치되지 않은 시계의 대부분은 공공 시계였다. 그중 하나는 지오반니 드 돈디의 아버지 자코포(Jacopo)가 설계한 타종 시계로, '델 오롤로지오(del Orologio)'라는 성(性)이 부여되었다. 이 시계는 1344년 파도바의 카라라 궁전 입구 탑에 세워졌지만, 1390년 밀라노인의 공격으로 파괴되었다.

공공 시계는 비싸기는 했지만, 일반적으로 매우 유용한 것으로 여겨졌다. 교회 종소리는 다양한 종교 사무소의 시간을 알려주지만, 공공 시계는 시각을 알리는 세속적 도구였다. 14세기 말에는 15분을 알리는 시계가 일부 만들어지기는 했지만, 그렇다고 이러한 시계가 더 정확하다는 것을 의미하는 것은 아니다. 당시의 시계는 종종 하루에 15분 이내의 정확도를 유지하기 힘들었고, 자주 고장이 났는데, 이는 기어 달린 모든 바퀴를 손으로 직접 절단했어야 했기 때문에 당연한 일이었다.

기계식 시계의 사회적 영향

기계식 시계 도입의 중요한 결과는 서유럽의 많은 지역에서 60분이라는 균일한 시간을 채택하게 되었다는 것이다. 세인트올번스의 시계나 1335년 밀라노의 비스콘티 궁전 성당에 세워진 시계와 같이 가장 초기에 기록된 시계들은 24시간을 가리켰다. 단테(Dante)는 적어도 비스콘티 시계가 설치되기 15년 전에 타종 시계를 본 듯하다. 그는 우리가 알고 있는 이탈리아 최초의 공공 시계인 밀라노의 산테우스토르지오(Sant' Eustorgio) 교회 종탑에 위치한 철제 시계를 1309년에 보았을 것이다. 1317년에서 1320년 사이에 쓴 『천국(Paradiso)』(24, 13∼15)에서 단테는 시계의 타종 톱니바퀴열에 대해 다음과 같은 유명한 언급을 했다.

'그리고 시계 장치와의 조화 속에서 바퀴들이 회전할 때 이를 보는 누구나 처음에는 정지한 것처럼 보이고 마지막은 날아가는 것으로…'

큰 숫자를 세는 불편함에도 이탈리아에서 24시간 체계는 수 세기 동안 지속되었지만, 대부분의 서유럽 국가에서는 곧 자정과 정오부터 각각

12시간씩 두 세트로 시간을 재는 체계를 채택했다. 60분이라는 균일한 시간은 곧 섬유 산업에서 노동 시간의 기본 단위로, 하루를 대체하게 되었다. 예를 들어, 1335년에 아르투아(Artois)의 총독은 에르쉬르라리스(Aire-sur-la-Lys)의 주민들이 섬유 공장 직원들에게 근무 시간을 알리는 종탑을 세우는 것을 승인했다.[12] 임금이 생산 비용의 상당 부분을 차지하는 섬유 산업에서 하루 노동 시간의 문제는 특히 중요했다.

기계식 시계 발명에도 불구하고, 대부분의 사람에게 시간은 질적으로 고르지 않았다. 특정일에 할 수 있는 일과 할 수 없는 일에 관한 교회력(敎會曆)과 규정이 있던 교회보다 이러한 믿음을 장려하는 데 더 큰 역할을 한 것은 없다. 하루 중 정해진 시간에 기도 문구를 낭송하는 규칙, 즉 정경(正經)이 제정되었다. 정시과(定時課)로 알려진 것들은 계절 시간 체계를 따랐다. 즉, 동트기 전의 조과(朝課), 일출의 제1 시과(時課), 3시의 제3 시과, 6시의 제6 시과, 9시의 제9 시과, 11시의 만과(晩課)(마지막 4개는 일출로부터 계산됨)와 일몰 후의 종과(終課)가 있었다. 시간이 지나면서 제9 시과는 3시간 뒤인 정오로 설정되었는데, 이것이 'noon'이라는 단어의 기원이다. 그러나 일상 프로그램에 참여하기를 원하는 독실한 평신도는 자신만의 기도서가 필요했다. '시도서(時禱書)'는 사적(私的) 또는 가족의 신앙을 위한 기도서에 붙여진 이름이었는데, '시(時)'라는 용어는 60분 간격이 아니라 종교 및 기타 의무를 위해 따로 떼어 둔 하루의 덜 정확한 부분을 나타낸다. 원래 이런 유형의 책은 왕과 최고 귀족만이 의뢰했었지만, 15세기에 이르러 특히 파리와 프랑스의 다른 도시들 및 네덜란드에 세속 작업장이 설립되어 더 넓은 범위의 대중에게 제공되었다. 이러한 책들은 우리에게 전해져온 중세 필사본의 가장 큰 단일 범주를 형성하며, 이후의 모든 기도서는 이로부터 파생되었다.[13] 이러한 책들은 일반적으로 여러 달을 나타내는 그림들로 시작해서, 복음서의 구절과 조과와 찬과(讚課)에서 저녁 기도와 종과까지의 전례 시간이 이어지며, 성모의 삶의 축소판으로 끝난다. 이러한 책 중에서 가장 유명한 것은 15세기 초 프랑스의 왕 요안(John) 2세의 셋째 아들인 드 베리(de Berry) 공작을 위해 랭부르(Limbourg) 형제가 그린 『호화로운 기도서(Très riches heures)』이다.[14]

　로마인과 관련하여 이미 그 존재가 언급된 행운의 날과 불운한 날에 관한 대중적 미신은 중세 시대에 교회력에서 불길한 날을 인정함으로써 강화되었다. 예를 들어, 죄 없는 어린이 학살을 기념하는 날인 12월 28일 은 특히 15세기에 특별히 불길한 날로 간주되었다. 게다가, 1년 내내 전년도 순교자의 날이 속한 주(週)의 특정한 날 또한 불길한 날로 간주되어 순교자의 날이라고도 불렸다. 이러한 믿음에 영향을 받은 사람들은 해당 요일에 여행을 떠난다거나 중요한 일을 시작하는 것을 삼가곤 했다. 이러한 미신의 흥미로운 예는 1461년 3월 4일 에드워드(Edward) 4세의 대관식에 관한 것이다. 전년도 12월 28일이 일요일이었고 대관식이 해당 요일에 거행되었기 때문에 다른 날에 대관식을 반복해야 했다![15] 16세기 의 마지막 4반세기에 들어와서조차도 엘리자베스(Elizabeth) 여왕의 총 리였던 버글리 경(Lord Burghley)은 자기 아들에게 교회력에서 특히 불 길한 3개의 기념일인 4월의 첫 번째 월요일(아벨 살해일), 8월의 첫 번째 월요일(소돔과 고모라의 멸망일), 그리고 12월 마지막 월요일(가롯 유다 의 생일)에는 새로운 사업을 시작하지 말라고 경고했다.

　로마 교회와 성공회 모두에서 살아남은 특별한 일(日)과 주(週)의 부류 는 '사계재일(四季齋日)'과 '사계재일 주간'이다. 사계(四季)와 관련하여, 관련 주간은 각각 성 루시 기념일(St. Lucy's Day)인 12월 13일, 사순절

(四旬節)의 첫 번째 일요일, 성신강림 대축일, 그리고 십자가 대축일에 시작되며, 각 주의 수요일, 금요일, 토요일이 사계제일이다. 전통적으로, 이러한 날들은 특별한 기도와 단식을 위해 구별되었다. 뒤이은 일요일, 예를 들어 삼위일체 주일은 성직자 서품식을 위해 특별히 정해진 날이다. 이 고대 관습은 1085년경 교황 그레고리 7세에 의해 최종적으로 교회법으로 제정되었다.

잉글랜드에서 시간의 균일성(均一性)에 대한 믿음은 로마 교회의 관습, 특히 교회력의 특별한 날에 대한 개념에 강력하게 반대한 청교도에 의해 크게 영향을 받았다. 오히려 청교도는 6일간 일하고 뒤이은 안식일 체제, 즉 그 유명한 비국교도(非國敎徒) 가치 체계를 주창했다. 17세기가 진행되는 동안, 1660년 군주제 복원에 뒤이은 청교도주의에 대한 반발에도 불구하고, 이러한 관점은 점점 더 영향력이 커져서, 해당 세기말에는 일반적으로 받아들여지게 되었다. 키스 토마스(Keith Thomas)가 지적한 바와 같이, '이러한 작업 습관의 변화는, 시간의 불균일성과 불규칙성에 대한 원시적 감각과는 대조적으로, 질적 측면에서도 현대적 시간 개념을 사회적으로 수용하는 중요한 단계를 구성했다.'[16]

프랑스에서는 일찍이 1370년에 샤를(Charles) 5세가 헨리 드 빅(Henri de Vic)으로도 알려진 하인리히 폰 위크(Heinrich von Wiek)가 설계해서 왕궁에 설치된 시계로 파리의 모든 종(鍾)을 조절하고 매시간 종을 울리도록 명령함으로써, 교회의 전례 관행 지배를 종식하는 조치가 취해졌다. 시간 측정의 실제적 어려움으로 인해 17세기 중반까지 대부분 시계에 바늘이 하나뿐이었고, 문자반은 시(時)와 4분의 1시로만 분할되어 있었지만, 균일하게 분할된 시간이라는 추상적 구조는 점차 일상의 새로운 수단이 되었다.

도시에서 시작된 이와 같은 중요한 발전은 상인 계급과 화폐 경제의 부상으로 촉진되었다. 권력이 토지 소유권에 집중된 동안, 시간은 풍부하다고 느껴졌으며 주로 변치 않는 화폐의 순환과 관련이 있었다. 그러나 화폐 유통이 증가하고 상업망이 조직됨에 따라 시간은 이동성에 중점을 두게 되었다. 시간은 더 이상 대격변이나 축제가 아니라 일상생활과 관련되었다. 곧이어 많은 중산층은 '시간은 돈'이므로 신중하게 관리되고 경제적으로 사용되어야 한다는 사실을 깨달았다. 루이스 멈퍼드(Lewis Mumford)가 지적했듯이, '시간 관리는 시간 절약과 시간 계측 및 시간 배분으로 바뀌었다. 이런 일이 일어나면서 영원성(永遠性)은 점차 인간 행위의 척도이자 초점 역할에서 멀어지게 되었다.'[17]

　중세 후기의 시간에 대한 불안감의 전형적인 예는 '프라토(Prato)의 상인'인 프란체스코 디 마르코 다티니(Francesco di Marco Datini)의 아내가 나이든 남편에게 1399년에 쓴 편지에 다음과 같이 나타난다. '당신이 해야 하는 모든 일에 비추어 볼 때, 당신이 한 시간을 소모하는 것이 나에게는 1천 시간으로 보입니다. … 나는 당신의 육체와 영혼과 관련해서 시간만큼 소중한 것이 없다고 생각하는데, 당신은 그것을 너무 하찮게 생각하기 때문입니다.'[18] 2년 후 다티니 자신이 스페인에 있는 동업자 중 한 명인 크리스토파노 디 바르톨로(Cristofano di Bartolo)에게 같은 맥락에서 고향으로 돌아오도록 설득하는 편지를 쓰고 있는 것도 발견된다. 1400년경에 초서가 쓴 『캔터베리 이야기(The Canterbury Tales)』의 <변호사 이야기(Man of Law's Tale)>에서 호스트를 소개하는 대목에서도 비슷한 메모가 발견된다.

　　그러므로 그는 그림자 길이로 판단했다.
　　그토록 맑고 밝게 빛나던 저 태양은

고도 45도로 올라갔다.

그리고 그 날의 그 위도라면

아침 10시라고 그가 결론을 내렸다.

그는 갑자기 말을 거칠게 다루며 말했다.

"여러분께 알려드립니다.

오늘의 4분의 1일이 지났습니다.

이제 하느님과 성 요한의 사랑을 위해

가능한 한 시간을 허비하지 마십시오.

여러분, 시간은 밤낮으로 흘러가고 있습니다.

그리고 우리에게서 부분적으로는 잠자는 동안 눈에 띄지 않게,

부분적으로는 우리가 깨어있을 때 태만함을 통해 훔쳐갑니다.

산에서 평야로 내려가며,

다시는 되돌아오지 않는 시냇물처럼'"

　오래지 않아 시간이 점점 더 가치 있는 것으로 여겨지게 된 많은 활동
이 이루어졌다. 중세 초기와 중기까지는 대성당이든 성(城)이든 공회당
(公會堂)이든 한 채의 건물을 짓는 데 수십 년, 심지어 수백 년이 소요되
는 것이 가능하게 되었다. 이는 일차적으로 인간의 삶이 한 세대에서
조용히 다른 세대로 계승되는 공동체의 삶으로 간주되면서 신속한 건설
이 절실하지 않았기 때문에 가능했다. 이 모든 것은 중세 후기와 르네상
스 시대에 바뀔 운명이었다. 회화(繪畵)에서도 시간적 요소가 감지되었

---

* 역자 주: 원문은 다음과 같다. And therefor by the shadwe he took his wit / That Phebus,
which that shoon so clere and brighte, / Degrees was fyve and fourty clombe on highte;
/ And for that day, as in that latitude, / It was ten of the clokke, he gan conclude,
/ And sodeynly he plighte his hors aboute. / 'Lordinges,' quod he, 'I warne yow, al
this route, / The fourthe party of this day is goon; / Now, for the love of god and
of Seint John, / Leseth no tyme, as ferforth as ye may; / Lordinges, the tyme wasteth
night and day, / And steleth from us, what prively slepinge, / And what thurgh necligence
in our wakynge, / As dooth the streem, that turneth never agayn, / Descending fro
the montaigne into playn.'

다. 이 시기의 회화에서 여러 개의 연속적인 장면이 하나의 그림에 동시에 표현되는 것이 자주 발견되기도 했지만, 다른 방식으로 시간적 고려가 결정적 영향을 미치게 되었는데, 특히 세코(secco)가 알 프레스코(*al fresco*), 즉 진정한 프레스코를 대체하게 만드는 데 영향을 미쳤다. 학생들은 프레스코 회화에 능숙해지기까지 진력해야 했던 매우 긴 수습 기간을 유지할 수 없었고, 성공한 화가는 의뢰받은 모든 작업을 처리하기 위해 빠르게 일해야 했기 때문이었다. 미켈란젤로(Michelangelo, 1475~1564)와 같은 위대한 예술가조차 대세를 역전시킬 수 없었다. 원래 시스티나 성당의 《최후의 심판(The Last Judgement)》은 세코 화법의 유화(油畵)로 그릴 계획이었지만, 그는 유화를 '여성이나 게으른 사람에게 적합하다'고 생각했기 때문에 작품을 알 프레스코 화법으로 그려야 한다고 고집했다! 그의 관점은 시대정신과 충돌했으며, 그의 경고에도 불구하고 그 관행은 시간에 대한 새로운 사회적 태도와 양립할 수 없었기 때문에 진정한 프레스코라는 영광스러운 예술은 사라졌다.

이러한 태도는 궁극적으로 광범위한 사회적 중요성을 지닌 새로운 시계 제조법 발명의 원인이 되기도 했다. 최초의 기계식 시계는 크고 다루기 어려웠으므로 곧이어 작고 휴대가 간편한 장치에 대한 욕구가 생겨났다. 이러한 수요를 충족하기 위해 15세기에는 추(錘) 대신 용수철이 시계 동력원으로 사용되기 시작했다. 이러한 발전은 가정용 시계와 회중시계를 발명하게 했다는 점에서 중요했다. 회중시계에 대한 최초의 언급 중 하나는 1540년 헨리 8세가 다섯 번째 부인 캐서린 하워드(Catherine Howard)에게 선물한 '시계가 들어있는' 금색 주머니이다.[19] 교회나 마을 광장에 설치된 공공 시계는 시간 경과를 간헐적으로 상기시킬 뿐이지만, 가정용 시계나 회중시계는 계속해서 볼 수 있었다. 랜드(D.

S. Landes)가 지적했듯이, 공공 시계는 시장을 여닫거나 업무의 시작과 끝을 알리거나 사람들을 이동시키는 데 사용될 수 있지만, 연속적인 시간 경과보다는 순간만을 알렸다. 반면에 가정용 시계나 회중시계는 '사용한 시간, 소비한 시간, 잃어버린 시간'을 항상 볼 수 있는 알림 장치로, 개인의 성취와 생산성을 위한 자극이자 핵심이었다.[20]

그렇지만, 이 발명품이 널리 퍼지기까지는 수 세기가 걸렸다. 실제로 오랫동안 가정용 시계나 회중시계를 소유하는 것은 부유층에게만 국한되었고, 사회적 필요성보다는 부유함의 표시로 여겨졌다. 예를 들어, 17세기 중반까지만 해도 30세의 나이에 이미 중요한 정부 관리였던 사무엘 페피스(Samuel Pepys, 1633~1703)조차 회중시계를 소유하지 못했음을 알 수 있다. 그는 당시의 거의 모든 사람이 그랬던 것처럼 런던의 교회 종소리를 듣고 때로는 해시계를 보며 살았다. 따라서 특정한 약속은 거의 이루어지지 않았다. 페피스는 사업하기를 희망하면서 공공장소에서 커피 하우스와 주점까지 돌아다녔다. 업무를 논의하기 위해 요크의 공작 제임스(James) 제독을 종종 방문했던 그는 공작이 사냥을 나갔다는 사실을 알게 되었으나 놀라움이나 분노를 표현하지 않았다. 그와 동시대를 살았던 대부분의 사람들에게 시간은 우리와는 다른 의미가 있었기 때문이다.

시계는 오랫동안 부자들의 장난감이었기 때문에 보통 사람이 시계를 보았을 때 종종 극도로 어리둥절하고 심지어 그것을 사악하고 위험한 것으로 보는 경향이 있었던 것은 놀라운 일이 아니다. 이에 관한 재미있는 일화는 많은 수학 및 과학 도구를 소유했던 옥스퍼드 대학의 학감(學監) 토마스 앨런(Thomas Allen, 1542~1632)에 관한 존 오브리(John Aubrey)와 관련이 있다. 헤리퍼드셔(Herefordshire)의 홈 레이시(Hom Lacey)에 있는 친구 집에서 장기 휴가를 보내고 있던 앨런은 우연히 방창가에 시계를 두고 나왔다. 오브리에 따르면, 침대를 정돈하기 위해 방에 들어온 하녀들이 상자 안의 물건에서 나는 *똑딱 똑딱 똑딱* 소리를 듣자마자 그것이 그의 악마라고 결론짓고, 끝채가 달린 끈으로 그것을 가져다가 (악마를 익사시키기 위해) 창밖으로 던져버렸다고 한다. 마침 끈이 티끌에서 자라난 딱총나무 가지에 걸렸는데, 이것이 그들에게 그 물건이 악마라는 것을 확신시켜 주었다. (결과적으로) 운이 좋은 그 노신사는 회중시계를 되찾았다.[21]

패종시계나 회중시계를 소유하지 않고 오늘날보다 시골에 사람들이 더 많이 거주하던 시절에, 대부분의 사람들은 동식물과 관련된 다양한 시간 측정에 대해 우리보다 훨씬 더 많이 알고 있었다. 실제로 예컨대 어떤 식물에는 '데이지(낮의 눈)'라는 이름이 붙여졌는데, 이는 아침에 노란색 원반을 드러내고 저녁에 다시 숨기는 것을 암시하는 데에서 유래되었다. 자연적인 시간 측정 중 가장 주목할 만한 것은 새벽이었는데, 초서는 <수녀원 신부 이야기(Nun's Priest's Tale)>에서 수탉 샹테클레르(Chauntecleer)의 즉시 기술에 대해 다음과 같은 유명한 찬사를 보냈다.

> 그의 오두막집에서 울고 있던 것이
> 시계나 수도원 종소리보다 더 정확했다.
> 선천적으로 그는 그 마을에서 천구 적도의
> 각각의 상승 시간을 잘 알고 있었다.
> 15도가 상승했을 때
> 그는 비할 데 없이 훌륭한 소리로 울었다.*

---

* 역자 주: 원문은 다음과 같다. Wel sikerer was his crowying in his logge, / Than is a clokke, or an abbey orlogge. / By nature knew he ech ascenscioun / Of equinoxial in thilke toun; / or whan degrees fiftene were ascended, / Thanne crew he, that it mighte nat ben amended.

17세기 후반 이전에는 회중시계가 극히 드물었지만, 기계적 시간 측정의 영향은 언급된 것 외에도 이미 다양한 방식으로 감지되었다. 1555년에 저술한 『금속에 관하여(De re metallica)』에서 정확한 교대 시간을 주목한 아그리콜라(Agricola), 즉 게오르크 바우어(Georg Bauer)에 따르면, 16세기까지 광산 작업은 시계에 의해 엄격하게 규제되었다. 판사나 교사와 같은 많은 전문직 종사자들은 정해진 시간에 업무를 시작했으며, 중세 후기에는 옥스퍼드와 같은 대학에서 종종 제멋대로인 학부생들조차 정해진 시간표의 규율을 받았다. 여름에는 보통 오전 5시나 6시(겨울에는 오전 7시)에 강의가 시작되었고, 때로는 첫 강의가 3시간 동안 진행되어 오전 10시 이전에는 음식이 제공되지 않았다.[22] 수 세기에 걸쳐 식사 시간이 어떻게 변했는지 추적하는 것은 흥미롭다. 특히 일상생활에서 시계는 우리가 하루 중 어느 시간에 있는지 알려주는 것이 아니라 식사 시간을 알려주기 때문이다. 따라서 이제 일반적인 말투에서 '오후'는 시계에 따라 '정오' 이후 한 시간 또는 그 이상 후에 시작된다. 또한, 저녁 식사는 날이 갈수록 점점 더 늦어지는 경향이 있다. 이러한 역사적 경향에 대한 흥미진진하고 구체적인 내용은 아놀드 파머(Arnold Palmer)가 설명하고 있다.[23] 비록 시계의 규칙이 16세기 사람들 대부분에게는 오늘날의 우리보다 훨씬 덜 영향을 미쳤지만, 이 규칙은 이미 라블레(Rabelais)의 1535년 작품 『가르강튀아(Gargantua)』에서 진(Jean) 형제를 자극해서 '시간이 인간을 위해 만들어졌지 인간이 시간을 위해 만들어진 것이 아니다!'라고 불평하기에 이르렀다.[24]

르네상스와 과학 혁명기의 시간과 역사

달력 개혁

역사를 통틀어 시간의 궁극적인 표준은 천문학적 관측에서 파생되었다. 이 과정에서 그 기준은 지축을 중심으로 지구가 한 바퀴 회전하는 데 걸리는 시간의 분수로 시(時), 분(分), 초(秒)가 정의되는 것으로 이어졌다. 일상생활에서 태양에 대한 지구의 방위에 의해 자전을 결정하는 것이 편리한 것으로 밝혀졌기 때문에 '평균 태양일'은 알려진 모든 불규칙성에 대해 수정된 태양에 대한 지축에서 지구의 자전 기간으로 정의되었다. 지구의 공전 궤도는 대략적인 원 궤도이기 때문에 태양의 상대 속도는 실제로 균일하지 않다. 또한, 하늘에서 태양의 겉보기 운동은 천구의 적도(하늘에 투영된 지구의 적도)를 따르지 않으므로 결과적으로 적도와 평행한 태양의 운동 성분은 변한다. 그 결과, 일반적인 시간 측정을 위해 '평균 태양'은 실제 태양 속도의 평균값인 일정한 속도로 움직이는 것으로 정의된다. 평균 태양시와 시태양시(視太陽時)의 차이를 '균시차(均時差)'라고 한다. '균시차'는 1년에 4번, 즉 4월 15일, 6월 15일, 8월 31일, 12월 24일경에 사라진다. 시정오(時正午) 또는 해시 정오가 평균 정오를 앞서는 최대량은 11월 3일경에 약 16.5분이며, 평균 정오가 시정오를 앞서는 최대량은 2월 12일경의 약 14.5분이다. '평균 태양초'는 평균 태양일의 적절한 비율(1/86,400)로 정의된다.

일상생활에서는 태양에 대한 지구의 위치로 시간을 결정하는 것이 편리하다는 것을 알지만, 실제로는 별이 자오선을 가로지르는 것으로 시간을 결정하는 것이 더 정확하다. 자오선은 관측이 이루어지고 있는 지표면의 장소를 통과하는 경선(經線)을 하늘에 투영한 것이다. 동일한 별 또는 별들의 집단이 연속적으로 자오선을 가로질러 통과하는 시간 간격을 '항성일(恒星日)'이라고 한다. 1년에 항성일이 태양일보다 1일이 더 많아서 태양일은 항성일보다 약 4분 더 긴 데, 이는 200년 이상에 걸친 관측 덕택에 소수점 이하 10자리까지 주어지는 숫자로 변환될 수 있다.

계절과 달력이 의존하는 시간 단위를 '회귀년'이라고 한다. 이는 별들의 일반적인 배경(즉, 황도)에 대한 연간 경로가 춘분에 천구의 적도를 가로지르는 지점을 태양이 두 번 연속 통과할 때 그 사이의 경과 시간이다. 이는 하늘의 동일한 고정 지점을 태양이 연속적으로 통과하는 동안의 시간과 같지 않은데, 그 이유는 분점이 1년에 50초가 조금 넘게 역행(逆行)하기 때문이다. 이러한 '분점의 세차'는 지구 적도 팽대부에 작용하는 태양과 달의 중력 당김으로 인해 발생하며, 이에 따라 지축은 회전하는 팽이의 축처럼 약 25,800년의 주기로 세차 운동을 하게 된다. 분점의 세차는 고대 그리스 천문학자 히파르코스가 발견했는데, 정확한 달력 결정을 위해서는 이에 대한 정확한 지식이 필요하다. 고대에 회귀년의 길이는 (같은 장소에서) 그노몬의 그림자가 가장 짧은 연속적인 하짓날

정오에 의해 결정되었다. 반면에 항성년의 길이는 동일한 밝은 별의 연속적 헬리어컬 상승으로부터 얻을 수 있다. 현대적 측정에 따르면, 평균 태양일 단위로 회귀년은 365.2422일이고, 오늘날의 항성년은 약 365.2564일이다.

율리우스력의 기초가 된 회귀년의 추정치인 365.25일은 128년마다 하루가 추가되는 것과 동등한 11분을 약간 초과했다. 그 결과, 1582년에는 율리우스 카이사르 시대에 3월 25일이었던 춘분이 3월 11일로 역행했다. 게다가 325년 니케아 공의회의 결정에 따라 봄의 만월, 즉 3월 21일 또는 직후에 나타나는 만월 이후의 첫 번째 일요일에 기념해야 하는 부활절은 만월에서 점점 멀어져가고 있었다. 춘분을 3월 21일로 되돌리기 위해 교황 그레고리 13세는 저명한 예수회 수도사이자 교황의 천문학자인 크리스토퍼 클라비우스(Christopher Clavius)가 포함된 특별위원회의 조언에 따라 1582년 10월 4일 다음 날을 10월 15일로 지정하고(10월은 성일(聖日)과 다른 특별한 교회 일(日)이 가장 적은 달이었기 때문에 선택됨) 400의 배수인 연도를 제외한 모든 100년마다의 연도에는 윤년을 생략하도록 지시했다. 따라서 1600년은 윤년이고, 2000년도 마찬가지이지만, 그 사이에 있는 100년마다의 연도들은 윤년이 아니다. 또한, 연도는 1월 1일에 시작하도록 결정되었다. 새로운 달력은 페루자 대학의 의학 강사였던 루이지 기글리오(Luigi Giglio, 라틴어로는 알로이시우스 릴리우스(Aloisius Lilius))가 제안한 것이다. 릴리우스는 1576년에 사망했지만, 그의 형제 안토니오가 그의 계획을 교황에게 제출했다. 불행하게도 릴리우스의 원고는 인쇄되지 않았고 현재 유실된 상태이다. 클라비우스는 릴리우스가 '그토록 훌륭한 수정안의 주요 저자'였기 때문에 그를 불멸(不滅)의 자격이 있는 사람으로 여겼다. 이러한 문제들과 부활절 날짜 정하기에 대한 자세한 내용은 부록을 참조하라.

처음에는 가톨릭 국가만 그레고리력을 채택했다. 개신교 국가에서는, 일부 영향력 있는 지지에도 불구하고, '뱀의 마음과 늑대의 교활함'을 지닌 교황이 달력을 통해 다시 한 번 그리스도교도 전체의 지배를 은밀히

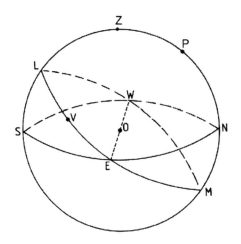

그림 5. 천구(天球). 행성, 위성, 혜성 등과 구별되는 '항성'은 너무 멀리 떨어져 있으므로 이는 태양 주변을 도는 지구의 공전 반지름보다 반지름이 매우 큰 구체 위의 고정된 점으로 묘사될 수 있다. 따라서 지구상의 모든 관찰자로부터 주어진 별까지의 선들은 같은 지점에서 '천구'로 알려진 이 구를 자를 수 있으므로 임의의 관찰자 O는 천구의 중심에 있는 것으로 간주할 수 있다. 지구의 일주 운동 때문에 천구는 지구의 북극과 남극을 연결하는 선을 중심으로 매일 회전하는 것처럼 보인다. 표준 수학 용어에 따라 천구의 중심이 O에 있는 임의의 원을 '대원(大圓)'이라고 한다. (지표면의 경도선은 대원이지만, 적도를 제외한 위도선은 그렇지 않고 소위 '소원(小圓)'을 그린다.) 위의 그림에서 대원 ENWS는 극이 천정점 Z에 있는 O의 지평을 나타낸다. 마찬가지로 대원 ELWM은 천구의 적도(지구의 적도를 천구 위에 투영한 것)를 나타낸다. 이것의 북극은 P에 있는데, 이른바 '북극성'이 그 근처에 있다. V는 춘분점, 즉 양자리의 첫 번째 점을 나타낸다. 황도, 즉 태양을 도는 지구 때문에 별의 일반적인 배경에 대한 태양의 겉보기 연간 경로를 천구에 대해 투영한 것은 천구 적도면을 약 23.5°의 각으로 절단하는 평면에 놓여 있으며, V를 통과하는 대원이다. 지구의 일주 회전축은 OP 방향에 놓여 있다. 천구는 O와 황도의 두 극을 연결하는 선을 중심으로 팽이와 같은 운동을 하며 회전한다. 이러한 '분점의 세차' 주기는 거의 26,000년이다.

추구하고 있다는 느낌이 널리 퍼져 있었다.[1] 오늘날에는 이러한 관점이 터무니없어 보이지만, 당시에는 그렇게 생각되지 않았다. 그레고리 13세는 종교 개혁에 반대하는 강력한 선동자였을 뿐만 아니라 스페인령 네덜란드의 개신교 신자들에게 무자비한 군사 행동을 하던 펠리페 2세를 전적으로 지지했으며, 1572년 프랑스 위그노교도(Huguenot)의 성 바르톨로메오(St. Bartholomew) 축일 학살을 기리기 위해 메달을 주조하도록 했기 때문이다. 그럼에도 불구하고, 그레고리 개혁에 찬성하는 개신교 천문학자, 특히 티코 브라헤(Tycho Brahe)와 케플러(Kepler) 같은 사람도 있었지만, 다른 사람들은 클라비우스가 달력 개혁에 관한 연구에서 충분한 과학적 엄격함을 적용하지 않았다고 생각했다. 1613년 레겐스부르크(Regensburg) 의회에서 케플러는 그레고리력이 교황 칙령을 수용하는 것이 아니라 오직 천문학자와 수학자의 계산 결과만 필요로 하는 것이라고 주장했다.[2] (그는 클라비우스를 지지하면서 '부활절은 축제이지 행성이 아니다. 여러분은 그것을 시, 분, 초로 결정해서는 안 된다.'는 점을 지적했다.) 그럼에도 불구하고 개신교 국가는 대부분 그레고리력을 채택하기로 결정한 1700년까지 반대를 유지했다. 하지만 잉글랜드와 아일랜드에서는 종교적 만큼이나 정치적이었던 반(反) 가톨릭 감정이 유럽 대부분의 지역에서 사용되는 날짜와 다른 날짜를 사용하는 불편함을 더 이상 참을 수 없을 때까지 50년이나 더 그레고리력 도입을 성공적으로 막았다. 그러나 이미 1583년에 엘리자베스 여왕이 가장 좋아하는 수학자이며 점성가이자 비밀 요원인 존 디(John Dee)는 코페르니쿠스의 자료를 사용해서 11일 수정안을 만들었는데, 그는 이것이 클라비우스가 제안한 그레고리력의 10일 수정안보다 더 정확하다고 주장했다. 천문학자 토마스 디게스(Thomas Digges), 헨리 사빌레 경(Sir Henry Savile), 체임버스

씨(Mr. Chambers)로 구성된 잉글랜드 수학 위원회는 디의 의견에 동의하면서도, 디에게는 유감스럽게도, 대륙과 동일한 달력을 채택하는 것이 실제로 더 편리할 것이라고 권고했다. 엘리자베스 여왕의 각료인 버글리와 월싱엄(Walsingham)은 디의 계획을 승인했지만, 새로운 달력이 가톨릭 신앙의 영향을 보여준다고 주장하는 주교들의 격렬한 반대 때문에 아무런 성과도 거두지 못했다. 마침내 1752년 9월에 디의 수정안이 채택되어 변경이 이루어졌을 때, 9월 3일은 9월 14일이 되었다.

잉글랜드에서는 중세 동안 12월 25일이 한 해의 시작일로 간주되었다가 12세기 후반에 이르러 그 대신 3월 25일이 채택되었다. 교회는 그날(성모의 날)이 성탄절을 정확히 9개월 앞둔 성모영보 대축일이기 때문에 그날에 한 해를 시작하기로 했다. 잉글랜드에서는 3월 25일 시작하는 해를 '서기(西紀)'라고 불렀다. 달력과 연감(年鑑)에서는 1월이 한 해의 첫 번째 달로 표시되었지만 모든 공식 문서는 1751년까지 '서기' 날짜 기재를 따랐다. 그 해에 공식 연도는 3월 25일 시작되어 12월 31에 끝났다. 그때부터 공식 연도는 1월 1일에 시작되었다. 이러한 변경은 1750년 법령으로 승인되었다. 그러나 여전히 4월 5일에 종료되는 과세연도에 대해서는 최소한의 변경만 이루어졌다. 새로운 방식의 달력에서 해당일은 이전 달력의 3월 25일에 해당한다. 스코틀랜드에서는 1600년부터 1월 1일에 한해가 시작되었다.

잉글랜드에서 통용되던 율리우스력에 따른 1582년과 1752년 사이의 날짜를 일부 주요 유럽 국가에서 사용되던 그레고리력의 해당 날짜와 비교하려고 할 때 혼란은 쉽게 일어날 수 있다. 예를 들어, 세르반테스(Cervantes)가 셰익스피어와 같은 날 사망했다고 주장할 수가 있다. 불행하게도, 이 놀라운 우연은 일어나지 않았다. 세르반테스는 마드리드에서 이미 사용하고 있던 그레고리력에 따라 1616년 4월 23일의 토요일에 사망했지만, 셰익스피어는 잉글랜드에서 여전히 통용되던 율리우스력에 따라 1616년 4월 23일의 화요일에 스트랫퍼드어폰에이번(Stratford-upon-Avon)에서 사망했는데, 이날에 해당하는 그레고리력 날짜는 1616년 5월 3일 화요일이므로 실제로 셰익스피어가 세르반테스보다 10일 더 살았다.

새로운 달력에 대한 가장 큰 반대는 동방 교회에서 일어났는데, 콘스탄티노플, 알렉산드리아 및 아르메니아의 총대주교들에 의해 격렬하게 표명되었다. 1923년이 되어서야 그리스, 루마니아, 러시아 정교회가 이를 채택했다. 그리스 북동부에 있는 아토스(Athos)산의 수도사들은 여전히 이를 받아들이지 않고 있다. 그곳에 있는 거의 모든 수도원은 현재 그레고리력보다 13일 늦은 율리우스력을 고수하고 있다. 게다가, 한 수도원의 수도사들은 여전히 일출이 항상 12시 정각에 일어나는 원래의 조지아 양식에 따라 하루의 시간을 계산하고 있다. 이 '성스러운 산'의 다른 모든 곳의 수도사들은 12시 정각의 일몰과 함께 오래된 튀르키예 방식을 따른다. 이 방식은 비잔틴 시대까지 거슬러 올라갈 뿐만 아니라 적어도 여행자가 자신의 회중시계를 통해 일광이 몇 시간이나 남아 있는지 알 수 있는 이점이 있다.[3] 셰틀랜드(Shetland)에서 서쪽으로 20마일 떨어진 폴라(Foula) 섬은 크리스마스나 섣달 그믐날과 같은 축제에 여전히 율리우스력을 사용하고 있다.

상용시(常用時)는 자연 현상에 기반을 두고 있지만, 고대 로마의 경우와 같이 종교적 고려 사항뿐 아니라 순전히 정치적 고려 사항도 달력 구성에 영향을 줄 수 있다는 것을 살펴보았다. 이에 대한 훨씬 더 최근의 사례는 루이 16세를 폐위시킨 후 국민 공회, 즉 프랑스 의회에서 완전히 새로운 달력을 도입하기로 했을 때 발생했다. 공화국이 선포된 날인 1792년 9월 22일에 1년이 시작되어야 한다고 선언되었던 것이다. 극작가 파브르 데글랑틴(Fabre d'Eglantine)에 의해 각각 30일인 새로운 12개월에 대해 맹월(萌月), 목월(牧月), 열월(熱月) 등과 같은 새로운 이름이 고안되었는데, 각 달은 3개의 '주(週)'로 나뉘고, 각 주는 10일로 나뉘었다. 연말에는 *상퀼로티드(Sansculottides)*, 즉 '바지의 날'이라고 불리는 5일간의 축제가 있었다. (*퀼로트(culotte)* 또는 반바지는 귀족 의복으로 간주되었고, 일반인들은 바지를 입었다. 상퀼로트는 원래 상류층이 하류층 반대자들에게 적용한 경멸적 용어였다.) 파브르에 따르면, 윤년(閏年)의 여섯 번째 추가일은 프랑스인이 '공화국 전역에서 자유와 평등을 축하하고, 민족적 형제애를 공고히 하며, 국가의 제단(祭壇)에 모든 사람의 이름으로 자유롭고 용감한 바지 입은 사람으로 살고 죽을 것을 맹세하는 바지의 날이 될 예정이었다.'[4] 파브르는 또한 동식물과 광물 및 농기구를 참조해서 연중 각 날짜의 이름을 고안하기도 했다. 미국의 정치가 존 퀸시 애덤스(John Quincy Adams)가 '심오한 학문과 피상적 경박함, 무종교와 도덕성, 섬세한 상상력과 거친 천박함의 부조화한 구성'[5]으로 묘사한 이 새로운 달력은 수명이 짧았다. 1806년 1월 1일에 이 달력은 나폴레옹에 의해 공식적으로 중단되었고 프랑스는 그레고리력으로 되돌아갔는데, 그레고리력은 불완전함에도 불구하고 여전히 세계에서 가장 널리 사용되는 달력이 되었다.

진자시계와 시계 같은 우주

중세 학자들은 일반적으로 기계에 관심이 없었지만, 천문학과의 특별한 연관성 때문에 기계식 시계에 점점 더 관심을 두게 되었다. 대부분의 지상 활동을 성공적으로 수행하기 위해서는 천체 및 천체 운동에 대한 올바른 지식이 필요하다는 것이 일반적인 믿음이었다. 별의 영향에 대한 이론은 17세기까지 대부분의 그리스도교 사상가들에 의해 받아들여졌다. 이 때문에 의학도는 환자가 병에 걸린 시간의 별자리를 뽑고 수술 등의 적절한 치료를 받을 수 있는 상서로운 시간을 정할 수 있도록 천문학과 점성술을 공부해야 했다. 점성술이 의학에 미치는 영향에 대한 흔적으로 오늘날까지 남아 있는 것으로는 바이러스 감염에 대한 이탈리아어 단어인 'influenza'가 있다. 이 단어는 예전에는 사악한 별에서 고통받는 사람에게 내려오는 악의적인 흐름에 인한 것으로 여기던 것이었다. 또 다른 어원학적 유물로는 'disaster'라는 단어를 들 수 있다. 원래 이 단어는 라틴어로는 *아스트럼*(astrum)인 별의 불길한 측면을 나타냈다. 카를로 치폴라(Carlo Cipolla)는 1473년에 한 작가가 만토바의 공공 시계는 '정맥 절개, 수술, 의복 제작, 토양 경작, 여행 및 이 세상에서 매우 유용한 것들을 위한 적절한 시기'를 보여주는 목적으로 사용되었다고 하는 주장에 주목했다.[6] 특히, 사람들은 별이 지평선 위로 처음 나타나는 순간에 태어나는 아이의 삶에 영향을 미치고, 아이가 태어나는 순간에 막 지는 별이 아이의 죽음의 상황에 영향을 미친다고 믿었다.

시계 장치 발명과 드 돈디 모형과 같은 우주의 기계적 모형에 대한 적용은 많은 사람들에게 강력한 영향을 미쳤다. 따라서 시계와 관련된 은유가 다양한 맥락에서 자연스럽게 사용되게 되었다. 예를 들어, 장 프루아사르(Jean Froissart)는 자신의 시(詩) 《사랑의 시계(L'Horloge amoureux)》(1380년경)에서 용기 있고 예의 바른 사랑의 다양한 측면을 시계의 다양한 부분과 비교하는 정교한 비유를 그렸다. 버지 앤 폴리오트 탈진기는 절제의 미덕과 관련이 있었는데, 이는 중세 기사(騎士)의 자제력이 미덕의 규범 중에서 가장 고귀했기 때문이다.[7] 의심할 여지없이 프루아사르는 이 시를 쓸 때 실제 시계를 염두에 두고 있었고, 만약 그렇다면 그것은 파리 왕궁에 있는 헨리 드 빅의 시계였을 것이다. 슬프게도 그 유명한 시계는 다음의 우스꽝스러운 운율에서 분명히 알 수 있듯이 조롱의 대상이 되었다.

그것은 궁전의 시계다.
그것은 자신이 원하는 방식대로 간다!

시계 장치 발명이 철학적 사고에 영향을 미치기 시작한 방식에 대한 특히 흥미로운 징후는 천체 운동이 동일 척도로 잴 수 있는지 아닌지에 관한 질문에 대한 프루아사르와 동년배인 니콜 오렘(Nicole Oresme, 1323~1382)의 논문에서 나타난다. 이 논문의 일부는 약분(約分) 가능성을 선호하는 산술과 그 반대인 기하학 사이의 우화적 논쟁 형태로 되어있다. 산술에서는 약분 불가능성과 무리수 비율이 우주의 조화를 훼손할 것이라고 주장한다. 그 이유는 다음과 같다. '누군가가 기계식 시계를 만들어야 한다면, 그는 가능한 한 모든 바퀴를 조화롭게 움직이려 하지 않겠는가?'[8] 이것은 시계 장치로 우주를 기계적으로 흉내 내는 초기의 예로서, 적어도 암묵적으로 우주 자체가 시계와 같은 기계라는 상관적(相關的) 개념을 암시한다.

이 개념은 17세기 과학 혁명에서 전면에 등장했다. 17세기 초에 케플러는 우주에 대한 오래된 유사(類似) 물활론적(物活論的) 마법의 개념을 구체적으로 거부하고, 우주가 시계와 비슷하다고 주장했다. 같은 비유를 한 사람 중에서는 로버트 보일(Robert Boyle, 1627~1691)도 있었다.

그는 신의 존재가 기적에 의해서라기보다는 세상의 정교한 구조와 대칭성에 의해, 즉 불규칙성이 아니라 규칙성에 의해 드러난다고 주장하는 구절에서, 우주가 때때로 끈을 잡아당겨야 하는 꼭두각시가 아니라 마치 모든 것이 아주 교묘하게 고안되어서 엔진이 일단 작동하면 모든 것이 장인(匠人)의 최초 설계에 따라 진행하고, 동작은 장인의 특별한 개입이나 그가 사용한 지적(知的) 매개물을 필요로 하지 않으며, 보편적이고 원초적인 전체 엔진 장치에 의해 특정한 경우에 자신의 기능을 수행하는 스트라스부르의 시계처럼 희귀한 시계 같은 것이라고 주장했다.[9]

보일의 말은 17세기 초 자석에 관한 길버트(Gilbert)의 책에서 여전히 뚜렷이 드러난 것과 같은 물활론적 세계관의 모든 흔적이 제거된 자연에 대한 개념임을 분명히 암시한다. 해당 세기 동안 자연에 대한 기계론적 개념의 발전에서 기계식 시계는 중심적 역할을 했다. 기계론적 철학 형성기의 가장 위대한 실천가로서, 『빛에 관한 논고(Traité de la lumière)』의 첫 번째 장에서 진정한 철학에서는 모든 자연 현상이 '*기계적인 이유로 (par des raisons de mechaniques)*' 설명된다고 선언했던 네덜란드 과학자 크리스티안 하위헌스(Christiaan Huygens, 1629~1695) 또한 기계식 시계를 정밀 기기로 변환하는 데 기여했다는 것은 분명 우연이 아니었다.

이러한 발전은 정확한 시간 측정을 목적으로 쉽게 조정할 수 있는 자연적인 주기 과정의 발견에 기반을 두고 있다. 진동하는 진자를 이용한 실험에 관한 많은 수학적 사고의 결과, 갈릴레이(1564~1642)는 각각의 단진자는 길이에 따른 고유 진동 주기를 갖는다는 결론에 도달했다. (오늘날의 과학사가들은 이 중요한 발견의 우선권을 프랑스 과학자 마랭 메르센(Marin Mersenne, 1588~1648)에게 부여한다.) 노년에 갈릴레이는 진동수를 기계적으로 기록할 수 있는 시계 장치에 진자를 적용하는 것을 고려했다.

최초의 진자시계는 천문 관찰을 통해 이전에 사용할 수 있었던 것보다 더 정확한 시간 측정기의 필요성을 느꼈던 하위헌스의 이론적 연구를 기반으로 했다. 1657년 6월 네덜란드 공화국 정부는 헤이그의 살로몬 코스터(Salomon Coster)에게 하위헌스의 발명을 기반으로 하는 시계를 그 나라에서 21년 동안 제작하고 판매할 수 있는 독점권을 부여했다. 하위헌스는 2년 후에 이론적으로 완벽한 등시성(等時性), 즉 진동의 균일성은 추(錘)의 궤적이 사이클로이드 호(弧)가 되도록 함으로써 달성될 수 있다는 것을 발견했다. (사이클로이드는 직선을 따라 미끄러짐 없이 구르는 원형 바퀴 위의 점이 그리는 곡선이다.) 하위헌스의 업적은 이론적 관점에서 훌륭했는데, 특히 1673년 파리에서 출판된 유명한 논문 『진자시계(Horologium oscillatorium)』에서 그가 언급했듯이, 더 정확한 시간 측정 문제의 실질적 해결책은 새로운 유형의 탈진기 발명과 함께 이루어졌다.

하위헌스의 시계는 버지 유형을 통합했지만, 1670년경에는 진자의 자유 운동이 덜 방해받는 훨씬 개선된 유형인 앵커(anchor) 유형이 발명되었다. 이 발명이 누구에게 귀속되는지는 분명하지 않지만, 존 스미스(John Smith)는 1694년의 『시계 제조법 논설(Horological Disquisitions)』에서 이를 런던의 시계 제작자 윌리엄 클레멘츠(William Clements)에게 돌렸다. 이러한 형태의 탈진기에서는, 방탈(防脫) 장치의 톱니가 앵커의 한쪽 끝에 있는 바퀴 멈추개에서 빠져나옴에 따라 반대쪽 톱니가 앵커의 반대쪽 끝에 있는 바퀴 멈추개와 맞물린다. 그러나 진자와 앵커 유형의 탈진기가 통합된 시계가 만족스럽게 기능하기 위해서는 평평한 표면에 놓여야 했으므로, 결과적으로 휴대할 수 있는 가정용 시계에서는 버지 탈진기가 유지되었다.

17세기의 일반적인 해시계 중에는 아무리 잘해도 30초 이내의 오차로 정확하게 시간을 표시할 수 있는 시계가 거의 없었지만, 천문학자가 아닌 사람에게 해시계는 괘종시계나 회중시계를 확인하는 현지 시각의 중재자로 남아 있었다. 시계 제조 기술에 관한 최초의 종합 과학 논문인 윌리엄 더럼(William Derham)의 『인공 시계 제작자(Artificial Clockmaker)』(1696년 초판본)에서 태양이 하늘에 낮게 떠 있을 때 대기 굴절의 영향에 대한 해시계 판독 값을 수정해야 할 필요성에 관심이 쏠렸다.

초기 회중시계는 용수철에 의해 구동되었지만, 균형 바퀴에는 제어 용수철이 없었다. 괘종시계용 수평 막대인 폴리오트와 회중시계용 균형 바퀴 모두 실제로 고유하고 규칙적인 운동을 하지 않았으므로 이에 따라 시간을 정확히 측정하는 속성도 없었다. 그러나 중력 하에서 진자의 진동 속도와 용수철이 제어하는 균형 바퀴의 운동은 모두 주기적이다. 진자 발명이 시계를 사용한 시간 측정 방법을 개선한 것처럼, 1675년경의 균형 용수철 발명은 회중시계의 정확도에 유사한 개선을 가져왔다. 로버트 후크(Robert Hooke, 1635~1704)와 하위헌스는 각각 균형 용수철을 발명했다고 주장했다. '변형은 장력에 비례한다(ut tensio, sic vis)'는 용수철 법칙은 확실히 후크에게 귀속될 수 있는데, 1678년 그가 발표한 이 법칙은 그의 이름을 따서 명명되었다. 한편, 하위헌스는 실제로 나선형 균형 용수철을 만들었는데, 이에 대한 아이디어는 후크가 처음 생각했지만, 후크가 '정보 밀매업자'라고 비난했던 왕립 학회의 간사 헨리 올덴버그(Henry Oldenburg)에 의해 하위헌스에게 전해졌다! 우리는 하위헌스가 분명히 균형 용수철이 부착된 회중시계를 제작하기는 했지만, 후크는 자신의 주장을 정당화할 수 있을 만큼 충분히 자신의 통찰력을 따라가지 못했던 독창적 발명가였다는 풍부한 근거가 있다는 결론만 내릴 수 있을 뿐이다. 시계 제조법에 대한 후크의 공헌에 관한 문제는 과학사가인 루퍼트 홀(Rupert Hall)이 주의 깊게 검토했다.[10]

17세기 후반에 기계식 시계의 정확도가 크게 향상된 것은 중대한 진전이었다는 점에는 의심의 여지가 없다. 이것이 궁극적으로는 과학 기술 전반에 걸쳐 정확한 측정의 중요성을 인식하도록 이끌었기 때문이다.

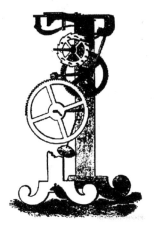

그림 6. 갈릴레이의 진자시계 그림. 1637년 갈릴레이는 진동수를 세기 위해 진자로 작동되는 바퀴 열을 고안했지만, 진자는 손으로 제어해야 했다. 그는 사망하기 1년 전인 1641년 진자 자체를 시계로 사용할 수 있는 방법을 고려했다. 1649년 그의 아들 빈센치오는 아버지의 설계를 바탕으로 시계를 제작하려고 했지만, 완성 전에 사망했다. (그의 개인 자산 목록에는 미완성 진자시계가 포함되어 있었다.) 1659년 갈릴레이의 친구이자 전기 작가인 비비아니(Viviani)가 갈릴레이의 아이디어에 기초해서 그린 시계 그림을 그의 제자 중 한 명이자 투스카니(Tuscany) 대공의 형제인 레오폴드 데이 메디치(Leopold dei Medici) 왕자가 프랑스 천문학자 이스마엘 불리아우(Ismael Boulliau)에게 보냈다. 불리아우는 1660년 1월에 이를 받아 자신의 친구인 크리스티안 하위헌스에게 전달했다. 그림은 이를 재현한 것이다. 갈릴레이의 진자시계는 하위헌스가 보유하고 있던 전통적인 버지 유형보다 우수한 새로운 유형의 탈진기를 포함하고 있다. 한 번 진동할 때마다 진자는 상단의 바퀴를 하나의 돌출 핀에서 다음 핀으로 밀어낸다.

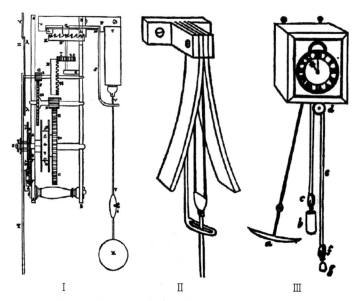

그림 7. 1637년의 하위헌스 진자시계. 하위헌스의 진자시계와 관련된 이 그림들은
1673년 왕립 출판사 *Cum Privilegio Regis*의 지원으로 파리에서 출간된 『진자시계
또는 시계에 적용된 진자의 운동에 관한 기하학적 설명(Horologium Oscillatorium: Sive
de Motu Pendulorum at Horologia Aptato Demonstrationes Geometricae)』의 4쪽에
있으며, 루이 14세에게 헌정되었다. 그림 I은 버지 탈진기가 완비된 괘종시계 구조를,
II는 진자의 진동을 제어하는 사이클로이드 볼을, III은 괘종시계 외관을 보여준다. 하위헌스
의 이전 괘종시계와 달리 이 괘종시계에서는 진자가 사이클로이드 볼 사이에 걸려 있어서
진동 시간이 정확한 시간 측정을 위한 중요한 특성인 진동 각도의 크기와 무관하다.

또한, 정확한 기계식 시계의 발명은 시간 자체의 개념에 엄청난 영향을
미쳤다. 그 이유는, 불규칙하게 작동하던 이전 시계와 달리, 개선된 기계
식 시계는 적절히 조절되면 몇 년 동안 균일하고 지속적으로 똑딱거리고,
이에 따라 시간의 균질성과 연속성에 대한 믿음을 크게 강화했을 것이기
때문이다. 따라서 기계식 시계는 기계적 우주 개념뿐만 아니라 현대적
시간 개념의 원형(原形) 도구였다. 이에 대한 훨씬 더 광범위한 영향력에
대해서는 루이스 멈퍼드가 주장했는데, 그는 '이것은 인간의 사건들로부

터 시간을 분리하고 수학적으로 측정 가능한 순서를 갖는 독립적인 세계, 즉 과학이라는 특별한 세계에 대한 믿음을 만드는 데 도움이 되었다'고 지적한다.[11]

앞서 유명한 스트라스부르 시계를 언급하면서 보일이 '일단 엔진이 작동하면 모든 것이 장인의 최초 설계에 따라 진행된다'라고 말했다는 것을 살펴보았다. 시계의 경우, '설계'는 그 기계장치의 작동을 말하며 목적론적 의미는 없다. 기계적 우주 개념은 이 점에서 시계와 같았으며, 중세 자연 철학자들에게 지대한 영향을 미친 아리스토텔레스의 우주 개념과는 현저한 대조를 이룬다. 그것은 아리스토텔레스가, 자신의 견해로는, 무생물과 생물 모두가 열망하는 완전히 발달된 형태에 부여한 중요성에 근거한 것이었다. 결과적으로 그에게는 시간적 순서보다는 사물의 본질이나 특별한 속성이 과학적 조사의 주요 대상이었다. 이러한 사고방식은 17세기에 비난을 받게 되었다. 이 사고방식으로는 아무것도 설명하지 못한다는 느낌이 점점 들었기 때문이다. 아리스토텔레스와 그의 중세 추종자들의 견해를 거부한 과학자들은 *임시*(ad hoc) 특성을 가정하는 대신 자연 현상을 설명하기 위해 가상의 역학적 계를 도입했다. 그러한 계가 주어진 초기 조건으로부터 작동하는 한, 그것은 시계와 어느 정도의 유사성을 갖는다. 시계가 정확한 시간을 나타내려면 그 기계장치가 제대로 작동해야 할 뿐만 아니라 사전에 시곗바늘이 올바르게 설정되어 있어야 한다. 비유는 순전히 기계론적으로 또는 수학적으로 고려될 수 있다. 수학적으로 고려되는 경우, 목적은 주어진 초기 조건으로부터 시간에 따른 물리적 계의 경로를 계산하는 것이다.

이는 1687년 출판된 『프린키피아(Principia)』에서 뉴턴이 개발한 중력 이론에서 채택한 방법이었는데, 그 전체 제목은 명확히 '자연 철학의

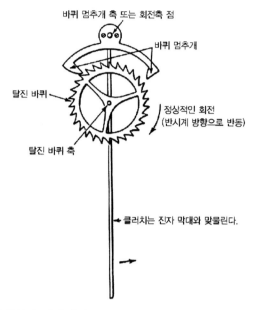

바퀴 멈추개 축 또는 회전축 점

바퀴 멈추개

탈진 바퀴

정상적인 회전
(반시계 방향으로 반동)

탈진 바퀴 축

클러치는 진자 막대와 맞물린다.

그림 8. 앵커 탈진기. 앵커 탈진기는 뾰족한 톱니가 있는 바퀴와 축에서 같은 거리에 있는 두 개의 바퀴 멈추개를 운반하는 앵커로 구성되어 있으며, 두 바퀴 멈추개는 각각이 다른 바퀴 멈추개의 작용에서 벗어날 때마다 바퀴의 톱니를 연속적으로 잡아준다.

수학적 원리'를 지칭했다. 벤틀리(Bentley)에게 보낸 편지 중 하나에서 그가 말했듯이, '중력은 특정 법칙에 따라 끊임없이 작용하는 작인(作因)에 의해 야기되어야 하지만, 이 작인이 물질인지 비물질인지 여부는 독자의 고려에 맡겼다.' 대륙의 주요 비평가인 하위헌스 및 라이프니츠(Leibniz)와 달리 뉴턴은 적어도 『프린키피아』에서는 중력을 기계론적으로 설명하는 문제를 기꺼이 우회했다. 그 대신에 그는 시간을 독립 변수 삼아 중력 현상을 설명하고, 예측할 수 있는 수학적 운동 법칙과 중력 법칙을 공식화했다.

뉴턴이 사용한 수학적 시간이라는 특별한 개념은 시간과 기하학적 직선 사이의 유비(類比)에 기반을 두고 있었다. 이러한 유비가 갈릴레이와 그 이전의 다른 사람들, 특히 14세기의 니콜 오렘에 의해서도 사용되었지만, 이에 대한 최초의 명시적 설명은 뉴턴의 전임자였던 케임브리지 대학의 수학 교수 아이작 배로(Isaac Barrow)가 1670년 출판한 『기하학 강의(Geometrical Lectures)』에서 주어졌다. 배로는 갈릴레이의 제자 토리첼리(Torricelli)가 개발한 기하학의 운동학적 방법에 깊은 인상을 받았다. 이 방법을 이해하기 위해서는 시간을 연구해야 한다는 것을 깨달은 배로는 특히 시간과 운동의 관계에 관심을 가졌다. '시간은 그 절대적이고 본질적인 본성에 관한 한 운동을 의미하지 않는다. 더 이상 정지를 의미하는 것도 아니다. 사물이 움직이든 가만히 있든, 우리가 잠을 자든 깨어있든, 시간은 자신의 길의 일정한 행로를 추구한다.' 그는 시간을 본질적으로 하나의 선(線)과 유사성이 큰 수학적 개념으로 간주했다. '시간은 길이만 있고, 그 모든 부분이 유사하며, 연속적인 순간들의 단순한 추가 또는 한순간의 연속적인 흐름으로 구성되는 것으로 간주할 수 있기 때문이다.'[12] 배로의 진술은 갈릴레이의 어떤 진술보다도 더 나아간다. 갈릴레이는 특정 시간 간격을 나타내기 위해 선분(線分)만 사용했기 때문이다.

배로의 견해는 뉴턴에게 큰 영향을 미쳤다. 특히 사물이 움직이든 정지해 있든, 우리가 잠을 자든 깨어있든 관계없이, '시간은 자신의 길의 일정한 행로를 추구한다'는 배로의 생각은 뉴턴의 『프린키피아』 서문에 나오는 다음과 같은 유명한 정의(定義)에 반영되어 있다. '절대적이고 참되며 수학적인 시간은 그 자체로, 그리고 그 자체의 본성으로부터, 외부의 어떤 것과도 관계없이 동등하게 흐른다.' 뉴턴은 절대 시간의 순간들을 기하학적 선 위의 점들과 같이 연속적인 배열을 형성하는 것으로 간주했으며, 이러한 순간들이 서로 계승하는 속도는 모든 특정 사건

및 과정과 무관하다고 믿었다.

　뉴턴이 그 자체로 존재하는 절대 시간이라는 개념을 채택한 것은 부분적으로는 진정으로 정확한 실제 시간 척도를 결정하는 데 있어서의 어려움을 보상하기 위한 근본적인 이론적 시간 척도가 있어야 한다는 믿음 때문이었다. 그 이후로 발견되고(238~240쪽 참조) 뉴턴 자신이 깨달은 것처럼 보이는 바와 같이, 결국 우리는 관찰된 지구 또는 천체 운동으로부터 진정으로 근본적인 시간 척도를 얻을 수 없다. 그런데 뉴턴이 내린 정의의 어려움 중 하나는 시간을 측정하는 실용적 수단을 얻기 위해 이를 사용할 방법이 없다는 것이다. 이 개념은 또한 시간에 흐름의 기능을 부여했기 때문에 철학자들에 의해 비판을 받아왔다. 시간이 흐르는 것이라면, 시간 자체는 시간에 따른 일련의 사건으로 구성될 것인데, 이는 무의미하기 때문이다. *시간 자체는 시간에 따른 과정일 수 없다.* 게다가, '시간은 동등하게 또는 균일하게 흐른다'라고 말하는 것은 무엇을 의미하는가? 이것은 시간이 항상 같은 속도로 흐르도록 시간의 흐름 속도를 제어하는 무언가가 있음을 암시하는 것처럼 보인다. 그런데 '외적인 것과 무관한' 시간이 존재한다면, 시간의 흐름 속도가 균일하지 않다고 말하는 것에는 어떤 의미를 부여할 수 있는가? 불균일한 흐름의 가능성에도 아무런 의미를 부여할 수 없다면, 그 흐름이 '동등하다'고 규정하는 것의 요점은 무엇인가?

　절대 시간의 순간이 그 자체로 존재할 수 있다는 것은 이제 일반적으로 과학자과 철학자에 의해 불필요한 가설로 간주되고 있다. 사건들은 같은 순간의 시간을 점유하기 때문이 아니라 함께 일어나기 때문에 동시적인 것이다. 동시적이지 않은 임의의 두 사건은 한 사건이 다른 사건 이전에 발생하기 때문에 명확한 시간적 순서가 있는 것이지 하나가 다른 하나보다 더 빠른 다른 순간의 시간을 점유하기 때문이 아니다. 다시 말해서, 사건으로부터 시간이 도출되는 것이지, 시간으로부터 사건이 도출되는 것이 아니다. 이는 뉴턴과 동시대인이었으며 순간의 시간이 사건과 무관하게 존재할 수 있다고 믿지 않았던 라이프니츠가 택한 관점이었다. 그는 자신의 '충분 근거의 원리'에 기초해서 이에 관해 주장하고 있는데, 이 원리에 따르면 그렇지 않은 것보다 그래야 하는 이유가 없이는 아무 일도 일어나지 않는다. 그는 왜 신이 1년 더 빨리 만물을 창조하지 않았느냐고 묻는 사람의 경우를 고려해서 시간에 이 원리를 적용하고 이로부터 신이 다른 것보다도 그렇게 할 이유가 있을 수 없을 만한 일을 했다고 추론했다. 라이프니츠의 대답은 시간이 일시적인 사물과 별개인 것이라면 추론은 참일 것이라는 것이다. 그 계승이 동일한 것을 유지할 때 그것이 다른 것이 아닌 특정 순간에 적용되어야 할 이유가 있을 수 없기 때문이다. 그러나 이것 자체는 사물과 별개인 순간은 아무것도 아니며, 순간은 사물의 연속적인 순서로만 구성된다는 것을 증명한다. 만약 이것이 그대로 유지된다면, 상태 중 하나(예를 들어, 창조가 1년 전에 일어났다고 상상되었던 상태)는 다른 상태와 전혀 다르지 않을 것이므로 구별될 수 없을 것이다. 라이프니츠의 관점에서 *시간은 현상의 계승 순서*이므로 현상이 없다면 시간도 없을 것이다.[13]

시간의 본질 및 물리적 존재를 포함한 다양한 존재 형태와 시간과의 관계는 17세기 훨씬 이전부터 고려되었는데, 특히 성 토마스 아퀴나스(St. Thomas Aquinas, 1224~1274)는 방대한 『신학대전(Summa theologica)』에서 세 가지 종류의 '시간'을 논의했다. 엄밀한 의미에서, 그는 시간을 명확한 시작과 끝이 있는 연속적인 상태로 간주했다. 이것은 오직 지상의 물체와 현상에만 적용된다. *모든 것이 동시에(tota simul)* 존재하는 영원성은 본질적으로 '시간을 초월한' 것이며 오직 신의 특권이다. *에붐* (*aevum*)이라고 불리는 세 번째 개념은 원래 6세기의 철학자 보에티우스 (Boethius)에 기인한 것으로, 시간과 마찬가지로 시작은 있지만, 시간과 달리 끝이 없다. 아퀴나스는 이것을 천사, 천체 및 이데아 또는 *원형적 세계*(*archetypum mundum*)의 '시간적' 상태로 간주했다.

뉴턴과 라이프니츠는 물리적 시간의 본질에 관한 견해차에도 불구하고, 다른 측면에서는 물리적 시간의 개념에 대한 생각이 비슷했다. 둘 다 시간은 보편적이고 고유하며, 우주는 일련의 상태들로 구성되어 있고, 각 상태는 순간적으로 존재하며, 연속적인 순간들은 무한히 펼쳐진 직선상의 점들의 순서와 같다고 믿었다. 이는 20세기 초 아인슈타인 (Einstein)의 특수 상대성 이론이 등장할 때까지 자연 과학을 지배했던 시간 개념이었다.

시간에 관한 뉴턴의 견해는 물질세계에 국한된 것이 아니라 인류 역사와 예언에까지 확장되었다. 동시대의 많은 사람들처럼 그 또한 세상이 종말을 맞이하고 있다고 믿었다. 그는 1680년의 혜성이 방금 지구를 살짝 빗나갔다고 확신했으며, 요한 묵시록과 다니엘 예언서에 대한 주석에서 세계 종말이 오래 지체될 수 없다고 주장했지만, 날짜를 정했던 천년 왕국 신도들이 한 예언을 회피하기 위해 주의를 기울였다. 그와 동시대인이자 동료 과학자인 로버트 보일 또한 다음과 같이 믿었다. '현재의 자연 과정은 항상 지속되는 것이 아니라 언젠가 이 세상은 … 적멸 (寂滅)해서 없어지거나, 더 개연성 있게는, 개혁되고, 말하자면 변형될 것이고, 그러한 불의 개입으로 자연의 현재 틀은 해체되고 파괴될 것이다.'[14]

뉴턴 사후인 1728년 출판된 『개정 고대 왕국 연대기(Chronology of

Ancient Kingdoms amended)』와 더불어 1733년 출판된 『다니엘 예언서와 요한 묵시록에 대한 평론(Observations upon the Prophecies of Daniel and the Apocalypse of St. John)』은 『프린키피아』에서 제시한 세계의 물리적 역사의 대응물이 되도록 의도한 인류의 보편적 역사를 제공하는 것으로 간주될 수 있다. 1700년경에 이르러 연대기는 성서의 신빙성과의 관련성으로 인해 많은 사상가들의 주요 관심사가 되었다. 우리에게 전해져 내려오는 구약성서에는 날짜가 없다. 비드는 천지창조와 현현 사이의 간격을 3,952년으로 계산했다. 이에 앞서 에우세비우스는 5,198년이라는 값을 얻었다. 1660년경에는 구약성서의 어떤 판본과 어떤 계산 방법을 사용하느냐에 따라 적어도 50개의 다른 날짜가 천지창조에 할당되었다.[15] 아마(Armagh)의 대주교 제임스 어셔(James Ussher, 1581~1656)는 기원전 4004년 10월 23일을 제안했고, 단치히(Danzig)의 천문학자 요하네스 헤벨리우스(Johannes Hevelius, 1611~1687)는 1690년에 사후 출판된 『천문학의 선구자(Prodromus astronomiae)』에서 정확한 시간을 기원전 3,963년 10월 24일 저녁 6시로 계산했다.[16] 그러나 뉴턴은 천지창조의 구체적인 날짜를 지정하지 않도록 주의했다.

뉴턴은 생애 마지막 30년의 상당 기간을 세심한 연대기 연구에 바쳤고, '아르고선(船) 대원들의 원정 날짜'와 같이 자신이 주요 날짜로 간주하는 날짜들을 결정하려고 했다. 그는 필요할 때마다 참고문헌을 사용했지만, 가능한 한 천문 기술을 사용하는 것을 선호했다. 특히 그는 분점의 세차를 정확하게 결정함으로써 연대기를 과학적 기반 위에 둘 수 있다고 생각했다. 이것의 도움으로 그는, 만약 분점인 시점에 항성에 대한 태양의 위치에 관한 기록을 찾을 수 있다면, 원칙적으로 모든 과거 사건의 연대를 정할 수 있다고 믿었다.

뉴턴은 1675년 12월 7일 올덴버그에게 보낸 편지에서 '자연은 끊임없이 순환하는 일꾼'이라는 자신의 신념을 분명히 밝혔다. 나중에 그는 세계의 '운동의 양'이 저절로 감소하는 경향이 있다고 주장했지만, *신이 이를 바로잡기 위해 개입하지 않는 한*, 이 단서는 우주의 본성이 본질적으로 시계와 같다는 자신의 지속적인 믿음을 드러낸다. 그의 견해에 따르면, 시계 제작자가 때때로 시계가 올바르게 읽히도록 재설정해야 하는 것과 같은 방식으로 실제로 신(神)이 자연 세계의 작동을 조정하기 위해 때때로 개입할 필요가 있었다.

시간과 역사에 대한 16, 17세기의 태도

16세기에 사람들은 시간의 파괴적 측면에 집착하는 경향이 있었다. 르네상스 시기에 시간에 대한 전형적인 형상은 모래시계와 낫을 든 파괴자였다. 시간에 대한 이러한 태도는 셰익스피어, 특히 그의 소네트와 『루크리스의 능욕(The Rape of Lucrece)』 133소절에서 볼 수 있다.

> 보기 흉한 시간아, 추악한 밤의 공범자요,
> 재빠르고 교묘한 파발마이며, 소름 끼치는 흉사를 전하는 자이고,
> 젊음을 갉아먹는 자이자, 잘못된 쾌락의 잘못된 노예이며,
> 슬픔을 구경하는 천박한 자이자, 죄악의 짐마차, 미덕의 올가미여,
> 너는 모든 것을 양육하고 나서, 그 모든 것을 죽이노라.
> 아, 내 말을 들어라, 사람을 해치는 시간이여!
> 내가 죄를 짓게 하였으니, 나에게 죽음을 저질러다오.*

---

* 역자 주: 원문은 다음과 같다. Mis-shapen Time, copesmate of ugly Night, / Swift subtle post, carrier of grisly care, / Eater of youth, false slave to false delight, / Base watch of woes, sin's pack-horse, virtue's snare, / Thou nursest all and murder'st all that are: / O, hear me then, injurious, shifting Time! / Be guilty of my death, since of my crime.

셰익스피어의 소네트에서 시간은 '영문학에서 필적할 수 없는 다성적(多聲的) 웅장함'으로 묘사되어 온 것으로 취급된다. 어떤 면에서 시간에 대한 그의 태도는 우리와 매우 다른 것처럼 보인다. 예를 들어, 우리는 그가 항상 희곡을 쓰고 있던 것으로 생각하고 싶어라 하지만, 그 자신이 그렇게 생각했을 가능성은 거의 없다. 그의 시대에 연극은 평균 공연 횟수가 5회를 넘지 않았고, 재상연도 거의 하지 않았으며, 인쇄도 거의 하지 않았다. 셰익스피어는 후세를 위해서가 아니라 자신의 고향인 스트랫퍼드어폰에이본에서 편안하게 은퇴할 수 있을 만큼 충분한 돈을 벌기 위해 희곡을 썼을 것이다. 저명한 튜더(Tudor) 왕조의 역사가는 셰익스피어가 살던 당시에는 '어떤 극작가도 자신이 항상 글을 쓰고 있다고 생각할 수 없었다. 엘리자베스 여왕 시대의 사람들은 현재에 살았다.'라고 지적했다.[17] 그들에게 *예술은 길고, 인생은 짧다*(ars longa, vita brevis)는 무의미했을 것이다.

셰익스피어의 시간에 관한 관심은 개인적 수준에 불과했지만, 그와 동시대 사람인 에드먼드 스펜서(Edmund Spenser)는 천문학적 수준을 포함한 모든 수준에서 시간에 집착했다.[18] 교부(敎父)들은 역사를 끝없는 순환의 연속으로부터 천지창조에서 구원까지 나아가는 전체 우주의 비전으로 전환했지만, 16세기 천문학에서는 여전히 원(圓)의 형상이 인간 사상을 지배했다. 이는 시간에 대한 깊은 관심에도 불구하고 본질적으로 과거 지향적 인물이었던 스펜서에게 큰 영향을 미쳤다. 그의 시에서 시간의 역할에 대해 최근의 권위자가 언급했듯이, 스펜서는 '인간의 필멸과 모든 피조물의 부족함은 은혜로 인해 시간이 멈출 때까지 순환적 재발(再發)이 또 다른 측면인 전체 상황 중 하나의 측면일 뿐'이라고 믿었다.[19]

셰익스피어의 또 다른 동시대 사람인 월터 레일리 경(Sir Walter Raleigh) 또한 시간의 약탈 행위에 크게 관심을 가졌다. 그는 우주의 객관적 질서가 역사 속에 계시(啓示)되었으며, 그것이 인간의 삶의 의미와 목적에 대한 비전을 제공한다고 믿었다. 그는 런던 타워에 갇혀 있던 도중인 1608년에서 1614년 사이에 쓴 방대한 『세계사(History of the World)』를 제임스 1세에게 헌정했으나, 학식은 있지만 성미 급한 이 군주는 기뻐하는 대신 이 책이 '왕자들을 비난하는 데 있어서 너무 버릇없다'고 불평했다! 이 책에는 그의 시간에 대한 집착, 특히 자신의 삶의 시간적 규모와 자신이 착수한 광대한 사업 사이의 통렬한 대조로 가득 차 있었다. 그는 아담의 타락에서 카르타고의 몰락까지의 기간을 다룬 후 책을 미완성인 채로 남겼지만, 1829년의 재판본(再版本)은 2700쪽이 넘는다. 우주적 시간의 의미를 잘 알고 있던 그는 전 세계가 점점 더 나빠지는 경향이 있다고 확신했다. 이러한 믿음을 유지하면서 그는 거의 전적으로 과거 지향적이었던 르네상스와 종교 개혁 시대의 사상가와 저작자들의 지배적인 의견에 대체로 동의했다. '우주적 몰락'의 의미에 대한 감각에 압도된 그들은 돌이킬 수 없는 쇠퇴가 뒤따르는 원초적 '황금시대'의 존재를 믿는 경향이 있었다. 이러한 견해에 대한 가장 극명한 표현 중 하나는 1545년 창세기에 대한 주석에서 마틴 루터(Martin Luther)가 한 다음과 같은 표현이었다. '세상은 매일 퇴화하고 악화되고 있다. … 아담에게 가해진 재앙은 … 우리에게 가해진 재앙에 비하면 가벼웠다.' 루터는 또한 대홍수 이후 땅의 나무와 과일은 '처음 창조되었을 때 지구가 생산했던 이전의 부(富)의 비참한 잔재에 불과하다'고 불평했다.[20]

16세기의 과거 지향적 경향은 이탈리아의 조르지오 바사리(Giorgio

Vasari, 1511~1564) 등이 창안한 *리나시타(Rinascita)*, 즉 '르네상스'라는 단어에 나타나는데, 이는 새로운 것의 도입이 아니라 오래된 것의 부활을 의미했다. 해당 세기 후반 스페인의 펠리페 2세, 잉글랜드의 엘리자베스 1세, 프랑스의 앙리 4세와 같은 통치자들은 스스로를 창시자 혹은 혁신가가 아니라 옹호자 혹은 유지자로 생각했다. 실제로 프랑스 군주의 전기 작가가 지적한 바와 같이, '그러한 태도로 인해 앙리 4세는 명사집회(名士集會)에서 자신을 "프랑스 국가의 해방자이자 복원자"라고 묘사하게 되었다.'[21] 이 통치자들은 자신들의 개혁을 과거의 원래 모델로의 회귀로 간주했다.

마찬가지로, 16세기의 가장 위대한 수학자 비에타(Vieta 또는 François Viète)는 혁신(革新)을 개량(改良)으로 간주했다. 게다가 중세 서양의 수많은 기술적 진척조차도 기술적 진보라는 일반적인 개념으로 이어지지 않았다.

르네상스 시대의 사람들은 거의 모든 것이 시간과 함께 변하므로 이에 따라 역사가 있다는 것을 점점 더 인식하게 되었다. 그러나 중세에는 그리스도교 교리의 중요성으로 인해 역사의 선형적 해석이 강조되었던 반면, 르네상스 시대에는 세속적 역사에 더 집중했기 때문에 순환적 견해가 현저히 부활했다. 고전 고대로부터 살아남은 문학과 그 대부분을 특징짓는 순환적 관점에 더 큰 관심이 쏠렸다. 예를 들어, 바사리는 『화가, 조각가, 건축가들의 삶(Lives of the Painters, Sculptors, and Architects)』에서 미켈란젤로 이후 예술이 더 발전하기보다는 쇠퇴할 가능성이 더 크다고 당연히 생각하여 예술사에서 이 개념을 선호했다. 더 놀랍게도, 과학적 진보의 예언자인 프랜시스 베이컨(Francis Bacon, 1561~1626)도 자신의 마지막 에세이 중 하나인 『사물의 추이(推移)에 관하여(Of

Vicissitude of Things)」에서 대체로 다음과 같은 순환적 역사관을 고수했다.

> *청년기의 국가에는 군대가 번성하고, 중년기의 국가에는 학문이 번창한다. 그리고 그 안에서 둘 다 한동안 함께 번성한다. 쇠퇴기의 국가에는 독창성 없는 예술과 상품이 번성한다. 학문에는 그 시작에 불과할 때의 유치한 유아기가 있고, 그 후 화려하고 힘이 넘치는 청년기가 있으며, 그런 다음 확실하고 정리된 세월의 힘이 있다. 마지막으로, 노쇠하여 건조하고 기진맥진할 때인 노년기가 있다. 그러나 현기증 나도록 이 영고성쇠의 수레바퀴를 너무 오래 바라보는 것을 좋지 않다.*

17세기를 거치면서 이전 세기의 특징이었던 시간에 대한 비관적이고 과거 지향적이던 태도는 점차 낙관적이고 미래 지향적인 견해로 대체되었다. 미래에 대한 낙관적 견해는 1603년의 초기 미발표 에세이에서 베이컨에 의해 표현되었다. 이 에세이에는 《남성적 시간의 탄생(Temporis Partus Masculus)》이라는 의미 있는 제목이 붙여졌다.

메리 타일즈(Mary Tiles)는 《마테시스와 남성적 시간의 탄생(Mathesis and the Masculine Birth of Time)》이라는 제목의 최근 논문에서 베이컨의 과학적 방법론과 그의 독특한 용어에 대해 논의했다.[22] 무언가가 누적된 공동 경험에서 나온다면 그것은 '시간의 탄생'이다. 베이컨은 진리를 '여성적 시간의 탄생'으로 간주한 반면, '남성적 시간의 탄생'은 자연에 대한 권력 행사에 해당하는 세상에 대한 적극적 개입을 의미했다. 베이컨은 고대 문서에서 파생된 지식과 현대 자연 철학자가 적극적으로 추구한 지식을 구별했다. '마테시스'라는 용어는 특히 수학을 통한 지식의 정렬(예: 분류)을 의미한다. 베이컨은 다음과 같이 언급하고 있다. '과학은 고대의 어둠에서가 아니라 자연의 빛에서 찾아야 한다. 무엇을 했는지는

중요하지 않다. 우리가 해야 할 일은 무엇을 할 수 있는지 이해하는 것이다.'

고대인이 모든 지식을 완성했다는 교리에 대한 베이컨의 경멸적인 거부는 특히 1638년 출판된 『신대륙 발견(The Discovery of a New World)』에서 달에 사람이 살고 있다는 것을 보여주려고 시도한 존 윌킨스(John Wilkins)에 의해 반영되었다. 그 책에서 그는 '고대인은 지나쳤지만, 그 발견으로 인해 우리 시대의 누군가를 유명하게 만들 수 있는 신비로운 진리는 아직 많이 남겨져 있다.'라고 언급하고 있다. 2년 후, 그는 코페르니쿠스 이론을 옹호한 『새로운 행성에 관한 담론(A Discourse Concerning A New Planet)』에서 훨씬 더 의미심장한 글을 남겼다.

> 고대는 세계의 청년기가 아니라 노년기에 있는 것이다. 참신한 실험과 새로운 발견으로 증진될 수 있는 그러한 학문에서 우리는 선조이며 이전 시대보다 더 오래되었다. 우리가 그들이 가졌던 것보다 더 많은 시간의 이점을 가지고 있고, (우리가 말하는) 진리는 시간의 딸이기 때문이다.

진리는 시간의 딸이다(*Veritas filia temporis*)라는 슬로건은 16세기에 많이 사용되었으며, 『철학과 역사: 에른스트 카시러 논문 모음집(Philosophy and History: The Ernst Cassirer Festschrift)』에서 이러한 제목을 가진 학구적인 장(章)에서 프리츠 작슬(Fritz Saxl)이 보여주었듯이, 매혹적인 역사를 가지고 있다.[23] 중요한 각주(200쪽)에서 그는 자신의 '학문적 친구'인 클리반스키(Klibansky) 박사가 자신에게 두 가지 서로 다른 전통이 지배했던 고대 그리스로 거슬러 올라갈 수 있다는 것을 알려주었다고 언급하고 있다. '시간은 아이스킬로스(Aeschylus)의 비극에서처럼 죄책감과 그에 따른 형벌을 드러내거나 핀타로스(Pindar)의

귀족 시에서처럼 진정한 용기와 그에 따른 명예를 드러낸다. 소포클레스 (Sophocles)는 그것을 사용해서 신성(神性)의 정의(正義)에 대한 겸손한 믿음을 표현한다.'

1627년에 젊은 성공회 신학자 조지 헤이크윌(George Hakewill) 또한 세계가 종말에 가까워지고 있다는 끊임없이 우울한 논증인 굿맨 (Goodman) 주교의 『인간의 타락(Fall of Man)』(1616)을 논박하면서 과거로의 시간적 지향성에서 미래로의 시간적 지향성으로의 변화를 주창했다. '최후의 날'에 대한 질문은 연대기학자뿐만 아니라 수학자의 지적 관심을 불러일으켰다. 1614년 유명한 『경이로운 대수(對數) 법칙의 기술 (Mirifici logarithmorum canonis descriptis)』을 발표한 머치스턴의 네이피어(Napier) 남작은 로마 교황과 동일시하고자 하는 요한 묵시록에 나오는 적그리스도의 수를 계산하는 속도를 높이는 데 도움이 되었기 때문에 자신의 대수 발명을 높이 평가했다! 600쪽이 넘는 헤이크윌의 책은 『세상을 지배하는 하느님의 권능과 섭리에 대한 변호 또는 자연의 영구적이고 보편적인 쇠퇴에 관한 일반적인 오류에 대한 조사와 견책 …(An Apologie of the Power and Providence of God in the Government of the World or an Examination and Censure of the Common Errour Touching Nature's Perpetuall and Universall Decay Apologie of the Power and Providence of God in the Government of the World or an Examination and Censure of the Common Errour Touching Nature's Perpetuall and Universall Decay …)』이라는 긴 제목으로 시작되었다. 베이컨의 영향을 받은 헤이크윌은 이 지루하게 긴 간행물에서 쇠퇴에 대한 전통적인 한탄은 단지 '고대에 대한 과도한 찬양과 더불어 항상 현재의 곤란을 불평하는 노인의 나태와 비꼬인 기질'의 발현일 뿐이라고 일축했다.[24] 처음에 그의 견해는 상당한 반대에 부딪혔지만, 세기(世紀)가 지남에 따라 널리 받아들여지게 되었다. 예를 들어, 우리는 밀턴(Milton)이 자신의 라틴어 에세이 중 하나에서 '*자연은 늙지 않는다(Natura non pater senium)*'고 선언하는 것을 발견한다.

세상이 반드시 악화되는 것은 아니었다. 천년 왕국이 1666년에 도래할 것이라고 선언한 '제5 왕국' 예언자들의 예언에도 불구하고, 세상은 여전히 끝날 조짐이 보이지 않았다. 수 세기 전에 노스트라다무스(Nostradamus)가 세상의 종말을 1999년 7월 31일로 지정했다고 믿는 이유는 무엇일까? 정치 행위의 미래 지향적 관점과 관련된 시간 감각 발달에 중요한 기여 요인은 17세기 중반 잉글랜드 내전의 종교적, 정치적 격변과 그 여파로 널리 퍼진 '적그리스도(Antichrist)' 신화가 제공했다. 이 신화는 교황, 주교, 성공회의 전체 계층, 왕, 왕당파와 다양하게 동일시되는 적그리스도의 패배를 고대했다. 그러나 점차적으로 최후의 심판일이 반복적으로 연기됨에 따라 황금시대는 과거에서 미래로 옮겨졌고, 천년 왕국의 예언은 유토피아적 계획으로 대체되었다. 칼 베커(Carl Becker)가 깔끔하게 요약했듯이, 18세기에 '철학자들은 그리스도교의 낙원과 고대의 황금시대라는 이중 환상을 몰아내기 위해 후세(後世)를 끌어들였다.[25]

미래 지향적 관점은 스콜라 철학을 거부하고 이를 베이컨이 주창한 실험 철학으로 대체한 사람들에게도 큰 영향을 미쳤다. 17세기 과학 혁명은 이른바 '고대와 현대의 싸움'을 일으켰다. 문제의 핵심은 의심할 여지없는 권위가 더는 고대 사상가와 저자에 귀속되어서는 안 된다는 것이었다. 프랑스에서는 과학적 문제를 권위에 호소하는 것에 대한 총공세가 1683년 출판된 『고대인과 근대인에 관한 여담(Digression sur les

anciens et Les modernes)』에서 베오나르 드 퐁트넬(Bernard de Fontenelle)
에 의해 이루어졌다.

역사적 진실의 객관적 기준을 확립할 필요성은 1566년『역사를 쉽게
이해하기 위한 방법(Methodus ad facilem historiarum cognitionem)』에서
장 보댕(Jean Bodin)에 의해 분명히 깨닫게 되었다. 그러나 그는 잃어
버린 황금시대를 그리워하는 사람들을 질책하면서도 여전히 16세기
초 이탈리아의 역사 철학자인 마키아벨리(Machiavelli)와 구이차르디니
(Guicciardini)가 그랬던 것처럼 순환적 역사 개념을 고수했다. 마키아벨
리는 역사가 나쁜 것과 좋은 것 사이의 진동에 의해 지배되지만 나쁜
것은 좋은 것보다 더 오래 지속되는 경향이 있다고 생각했다. 사실, 시간
은 고유한 두 사건인 천지창조와 세계의 종말 사이에 펼쳐져 있다는
교회의 견해에도 불구하고, 역사의 순환적 성격에 대한 믿음은 중세에서
부터 17세기까지 널리 퍼져 있었다. 보댕은 순환적 견해를 가졌음에도
불구하고 제국의 흥망성쇠를 제어하여 역사적 사건들의 공통적인 방향
을 만들어내는 인과적 요인이 있는지를 발견하려고 시도한 최초의 사람
이었다. 현대의 권위자에 따르면, 그는 또한 '사료 편찬의 역사에 대한
최고의 초기 조사 중의 하나'를 제공했다.[26]

성서에는 연대가 나와 있지 않지만, 성서의 연대기, 특히 구약성서의
연대기는 종교 개혁과 그에 따른 신학적 논쟁에 뒤이어 중요해졌다. 이전에
는 교회에서 성서를 역사적 문서로 간주하지 않고 신탁(神託)으로 비유해
서 간주해 왔다. 그러나 루터와 같은 개신교도의 견해는 성서를 문자 그대
로 받아들여야 한다는 것이었는데(그들에게 이는 종교적 권위의 궁극적인
원천으로 교회를 대체한 것임), 이는 우리 시대에도 완전히 척결되지 않은
관점이다. 잉글랜드에서는 리처드 후커(Richard Hooker, 약 1554~1600)

가 성공회의 신학적으로나 교회적으로 중도(*media via*)인 『교회 정치법(Laws of Ecclesiastical Polity)』에 대한 지적 방어 과정에서 청교도들이 구약성서의 가르침을 너무 다른 상황이라서 아무 관련 없는 동시대 사회에 적용하려 한다고 비판했다. 다음 세기에 철학자 바뤼흐 스피노자(Baruch Spinoza, 1632~1677)는 성서를 전적으로 역사 문서로 간주하는 데 한 걸음 더 나아갔고, 따라서 성서에 대한 더 수준 높은 비평에 있어서 19, 20세기 역사 전문가들의 선구자였다.

학문적 역사 연대기, 특히 고전 고대의 연대기는 1583년 위대한 학자 스칼리제르(J. J. Scaliger, 1540~1609)의 『시간 개량에 관한 연구(De emendatione temporum)』의 출판과 함께 시작되었다. 1582년에 그는 두 사건 사이의 시간을 계산할 때 월과 년의 불규칙성을 피하고자 기원전 4713년 1월 1일 정오(연대기적 목적으로 이날은 그가 천지창조의 날로 선택한 날짜임)부터 시작하는 율리우스 적일(積日) 체계를 도입했다. 1988년 1월 1일 정오에 시작하는 율리우스 적일은 2,447,162일이다. 율리우스 적일은 예를 들어 변광성의 최대 밝기와 최소 밝기의 시기에 여전히 천문학자들에 의해 사용되고 있다.

스칼리제르의 노력에도 불구하고, 절대적 확실성을 추구하는 일에 몰두했던 철학자 르네 데카르트(René Descartes, 1596~1650)는 역사를 단순한 의견과 자의적 주관성에 근거한 것이라고 일축했는데, 그 당시의 역사학은 수학보다 더 초보적인 상태에 있었다. 실제로 문서, 특히 중세 라틴어 헌장 및 기타 사본들의 진위를 검사하기 위한 기준에 대한 첫 번째 형식화는 데카르트 시대 이후 1681년에 출판된 마비용(Mabillon)의 『고문서학(De re diplomatica)』에 이르러서야 비로소 이루어졌다. 문서의 변조 과정은 궁극적으로 인쇄업자들에 의해 억제되었지만, 18세기까지 그치지 않았다. 1450년경의 가동(可動) 활자 발명에 뒤이어, 처음으로 문서들이 실제로 중세 필경사들이 했던 것보다 초기 인쇄 방법에 의해 더 빠르게 변경된 것으로 보인다.[27]

1681년 출판된 또 다른 작품은 프랑스어로 쓰인 최초의 상세한 세계사인 자크 보쉬에(Jacques Bossuet)의 『보편사 담론(Discours sur l'histoire universelle)』이었다. 그러나 보쉬에는 제국의 흥망성쇠를 다루었지만, 그리스도교의 성립과 관련이 있다고 생각하는 범위 안에 있는 그리스와 로마를 제외하고는 그리스도교가 아닌 모든 것을 생략했다. 그럼에도 불구하고, 보쉬에의 책은 레일리의 책 이후 최초의 보편적 역사서 중 하나였기 때문에 사료 편찬의 역사학에서 중요한 의미가 있다. 보쉬에는 인간의 행동이 신의 섭리로 감독 받기 때문에 아무리 설명될 수 없고 놀라운 특별한 사건들이 있을 수 있는 것처럼 보여도, 그 사건들은 *확정된 방향으로* 나아간다고 믿었다.

18세기의 시간과 역사

해양 크로노미터의 발명

시간과 관련된 뛰어난 18세기의 업적으로는 항해에 혁명을 일으켜 수많은 생명을 구한 해양 크로노미터의 발명을 들 수 있다. 정확한 해상 (海上) 시간 측정의 실제적 필요성은 15세기 행해 왕 헨리 왕자가 계획한 항해에서 비롯되었다. 1488년 희망봉을 한 바퀴 돈 후에 동서(東西) 거리가 중요했기 때문에 선박의 해상 경도(經度)를 결정해야 할 필요성이 생겼다. 이는 선박의 위도(緯度)를 결정하는 것보다 더 어려웠다. 위도는 직각기(直角器)나 아스트롤라베의 도움으로 현지 시정오(視正午)에 태양 고도를 측정함으로써 얻을 수 있었기 때문이다. (육분의(六分儀)는 나중에 실용화되었다.) 지구 자전축의 극은 위도 측정의 보편적 기준점 역할을 하지만, 경도 측정에는 그와 같은 자연적인 보조 장치가 없다. 그 대신, 임의의 경도 0을 선택해야 하는데, 이를 '본초 자오선(本初子午線)'이라고 한다. 한 장소의 경도는 지구가 그 장소를 통과하는 자오선을 선박의 위치가 결정될 때의 기준 시점에 본초 자오선이 있던 위치로 가져오는 각도만큼 회전하는 데 걸리는 시간을 결정함으로써 얻을 수 있다. 현지 시각의 차이에 의한 육지의 종(縱) 방향 거리의 정의는 기원전 3세기 혹은 그 이전에 그리스인에게 알려져 있었다.

선박의 경도 문제를 해결하기 위해 두 가지 방법이 제안되었다. 하나는 별에 대한 달의 위치 관찰에 기초한 천문학적 방법으로, 1514년 뉘른베르크(Nuremberg)의 요한 베르너(Johann Werner, 1468~1522)가 제안했으며, 달의 각거리 방법(lunar-distance method)으로 알려지게 되었다. 다른 하나는 1553년 루뱅(Louvain)의 젬마 프리시우스(Gemma Frisius, 1508~1555)가 처음 제안한 것으로, 해상 운송과 관련된 교란을 견딜 수 있도록 설계된 정확한 크로노미터 개발과 관계가 있다. 이 크로노미터는 본초 자오선에 시간을 제공하도록 설정되며, 이 시간이 선박이 위치한 장소의 현지 시간(예: 정오)과 비교된다.

1567년 스페인의 펠리페 2세는 해상 경도의 성공적 결정 방법에 상당한 포상금을 내걸었으며, 이 포상금은 30년 후에 매우 증가했다. 이 현상에 응모한 사람 중에는 갈릴레이도 있었는데, 그는 1610년 망원경의 도움으로 발견한 목성의 주요 위성 4개와 목성에 의한 주요 위성들의 엄폐(掩蔽)가 정확한 천체 시간 계측기의 기초가 될 수 있다는 것을 깨달았다. 그는 1616년에 자신의 방법을 제출했지만, 스페인 사람들은 이를 실용적인 제안으로 간주하지 않았다. 갈릴레이는 또한 진자를 기계식 시계 제어기로 사용할 가능성에 주목함으로써 문제를 해결하는 크로노미터 방식에 이바지했다. 앞서 살펴보았듯이, 해당 세기 후반에 진자시계를 성공적으로 개발한 하위헌스는 자신의 시계가 정확한 경도를 결정하는 데 사용될 수 있다고 확신했지만, 그 시계는 육지나 잔잔한 바다를 제외하고는 불규칙한 경향이 있었다.

한편, 모랭(J.-B. Morin, 1583~1656)에 의해 달의 각거리 방법이 파리에서 부활했는데, 그는 필요한 자료를 얻기 위해서는 천문대가 필요하다고 제안했다. 위대한 정치가 콜베르(Colbert)의 주도로 1666년 루이 14세가 왕립 과학 아카데미를 창설한 후, 1년 뒤에 파리 천문대가 설립되었다. '경도 찾기'는 1660년 찰스 2세가 설립한 런던 왕립 학회를 사로잡았던 주제 중 하나였으며, 1675년 그리니치(Greenwich)에 왕립 천문대의 설립을 끌어냈다.

경도차(經度差)를 찾기 위한 모든 천문학적 방법은 실질적으로 지구가 균일하게 회전한다고 가정해야 한다. 태양일은 1년 내내 변하기 때문에 초대 왕립 천문대장 존 플램스티드(John Flamsteed, 1646~1719)는 항성시에 집중해서 이 가정을 확인하기로 하고, 1676년 그리니치 왕립 천문대의 8각형 방에 설치된 두 개의 시계의 도움으로 지구가 균일하게 회전한다고 결론지었는데, 그 결과는 250년 동안 도전받지 않았다. 두 개의 시계는 '잉글랜드 시계 제작의 아버지'로 불린 토머스 톰피온(Thomas Tompion, 1639~1713)이 제작한 것이다.[1] 초기 잉글랜드 시계 제작자 중 일부와 마찬가지로 그도 대장장이로 시작해서 머지않아 왕립 학회의 실험 관리자인 로버트 후크의 친구가 되었고, 그를 통해 플램스티드를 만났다. 그가 플램스티드를 위해 만든 두 개의 시계는 각각 1년 동안 자동으로 작동할 수 있었다.

'경도 찾기'라는 표현은 '원적문제(圓積問題)'와 같이 불가능하다고 생각되는 것을 나타내는 경구(警句)로 자주 사용되었지만, 지브롤터(Gibraltar)에서 귀국하는 길에 잘못된 항해로 인해 1707년 9월 29일 왕립 해군 함선(艦船) 4척이 실리(Scilly) 제도의 길스톤 레지스(Gilstone

Ledges)에서 전복되어 제독이었던 클로디슬리 쇼벨 경(Sir Clowdisley Shovel)과 약 2천여 명의 선원이 익사하는 엄청난 해상 재난 이후 문제 해결의 필요성이 절실해졌다. 이 재난은 더 정확한 항해를 요구하는 대중의 항의를 이끌어냈다. 문제를 조사하기 위해 구성된 의회 위원회에 출석한 뉴턴 경이 분명히 밝힌 바와 같이 '경도 찾기'가 문제 해결의 열쇠인 것 같았다.

> 해상 경도를 결정하기 위해, 이론적으로는 사실이지만 실행하기 어려운 몇 가지 프로젝트가 있다. 그중의 하나는 시간을 정확히 측정하는 시계인데, 해상에서 선박의 움직임, 열과 추위, 습함과 건조함의 변화, 그리고 위도에 따른 중력의 차이 등으로 인해 그러한 시계는 아직 만들어지지 않았다.[2]

그 결과, 1714년 7월 8일 앤(Anne) 여왕은 *해상 경도를 알아내는 사람 또는 사람들에게 공적 보상을 제공하는 법안*을 재가했다. 서인도 제도로의 항해가 끝날 무렵에 해상 경도를 30 지리 마일(geographical mile) 이내로 결정하는 방법에 대해 오늘날 100만 파운드 이상에 해당하는 2만 파운드의 상금이 걸렸다. 1 '지리 마일'은 적도에서 경도 1분각(分角, 6,087피트)과 같다. 경도 1도는 시간으로 4분에 해당하기 때문에, 전체 상금은 약 6주간의 항해 후 크로노미터가 2분 이내로 정확해야 한다는 것을 의미했다. 40 지리 마일과 60 지리 마일 이내의 정확도에 대해서도 각각 1만 5천 파운드와 1만 파운드의 상금이 걸렸다. 상금을 수여할 권한은 경도 특별 위원회에 부여되었는데, 의회에 직접 책임이 있는 위원들은 22명의 선원과 정치인 및 학계 전문가로 구성되었다.

수년 동안 이 정부 법률은 문제를 해결할 가능성에 대한 전반적인 회의론을 거의 줄이지 못했다. 1726년 출판된 『걸리버 여행기(Gulliver's

Travels)』의 제 3부 '라퓨타로의 항해(Voyage to Laputa)'에서 조너선 스위프트(Jonathan Swift)는 걸리버가 스튜랄드브러그(Struldbrugs)처럼 불멸의 존재가 되어야만 '*경도, 영구 운동, 우주 매질,* 그리고 극도의 완벽함에 이르게 된 다른 많은 위대한 발명의 발견을 보게 될 것'이라고 언급했다.[3] 9년 후에 화가 호가스(Hogarth)는 훨씬 더 멀리 나아가서 경도를 계산하려고 하는 사람을 《난봉꾼의 행각(The Rake's Progress)》의 마지막 정신병원 장면에 포함했다! 큰 상금이 걸렸음에도 불구하고, 위원들의 회의록에 기록할 것이 있기까지 20년이 넘게 지났기 때문에 만족스러운 해결책에 도달하는 데 큰 어려움이 있는 것처럼 보였다. 그렇지만, 문제를 해결해야 하는 실제적 필요성은 더욱더 절박해졌다. 1741년 4월, 선박 센츄리온(Centurion)의 앤슨(Anson) 준장(나중에 제독이 됨)은 다른 선박과 함께 케이프 혼(Cape Horn)을 돌고 난 후, 동쪽으로 흐르는 예상치 못한 해류로 인해 생각한 것만큼 서쪽으로 이동할 수 없었다. 많은 부하들이 괴혈병으로 죽어가고 있었기 때문에 그는 신선한 채소를 얻기 위해 후안페르난데스(Juan Fernandez) 제도에 상륙하기를 바랐지만, 선박의 경도와 섬의 경도에 대한 이중(二重) 불확실성(탐험가들이 자신들이 발견할 곳의 경도를 결정할 수 없는 것의 결과) 때문에 거의 6월 중순이 되어서야 도착할 수 있었다. 이 지연으로 인해 70명에 가까운 부하가 목숨을 잃었다.

알궂은 우연의 일치로, 약 5년 전에 센츄리온호는 리스본(Lisbon)으로의 시험 항해에서 항해 역사상 최초로 해상 경도 결정에 실용적 수단을 제공할 것으로 생각되었던 시계를 탑재한 선박이었다. 세로와 가로 방향의 흔들림인 피칭(pitching)과 롤링(rolling)의 영향으로 해상에서 진자시계를 사용하는 것이 적합하지 않다는 것을 반세기 이전에 깨달았기 때문에 이 시험 항해에 사용된 시계에는 특별한 종류의 균형 바퀴 태엽이 있었다. 그런데 균형 바퀴 태엽은 온도 변화에 특히 민감해서 더운 날씨에는 시간이 늦게 가고 추운 날씨에는 시간이 빨리 가는 것으로 밝혀졌다. 진자시계의 경우, 유사한 어려움을 극복한 최초의 시계 제작자는 톰피온의 조수였던 조지 그레이엄(George Graham, 1673~1751)이었다. 1726년에 그는 진자의 팽창과 수축을 상쇄하기 위해 수은을 사용했다. 예를 들어 온도가 상승하는 경우, 추에 있는 수은의 위쪽으로의 팽창은 강철 진자 막대의 아래쪽으로의 팽창을 상쇄해서 진자의 진동 주기가 변하지 않도록 배열했다. 그는 이미 1715년에 직진형 탈진기로 알려진 개선된 형태의 탈진기를 발명했다. 이 두 장치를 모두 포함하는 그레이엄의 표준 시계는 육지에서는 훌륭한 시간 계측기인 것으로 판명되었지만, 해상 경도를 결정하는 문제를 해결하지는 못했다.

해당 문제 해결의 영예는 원래 요크셔(Yorkshire)의 목수였던 존 해리슨(John Harrison, 1693~1776)에게 돌아갔다. 그는 자신의 형제인 제임스와 함께 무엇보다도 사실상 온도의 영향을 받지 않도록 배열된 황동과 강철 막대로 만든 진자가 달린 시계를 1728년에 제작했다. 이 시계에는 부정확성의 또 다른 원인이었던 마찰을 최소화하는 복잡한 탈진기도 포함되어 있었다. 그 후 해리슨 형제는 해상에서 사용하기 위한 정확한 크로노미터를 발명하기 위해 나아갔다. 1735년 완성된 크로노미터는 이듬해 왕립 학회의 추천에 따라 센츄리온호에 실려 리스본으로의 항해 과정에서 성공적으로 시험을 마쳤다. 이 크로노미터는 양쪽 끝에 공이 있는 두 개의 직선형 평형 바퀴를 포함하고 있었는데, 이 평형 바퀴들은 각자의 중심에 대해 회전하고 훨씬 적은 마찰로 마치 서로 맞물린 것처럼 회전하도록 용수철과 십자선으로 연결되었다. 선박의 움직임은 평형 바퀴들의 진동 주기에 거의 영향을 미치지 않는 것으로 밝혀졌다. 해리슨의 초기 시계에서와 마찬가지로, 황동과 강철 막대의 독창적인 조합이 온도 변화의 영향을 보상하도록 용수철의 장력을 변화시켰다. 이 장치는 평형 바퀴 시계에 적용된 최초의 온도 보상 시스템이었으며, 기계 자체는 최초의 정확한 해양 크로노미터였다.

리스본으로의 항해에서 성공적인 시험이 이루어진 데 뒤이어 1737년 6월 24일 경도 위원회가 개최되었다. 회의에 참석한 존 해리슨은 서인도 제도행 항해에서 자신의 크로노미터를 시험해 달라고 요구하는 대신 해당 목적을 위해 개선된 버전을 만들겠다고 제안하고, 경도 위원회는 그에게 5백 파운드를 선지급하기로 의결했다. 그러나 해리슨의 두 번째 크로노미터의 해상 시험은 진행되지 못했는데, 이는 아마도 스페인과의 전쟁 발발로 인해 포로가 될 위험에 노출될 수 있었기 때문일 것이다. 해리슨이 성능에 대해 다소 의심했을 가능성도 있다.[4] 어쨌든 그가 자신의 걸작으로 삼고자 했던 세 번째 시계 제작에 몰두하는 동안 17년의 세월이 더 흘렀다. 이 기간에 그레이엄의 영향을 받은 왕립 학회는 그를 지원하는 데 도움을 주었고, 1749년에는 그에게 최고의 상인 코플리 (Copley) 메달을 수여했다.

해리슨의 세 번째 크로노미터에는 753개 이상의 개별 부품이 포함되었으며, 그의 모든 기계 중 가장 복잡한 것이었다. 마침내 1757년에 그는 경도 위원회에 2만 파운드의 상금을 놓고 겨룰 것을 제안한다고 통보했다. 동시에 그는 보조 역할을 할 훨씬 더 작은 시계를 만들겠다고 제안했다. 이 제안은 받아들여졌고, 해리슨은 아들 윌리엄(William)의 도움을 받아 자신의 유명한 '회중시계'를 만들었는데, 시험 과정에서 그는 이 시계가 자신의 세 번째 크로노미터만큼 정확하면서도 휴대가 훨씬 더 간편한 장점이 있음을 알게 되었다. 그것은 지름이 5 인치가 조금 넘는 커다란 은색 시계였다. 외관은 당시의 평범한 '휴대용 시계'와 닮았지만, 본질적으로는 탈진기를 제외하고 그 시대의 일반적인 버지 시계 탈진기를 크게 개선한 버전인 자신의 세 번째 크로노미터와 유사했다. (이 유명한 크로노미터에 대해서는 굴드(R. T. Gould)가 자세히 설명하고 있다.[5]) 그 정확성과 이동성 때문에 해리슨은 이 네 번째 크로노미터만 가지고 참가하기로 했다. 결국, 이 크로노미터는 1762년 자메이카(Jamaica)로의 항해에서 시험하기 위해 공식적으로 제출되었고, 시험에 쉽게 통과했다. 자메이카에 도착할 때 경도의 1.25 분각(分角)에 해당하는 5초밖에 느려지지 않았는데, 이는 자메이카의 위도에서는 1 지리 마일 미만의 거리였다. 따라서 해리슨은 2만 파운드의 상금을 받을 것으로 기대했지만, 경도 위원회는 자메이카의 경도가 충분히 정확한 시간 표준을 제공할 만큼 정확하게 알려지지 않았다고 생각했기 때문에 그에게 선금으로 2천 5백 파운드만 지급했다!

한편, 다른 사람들도 경도 위원회로부터 상금을 받기 위해 경쟁하고 있었다. 달 운동의 복잡한 특성(이는 뉴턴이 머리가 아프다고 말한 유일한 문제였다!)으로 인해, 위대한 수학자 레온하르트 오일러(Leonhard Euler, 1707~1783)가 수행한 계산의 도움으로 독일의 천문학자 토비아스 마이어(Tobias Mayer, 1723~1762)가 달의 운동에 대한 목록을 만들기 전까지, 경도를 결정하는 달의 각거리 방법은 실용적이지 못했다. 마이어는 1755년 경도 위원회에 상금 신청서를 제출했다. 10년 후 그 업적을 인정받아 마이어의 미망인은 3천 파운드를 받았고, 5백 파운드는 오일러에게 수여되었다.

상금을 놓고 많은 논쟁과 지연 끝에 해리슨의 네 번째 크로노미터에 대한 두 번째 공식 시험이 첫 번째 시험으로부터 약 2년 후에 바베이도스 (Barbados)로의 항해에서 진행되었다. 고령으로 인해 해리슨은 둘 중 어느 항해에도 참여하지 않았고, 아들인 윌리엄이 그 대신 동행했다. 두 번째 항해에서 그는 바베이도스에서 관측점의 경도를 천문학적으로 결정하는 임무를 맡았던 두 명의 천문학자와 동행했는데, 그중 한 명은 얼마 지나지 않아 왕립 천문대장이 된 네빌 마스켈린(Nevil Maskelyne) 이었다. 이 무렵 오일러와 마이어 덕분에 새로운 태음표(太陰表) 목록을 사용할 수 있었고, 사용하기 불편한 상한의(象限儀)는 육분의로 대체되 었다. 결과적으로 천체 관측이 더 쉬워졌을 뿐만 아니라 더 정확하게 결정되고 더 쉽게 확인할 수 있었다.

1765년 초에 경도 위원회에 보고된 바에 따르면, 크로노미터의 오차는 바베이도스의 위도에서 (7주 동안에) 9.8 지리 마일에 해당하는 34.4초 였다.[6] 이 결과는 요구된 것보다 3배나 더 좋았지만, 위원회는 여전히 회의적이었고, 해리슨이 크로노미터 기계장치의 세부 사항을 서약서에 완전히 공개할 때까지 지급을 거부했다. 이후 위원회는 자메이카 시험이 끝난 후인 1762년에 이미 지급한 2천 5백 파운드를 뺀 1만 파운드만 해리슨에게 지급하려고 했다.

위원회는 해리슨이 두 번의 성공적인 시계를 더 만들 때까지 나머지 1만 파운드의 지급을 거부했다. 결국, 해리슨은 상금의 절반만 받았다. 1770년에 그는 아들의 도움으로 네 번째 버전을 약간 개선한 다섯 번째 시계를 만들었다.

그러는 동안 관심이 높아진 국왕 조지 3세는 윈저(Windsor)에서 해리 슨과 그의 아들을 접견하는 자리에서 다음과 같이 외쳤다. '해리슨, 나는 꼭 당신이 틀리지 않았다는 것을 볼 것이다!'[7] 이후 다섯 번째 크로노미터에 대한 시험은 큐(Kew)에 있는 왕의 개인 천문대에서 진행되었다. 10주 동안 총 오차는 4.5초에 불과했다. 그럼에도 불구하고 경도 위원회는 자신들이 이 시험을 승인하지 않았다는 이유로 결과를 받아들이길 거부했다. 해리슨은 하원에 청원했는데, 그의 사건은 폭스(Fox)와 버크(Burke) 등의 지원을 받았다. 그 결과, 위원회는 마침내 해리슨의 두 번째와 세 번째 크로노미터가 위원회 소유가 되어야 한다는 협약에 따라 12,500 파운드는 이미 몇 년 전에 지급되었다고 주장하면서 나머지 8,750 파운드를 추가 지급하기로 결정했다! 해리슨은 3년 후에 사망했다.

해리슨의 업적은 시간 측정 역사에서 획기적인 것으로 판명되었다. 1762년 자메이카 시험의 성공 이후에야 시계 제조업자 대부분은 고정밀 해상 시간 측정이 실제로 가능하다는 것을 깨닫기 시작했다. 해리슨의 성공은 해도(海圖) 구축에도 엄청난 영향을 미쳤다. 1772년과 1775년 사이에 남태평양 탐험의 두 번째 항해에서 쿡(Cook) 선장은 해리슨의 네 번째 크로노미터를 정확히 복제한 장치로 호주와 뉴질랜드의 해안선 지도를 매우 정확하게 구축할 수 있었다.

해양 크로노미터 개발에 이바지한 18세기의 다른 나라 사람 중 걸출한 인물로는 피에르 르 로이(Pierre Le Roy, 1717~1785)가 있다. 1754년 그는 프랑스 루이 15세의 '왕의 시계 정비공(*Horloger du Roi*)'이라는 직책을 아버지로부터 물려받았다. 그때쯤 그는 '분리형 탈진기'라고 알려진 개선된 형태의 탈진기를 발명했는데, 이 탈진기에서 균형추의 운동은 사실상 자유 진동이었고, 충격을 받아 탈진기를 작동시키는 순간에 최소한의 방해만 받았다. 나중에 르 로이는 '보상 균형추'를 발명했는데, 이는 용수철의 탄성과 균형추의 관성 모멘트를 변경하는 데 있어서 온도 변화의 영향을 보정했다. 만족스러운 해양 시계를 만든 최초의 사람은 의심할 여지없이 해리슨이었지만, 현대의 크로노미터는 르 로이의 발명에 더 큰 영향을 받았다.[8] 르 로이와 동시대의 경쟁자였던 페르디낭트 베르투(Ferdinand Berthoud, 1729~1807)는 스위스에서 태어났지만, 활동 시기의 대부분을 프랑스에서 보냈다. 베르투는 시간 측정의 기본 원리에 대해 르 로이만큼 심오하게 이해하지는 못했지만, 해리슨처럼 끊임없이 자신의 기계를 개선한 뛰어난 장인이었다. 그럼에도 불구하고, 기계들은 여전히 복잡하고 비쌌다.

한편 잉글랜드에서는 해양 크로노미터를 단순화하고 일반 항해자가 사용할 수 있을 만큼 저렴하게 만들기 위한 일치된 움직임이 있었다. 이 중요한 발전에 있어서 두 명의 선구자는 존 아놀드(John Arnold, 1736~1799)와 토마스 언쇼(Thomas Earnshaw, 1749~1829)였다. 특히 언쇼는 르 로이가 발명한 보상 균형추를 개선했다. 그 결과, 1825년경부터 해양 크로노미터는 모든 왕립 해군 선박의 표준 장비가 되었으며, 동인도 회사는 이미 몇 년 전부터 자신들의 선박에 이를 요구했다.

역사적 관점의 발견

시간의 역사에 있어서 18세기가 중요한 것은 해양 크로노미터의 발명 때문만이 아니라 해당 세기를 부르는 계몽주의 시대를 특징짓는 지적 낙천주의 정신이 시간에 대한 미래 지향적인 태도에 바탕을 두고 있었기 때문이다. 이러한 관점의 출현과 특히 관련 있는 사상가는 라이프니츠인데, 그는 이러한 관점이 '가능한 모든 세계 중 최고'라고 주장했다. 그는 1755년 리스본 대지진으로 인해 심한 타격을 받은 이 주장 때문에 종종 조롱을 받았지만, 그에 대해 공정해지려면 '가능한'이라는 단어에 방점을 두어야 한다. 그는 이 세계가 실제로 '완벽하다'고 믿지 않았기 때문이다. 진보 관념의 역사에 관한 니스벳(R. Nisbet)의 최근 저서에서는 이를 분명하게 하는 라이프니츠의 에세이 『사물의 궁극적 기원에 대하여(On the Ultimate Origination of Things)』의 다음과 같은 구절에 주목했다.

> 하느님이 하시는 일의 보편적 아름다움과 완전함을 그 완전함 안에서 깨닫기 위해서는 전체 우주가 항상 더 큰 개선을 향해 나아가고 있는 어떤 영구적이고 매우 자유로운 진보를 인식해야 한다. …
> 그리고 만약 그렇다면, 세계는 이미 오래전에 낙원이 되었어야 했다는 가능한 반론에 대해 준비된 답이 있다. 비록 많은 실체가 이미 대단한 완벽함을 이루었지만, 연속성의 무한 가분성 때문에 사물의 심연(深淵)에는 아직 깨어나야 하고, 크기와 가치가 성장해야 하고, 그리고 한 마디로, 더 완벽한 상태로 나아가야 하는, 잠자고 있는 부분들이 항상 남아 있다. 따라서 진보는 그 끝이 없다.[9]

아서 러브조이(Arthur Lovejoy)는 18세기 사상의 주요 특징 중 하나가 '거대한 존재의 사슬'이라고 불려온 것, 즉 우주가 계층적으로 배열된 엄청난 수의 연결고리로 구성되어 있다는 생각을 일시화(一時化)한 것이라고 지적했다. 왜냐하면, 해당 세기의 많은 사람들에게는 새로운 것이 출현하는 것이 불가능한 세계라는 생각이 완전히 만족스러워 보였지만, 존재의 사슬을 '일반적 진보를 인정할 수 있도록 재해석되어야 한다'고 느끼는 사람들도 있었기 때문이다.[10]

역사적 과정 전체에 대해 철학적으로 사색하고 그 지배 법칙을 발견하려고 노력하던 18세기 사람 중에는 프랑스의 튀르고(Turgot)와 콩도르세(Condorcet), 잉글랜드의 조셉 프리스틀리(Joseph Priestley, 1733~1804), 독일의 임마누엘 칸트(Immanuel Kant, 1724~1804)가 있었다. 튀르고가 겨우 23살이던 1750년 12월 소르본 대학에서 '인간 정신의 지속적인 진보에 대한 철학적 검토(A Philosophical Review of the Successive Advances of the Human Mind)'에 관해 연설한 것이 근대적 진보 사상에 대한 최초의 체계적 진술이었다는 주장이 제기되었다.[11] 이듬해 『보편사에 관한 노트(Notes on Universal History)』를 저술한 튀르고는 보쉬에의 영향을 인정했지만, 그 주제에 대한 접근은 전적으로 영속적이었다. 이 저서에서 튀르고는 인간의 타고난 재능은 어디에서나 동일하지만, 한 사회의 특성은 그 사회 자체가 가진 과거의 필연적 결과라는 것을 보여주었다. 튀르고의 글은 그의 첫 번째 전기를 쓴 콩도르세에게 크게 영향을 미쳤는데, 콩도르세는 튀르고를 '진보의 법칙'의 진정한 발견자로 간주했다. 젊은 워즈워스(Wordsworth)를 포함한 많은 동시대 사람들과 마찬가지로 콩도르세도 역사상 가장 위대한 혁명 시기 중의 하나에 살면서 그 진정한 의미를 인식할 수 있었던 자신의 행운을 확신했다. 얄궂게도, 그는 친분을 쌓던 지롱드파가 1793년 6월 협약에서 쫓겨난 후 피의자가 되었다. 간신히 파리의 한 집에 숨어 지내면서 『인간 정신의 진보에 대한 역사적 묘사를 위한 스케치(Sketch for a Historical Picture of the Progress of the Human Mind)』를 저술한 그는 1794년 3월 25일 집을 나서 이틀 후 체포되었고, 다음 날 아침에 감방에서 숨진 채 발견됐다.

사후 1년만인 1795년 출판된 『인간 정신의 진보에 대한 역사적 묘사를 위한 스케치』에서 콩도르세는 인간 진보의 필연성과 인간의 지식을 변화시키고 인간과 사회를 통제하는 과학 기술의 힘에 대한 자신의 믿음을 표현했다. 그는 역사를 10개의 개별 단계들의 연속으로 보았는데, 각 단계는 필연적으로 이전 단계로부터 발생한다. 첫 번째 단계에서 인간은 원시적인 야만 상태에서 살았다. 다음 단계에서는 먼저 생산 수단을 개선하고 나중에는 추론 능력을 개발함으로써 발전했다. 당대의 단계는 데카르트 철학으로 시작해서 프랑스 공화국 수립으로 절정에 달한 아홉 번째 단계였다. 열 번째이자 마지막 단계는 과학자들에 의한 정부가 될 것이다. 인류 미래의 진보에 대한 확신은 프랑스 혁명 지도자들에 대한 동정심 때문에 자신의 집, 도서관, 실험실이 버밍엄 폭도들에 의해 불타버린 후 미국으로 피난처를 찾던 과학자 조셉 프리스틀리도 표현했다. 그곳에서 그는 자유주의적 유토피아를 찾고자 했다.

더 심오한 역사관은 1784년 임마누엘 칸트에 의해 전개되었는데, 그는 『세계주의적 관점에서 바라본 보편사에 관한 사상(An Idea for a Universal History from a Cosmopolitan Point of View)』에서 비록 인간의 의지가 일치하더라도 자연은 이 종(種)에게 무엇이 좋은지 더 잘 알기 때문에 결과적으로 의지는 불화를 일으킬 것이라고 주장했다. 실제로 콩도르세뿐만 아니라 18세기와 19세기의 다른 많은 사람들에 의해 널리 받아들여진 목적론적 진보 이론의 어려움은 대부분의 진보주의자들이 '다른 모든 시대에 자의적으로 거부된 일종의 신성한 권리를 무의식적으로 현재에 부당하게 요구'했기 때문에 그 타당성이 그것이 지향하는 목적을 의심 없이 수용하는 것에 달려 있다는 것이었다.[12] 몽테스키외(Montesquieu) 등이 지적했듯이, 사람이 살고 있는 시대의 모든 사상을 다른 세기(世紀)로 계승하는 것은 가장 창의력이 풍부한 오류의 원천 중 하나이다.

루소는 역사에 대한 비관적 견해와 인간 본성에 대한 지나친 낙관적 견해를 취했다. 1749년의 현상 에세이에서 현대 과학과 문명을 거부한 직후 그는 자신의 시계를 버렸는데, 이는 아마도 자신의 고향인 제네바가 런던과 더불어 시계 산업의 주요 중심지라는 사실에 잠재의식적으로 영향을 받았을 것이기 때문이었다. 의심할 여지없이 루소는 사무엘 버틀러(Samuel Butler)의 『에레혼(Erewhon)』에서 행복했을 것이라고 하는데, 그곳은 단순히 시계를 소유하는 것만으로도 투옥될 수 있는 곳이었다.[13] 템머(M. J. Temmer)는 성 아우구스티누스에 대한 독서(讀書)가 루소 사상에 미친 결정적인 영향과 그에 따른 아우구스티누스 낙원의 정적(靜的) 영원성에 대한 사랑과 '과거의 방식으로 미래를 살고자 하는 애가적 (哀歌的) 욕망'에 주목했다.[14]

루소의 숙적 볼테르(Voltaire) 역시 진보주의자가 아니었으며, 물리적, 생물학적 진화의 개념을 거부하기까지 했다. 1769년의 에세이에서 그는 지구가 '150일의 대홍수'의 영향을 제외하고는 처음 창조되었을 때의 그대로 항상 남아 있었다고 주장했다. 몽스니(Mont Cenis)의 경사지에서 발견된 해양 화석에 관해서 그는 바다에서 멀리 떨어져 있는 화석의 존재를 세 가지 대체 가능한 원인, 즉 수집가들이 고의로 그것들을 거기에 놓았거나, 농부들이 토양을 비옥하게 만들기 위해 석회를 잔뜩 그곳으로 가져왔거나, 또는 로마로 가는 순례자들이 실수로 모자에서 조가비 배지를 떨어뜨린 것 중 하나로 돌렸다.[15]

18세기의 가장 위대한 역사 철학자는 나폴리(Naples) 대학에서 낮은 임금을 받던 무명의 수사학 교수 잠바티스타 비코(Giambattista Vico, 1668~1744)였다. 초창기에 그는 데카르트 추종자였지만, 데카르트주의가 단지 수학과 논리학에만 적용 가능하며 자연과 사회라는 외부 세계를 이해하는 데는 적용되지 않는 방법이라는 것을 점차 깨닫게 되었다. 그는 역사에 대한 데카르트의 부정적 태도를 거부했을 뿐만 아니라 철학적 출발점으로서의 데카르트의 보편적 의심 원리를 버렸다. 비코는 그 대신 무언가를 알기 위해서는 스스로 직접 그것을 만들어야 한다는 참신한 아이디어로 출발했다. 이사야 벌린(Isaiah Berlin)은 쿠사(Cusa)의 니콜라스(Nicholas) 추기경(1401~1464)이 이 아이디어를 부분적으로 예상했다는 것에 주목했다. 니콜라스 추기경은 수학은 순전히 인간이 만든 것이기 때문에 우리가 알고 있는 인간의 창조물이라고 언급했지만, 비코가 그랬던 것처럼 이 통찰력을 역사적 지식과 다른 인문 과학에까지 확장하지는 않았다.[16] 종종 '비코의 진리(verum)와 사실(factum)의 동등성 원리'라고 불리는 것에 근거하여, 비코는 자연 세계가 신(神)에 의해서만 완전히 이해될 수 있는 반면, 수학은 인간의 창조물이기 때문에 인간이 이해할 수 있다고 주장했다. 마찬가지로 비코는 사회 제도, 언어, 관습, 법률이 모두 사전에 정해진 것이 아니라 인간 활동을 통해 발전되었기 때문에 역사 또한 이해할 수 있다고 믿었다. (이 점에서 그는 데카르트와 근본적으로 충돌했다.) 비코는 수학을 존중했고 물질세계를 이해하려는 시도에서 수학의 가치를 인정했지만, 그 두 가지를 동일시하지는 않았다. 더욱이 그는 인간의 본성이 자유 의지와 변덕에 의해 지배되기 때문에 수학적 방법은 그것에 효과적으로 적용될 수 없거나 기껏해야 매우 제한된 방식으로만 적용될 수 있다고 믿었다. 비코의 시대가 100년이 지난 후에도 여전히 오귀스트 콩트(Auguste Comte)가 자신의 새로운 과학(사회학)을 '사회 물리학'이라고 부르려고 노력했고, 더 나중인 1872년 월터 배젓(Walter Bagehot)이 진화에 관한 자신의 유명한 저서에 『물리학과 정치학(Physics and Politics)』이라는 제목을 붙였다는 것을 상기할 때, 비코가 주장했던 것의 많은 부분이 지금은 너무나 당연해 보이지만, 비코의 독창성은 오늘날 우리가 더 쉽게 진가를 인정할 수 있다. (배젓은 자신의 책의 부제(副題)가 《'자연 선택'과 '유전' 원리의 정치적 사회에의 적용에 대한 사상(Thoughts on the application of the principles of 'natural selection' and 'inheritance' to political society)》이라는 점에서 '물리학'에 대한 독특한 개념을 가지고 있었던 것 같다.)

비코의 걸작은 『신과학(Scienza nuova)』이었다. (이 제목은 약 1세기 전의 베이컨의 『신기관(Novum organum)』에서 연상되었을 수도 있다.) 초판본은 1725년에, 세 번째(개정) 판본은 1744년에 출판되었다. 이 책에서 비코는 인간은 역사적으로만 이해할 수 있는 존재라고 주장했다. 다시 말해서, 과거에 관한 지식은 우리 자신을 이해하는 데 필수적이라는 것이다. 그는 특히 오랜 기간에 걸친 역사적 발전의 산물인 사고(思考)와 감정(感情)의 방식을 원시인의 마음속으로 다시 읽어 들이는 것에 반대했다. 비코는 모든 이론이 그 이론이 다루는 주제가 형성되기 시작한 시점에서 시작되어야 한다고 믿었다. 이사야 벌린이 지적한 바와 같이, '이것이 배아(胚芽) 역사주의의 완전한 교리이다.'[17] 비코는 우화(寓話)와 신화(神話)가 종종 원시 민족의 믿음에 대한 유용한 증거를 제공할 수 있다는 점에 주목함으로써 부분적으로 그를 예견했던 16세기 역사학자 보댕을 존경했다. 비코는 역사적 순환의 존재를 믿었지만, 이 개념을 이전에 이를 믿었던 사람들보다 더 정교한 방식으로 해석했다. 그는 어떤 역사의 특정 시기에는 다른 어떤 시기에 다시 나타나는 모든 세부 사항에 영향을 미치는 일반적인 기본 성격이 있으므로 그러한 한 시기에서 다른 시기를 유추함으로써 논의하는 것이 가능하다고 생각했다. 예를 들어, 전사 귀족에 의한 통치, 발라드 문학 등과 같은 몇 개의 공통적인 특징을 지적하면서 서양에서 중세 초기 그리스도교도의 야만성과 호메로스 시대의 야만성 사이의 유사점을 묘사했다. 그는 그러한 시기를 '영웅적' 시기라고 불렀다. 그는 항상 새로운 것이 만들어지기 때문에 역사가 엄격하게 순환적이라고는 생각하지 않았다. 콜링우드(R. G. Collingwood)가 비코의 회귀(回歸) 개념에 대해 말했듯이, '그것은 원(圓)이 아니라 나선

(螺線)이다. 역사 자체는 반복되지 않지만, 이전에 지나간 것과 구별되는 형태로 새로운 각 단계로 돌아온다.'[18] 따라서 중세 서유럽의 야만성은 그리스도교의 영향으로 인해 호메로스 시대의 그리스의 야만성과는 달랐다. 그러나 비코는 유사한 시기들은, 예컨대 영웅적 시기에는 항상 사상(思想)이 상상(想像)보다 우세하고 산문(散文)이 시(詩)보다 우세한 '고전적 시기'가 뒤따르는 것과 같이, 같은 순서로 재발하는 경향이 있다고 생각했다.

『신과학』은 매우 모호하게 쓰였으며 오랫동안 방치되어 있었다. 이 책은 첫 출판 이후 약 100년만인 1820년대에 프랑스의 위대한 역사학자 미슐레(Michelet)가 이탈리아를 여행하던 중 우연히 발견하고 프랑스어로 번역해서 비코의 명성을 만들어내면서 유명해졌다. 미슐레는 자신의 기념비적 저서인 『프랑스사(History of France)』에서 반세기 전에 뉴턴이 물리학에서 했던 것을 비코가 역사학에서 했다고 선언했다. 이러한 비교가 과하게 보일 수도 있지만, 비코가 사회의 본질과 구조를 이해하기 위해서는 그 모든 측면을 역사적 관점, 즉 시간의 관점에서 연구해야 한다는 현대적 믿음의 첫 번째 주창자로 간주될 수 있는 것에는 의심의 여지가 없다. 제2차 세계대전 이후까지 『신과학』의 영어 번역본은 등장하지 않았지만, 1920년대와 1930년대에 옥스퍼드 대학의 철학자이자 로마-브리튼(Roman Britain)* 역사가인 콜링우드는 비코의 영향을 크게 받았으며, 이 점에서 그는 영어권 세계에서 거의 유일했다. 오늘날 비코는 이탈리아의 가장 뛰어난 철학자이자 역사상 가장 위대한 철학자 중 한 명으로 여겨지게 되었다.

---

* 역자 주: 영국 대부분이 로마 제국에 의해 점령되었을 때인 서기 43년부터 410년까지의 고대 고전 기간.

요한 고트프리트 헤르더(Johann Gottfried Herder, 1744~1803)는 역사적 관점의 근본적인 중요성을 인식한 18세기 독일의 저명한 역사 철학자였다. 그는 '절대적인 가치'를 거부하고, 모든 사람과 모든 시대에 유효한 역사의 불변 법칙이 있다는 것에 반대했다. 그 대신, 그는 모든 문화와 모든 시대마다 그 자체의 특성과 고유한 가치가 있으며, 그에 따라 평가되어야 하는 '역사적 상대주의'를 믿었다. 1784년부터 출판된 헤르더의 주요 작품 4권은 1800년에 처칠(T. O. Churchill)에 의해 『인간 역사의 철학 개론(Outlines of a Philosophy of the History of Man)』이라는 제목으로 영어로 번역되었다. 비코와 달리, 헤르더의 영향력은 곧 역사가들이 감지했으며, 20세기에 그의 개념은 오스발트 슈펭글러(Oswald Spengler)에 의해 재구성되고 정교해졌다. 이사야 벌린은 헤르더에 대해 고무적인 비판적 설명을 제공했다.[19]

  비코는 『신과학』의 범위를 사회사와 인문학의 영역으로 제한했고, 철학자 임마누엘 칸트는 오직 물질세계(자신이 진화의 대상이 아니라고 확신하는 생물학적 종은 제외함)만이 지속적인 변화와 발전의 산물이라고 주장했다.[20] 그러나 헤르더는 자신의 관점이 '과학 이론이 아니라 철학적 비전을 구성했다'는 점을 강조해야만 했지만, 역사적 과정에는 물질세계, 생명의 세계, 인간 사회 등 많은 것들이 포함된다고 확신했다.[21]

  당연히, 헤르더는 예컨대 호메로스에 대해 그의 서사시는 '앞으로 많이 읽히지 않을 것'이라며 그를 '그리스의 철학자이자 신학자이며 시인'에서 퇴출한 것에서 드러난 것과 같은 프랑스 백과전서파(百科全書派)의 반(反)역사적 편견에 대해 극도로 비판적이었다.[22] 1789년 프랑스 혁명의 지적 선구자인 백과전서파는 시간을 초월한 어떤 근본적인 진리의 존재에 대한 광범위한 믿음을 불러일으켰고, 이로 인해 더욱 광적인 혁명가들

은 자신들이 프랑스뿐만 아니라 전 우주를 위한 법률을 제정하고 있다고
선언하게 되었다!

진화와 산업 혁명

진화론적 우주

비코는 인간을 역사적으로 바라볼 필요가 있음을 크게 강조했지만, 인간을 자연에서 나온 존재로 여기지 않았을 뿐만 아니라 자연계에 그 자체의 역사가 있다고 생각하지도 않았다. 그러나 18세기 동안, 시간 개념이 자연 개념의 필수 부분이라는 믿음이 확산하기 시작했다. 코페르니쿠스 이론을 수용함으로써 공간 세계의 촘촘히 짜인 테두리를 산산조각 냈듯이, 역사적으로 사물을 바라보는 경향은 그에 상응하여 시간적 세계를 광대하게 확장하는 것으로 이어졌다.

당시 지배적이던 아리스토텔레스의 자연 철학에 대한 반란에서, 데카르트는 반세기 후의 뉴턴과 마찬가지로 지상과 천상의 모든 물질이 동일한 물리학 법칙의 적용을 받는 것으로 간주했다. 그러나 기계론적 결정론자로서 그는 태양계의 기원을 설명하기 위해 신의 개입을 요청하지 않았다. 1644년 자신의 『프린키피아』에서 그는 소용돌이 이론을 통해 태양계에서 운동 방향이 균일한 것과 그 방향이 황도면에 근사하는 이유를 설명하려고 했다. 그는 원래 세계가 가능한 한 균일하게 분포된 물질로 가득 차 있었다고 가정하고, 일련의 다른 층들로 구성된 것으로 간주되는 태양과 지구를 포함한 행성들의 연속적인 형성에 관한 이론을 정성적으로 스케치했다.

분리와 결합의 자연 과정을 통해 우주가 진화한다는 데카르트의 아이디어는 우주 진화에 관한 일련의 이론들의 원천이었다. 거의 한 세기 후에, 스베덴보리(Swedenborg)는 1734년 자신의 『프린키피아』에서 데카르트의 우주 생성론에 대한 수정된 견해를 주창했다. 그는 행성이 태양에서 방출되었다는 제안을 했지만, 이런 일이 어떻게 일어났었을 지에 대한 그의 아이디어는 1745년 태양계의 기원에 대한 최초의 조석(潮汐) 이론을 제시한 뷔퐁(Buffon)에 의해 거부되었다. 혜성이 오늘날 우리가 믿는 것보다 훨씬 더 크다고 가정할 때, 뷔퐁은 태양과 충돌하는 혜성이 행성을 형성하기에 충분한 물질을 떼어냈을 수도 있다고 제안했다.

스베덴보리와 뷔퐁 모두 우주 생성론 문제에 뉴턴 사상을 적용하지 않았다. 가장 먼저 그렇게 한 사람은 1755년에 출판된 『보편 자연사와 천체 이론(Universal Natural History and Theory of the Heavens)』의 저자인 임마누엘 칸트였다. 그는 중력의 작용으로 응결의 중심 역할을 하는 고밀도의 일부 원시 영역을 제외하고는 초기의 모든 물질이 기체 상태로 어느 정도 균일하게 퍼져 있다고 가정했다. 그러한 중심 중 하나가 태양계의 기원이었다. 칸트는 결국 충돌을 통해 태양에 대해 모든 것이 동일한 방향으로 운동하는 공동 평면상의 원형 궤도가 발생할 수 있다고 생각했다. 그는 이 현상이 자동적으로 가능하다고 생각하는 데에서 실수했다. 이는 각운동량 보존이라는 역학적 원리와 그에 따른 뉴턴의 운동 법칙과 모순되기 때문이다. (그러나 이 역학적 원리는 1775년에야 오일러에 의해 완전히 일반화되었다.) 1796년에 제기된 라플라스(Laplace)의 성운 가설은 이 결함으로부터 자유로웠으므로 그의 원시 태양 성운은 초기에 회전하는 것으로 가정되었다. 오래된 우주 순환 개념과 구별되는 우주 진화 개념은 현대 천문학의 위대한 개척자인 윌리엄 허셜(William Herschel)이 제안했다. 1814년 발표된 논문에서 그는 '현재의 은하수를 집적(集積)하는 힘의 끊임없는 작용이 존재하게 만든 상태는 은하수의 과거와 미래의 존재 시간을 측정하는 데 사용될 수 있는 두 종류의 크로노미터'라고 주장했다.[1]

진화의 개념이 맞서야 했던 장애물 중 하나는 과거 시간의 범위가 심각하게 제한되었다는 널리 퍼진 유전적 확신이었다. 성서에 기반을 둔 연대기는 화석의 본질을 연구하는 과학자에게 이미 심각한 제약이 되고 있었다. 17세기에 스테노(Steno)와 후크는 화석이 이전에 살았던 유기체의 석화된 흔적이라는 것을 깨달았다. 이들은 화석을 통해 지질학적 변화에 대한 역학적 이론을 개발했지만, 이 이론을 당시 수용된 시간 척도에 맞추는 데 있어서 어려움에 직면했다. 박물학사 존 레이(John Ray)는 처음에는 화석에 대한 스테노와 후크의 견해를 받아들이고, 산(山)이 태초부터 존재하지 않았다는 스테노의 주장이 옳다면, 아마도 '세상은 상상하거나 믿는 것보다 훨씬 오래되었다'라고 제안했다. 그러나 결국 그는 신학적 신념의 영향으로 무기적(無機的) 기원에 동조하여 화석에 대한 견해를 바꾸고, 당시 여전히 널리 받아들여지던 전통적이며 비(非) 진화론적인 자연 세계의 개념으로 되돌아갔다. 아서 러브조이는 1703년 레이가 했던 다음과 같은 솔직한 진술에 주의를 기울였다. '경험 증거를 고려하자. 항상 같은 원소들, 변하지 않는 종(種), 모든 것의 영속을 위해 미리 준비된 씨앗과 싹 … 그래서 태양 아래서 새로운 것은 없고 태초부터 볼 수 없었던 종도 없다고 말할 수 있다.'[2]

18세기에 과학자를 포함한 일부 사람들은 성서에 기반을 둔 자연의 연대기를 폐기하기 시작했다. 1721년 몽테스키외는 『페르시아인의 편지 (Lettres persanes)』에서 '자연을 이해하고 신에 대한 합리적인 생각을 하는 사람들이 물질과 피조물이 겨우 6천 년밖에 되지 않았다고 믿는 것이 가능한가?'라고 물었다. 해당 세기 후반에 드니 디드로(Denis Diderot, 1713~1784)는 수백만 년에 대해 생각했고, 칸트는 우주 나이 가 수억 년일 수도 있다고 제안했다. 뷔퐁은 1778년 출판된 『자연의 신기원(Époques de la nature)』을 저술할 때 지구 냉각의 첫 번째 단계에 는 적어도 1백만 년이 필요했을 것으로 추정했다.[3] 인쇄본에서 그는 더욱 신중해져서 지구의 나이가 적어도 7만 5천 년이라고 추정했다. 그의 사상 중 일부는 파리 대학의 신학 교수진에 의해 비난을 받았다.[4]

1788년 지질학자 제임스 허턴(James Hutton)은 『지구 이론(Theory of the Earth)』에서 암석의 성층(成層)과 해양의 퇴적(堆積) 등을 설명하 기 위해 이전에 제기되었던 급작스러운 파국적 변화를 거부했다. 그는 진정한 과학적 접근 방식이란 그러한 *임시* 가설을 제기하는 것이 아니라 현재 작동하고 있는 것과 동일한 작인(作因)이 과거 내내 작동할 수 있었는지를 시험하는 것임을 깨달았다. 그의 관점에서 세계는 진화해 왔고, 여전히 진화하고 있었다. 한 구절에서 그는 실제로 이를 유기체에 비유했다. 지구가 현재 상태에 도달하기 위해서는 방대한 기간이 필요했 다고 결론지은 그는 퇴적암과 화성암 연구로부터 자주 인용되는 '우리는 시작의 흔적도 끝의 가능성도 찾을 수 없다.'라는 결론에 도달했다.

암석의 연대순 배열을 확립하기 위해 화석을 사용한다는 생각은 17세기에 로버트 후크가 처음 제안했지만, 100년 이상 실행되지 못했다. 18세기 말에 이르러서야 화석을 수집한 영국의 측량사 윌리엄 스미스(William Smith)가 각각의 지질층은 그 안에서 발견된 화석으로 분간될 수 있으며, 관련 암석이 발견되는 곳마다 동일한 일련의 지질층이 발생했다는 것을 깨달았다. 스미스는 1815년에 최초의 전국 지질도를 제작했다. 한편, 층서학적(層序學的) 고생물학이라는 과학이 프랑스에서 장 루이 지로 술라비(Jean-Louis Giraud Soulavie, 1752~1813)에 의해 독자적으로 창시되고 있었는데, 그는 암석의 층서학적 순서를 연대기적 순서로 간주할 수 있다는 것을 최초로 인식했던 사람이다.

19세기에 생물학적 진화론자의 영향으로 선형적 전진이라는 시간 개념이 마침내 만연하게 되었지만, 현재와 과거의 종(種)을 설명하기 위해 자연 선택이 작용하는 데 필요한 수억 년을 숙고할 수 있게 한 사상적 풍토는 주로 지질학자들에 의해 준비되었다. 그러므로 찰스 다윈(Charles Darwin)이 박물학자이자 지질학자로서의 평생의 작업을 시작했다는 것은 놀라운 일이 아니었다. 그렇지만 1859년 『종의 기원』(The Origin of Species)이 출판된 지 약 40년 후에 아치볼드 게이키 경(Sir Archibald Geikie)이 설명했듯이, 과거 시간의 범위에 대한 다윈의 요구는 많은 사람에게 큰 충격으로 다가왔다. 게이키는 다음과 같이 기술하고 있다.

> 다윈이 이 질문을 채택하기 전까지는 지질학적 기록의 특성을 설명하기 위해 방대한 기간의 필요하다는 것은 매우 부적절한 것으로 인식되었다. 물론 일반적인 의미에서 지구의 지각(地殼)이 매우 오래되었다는 것은 어디에서나 수용되었다. 그러나 그의 시대 이전의 어느 누구도 아주 얇고 연속적인 지층 그룹이 퇴적하는 데 필요한 기간이 얼마나 길었는지 인식하지 못했다.[5]

추측과 구별되는 지질학적 시간 측정을 위해서는 물리학의 도움을 받아야 하는데, 여기서 다윈은 자신의 이론에 대한 가장 심각한 반론 중 하나라고 여겨지는 것을 마주했다. 1854년 독일의 물리학자이자 생리학자인 헬름홀츠(Helmholtz)는 태양이 지속적으로 수축하면서 중력 에너지를 방출함으로써 엄청난 양의 방사선을 꾸준히 분출하는데, 이 중력 에너지가 방사선의 열에너지로 전환된다고 제안했다. 그는 현재의 태양 복사 속도는 약 2천만 년 동안 태양에 의해 유지될 수 없을 것이라고 계산했다. 이러한 결론은 1892년 켈빈 경(Lord Kelvin)이 된 영국의 물리학자 윌리엄 톰슨(William Thomson)에 의해 뒷받침되었는데, 그는 기껏해야 이 추정치가 5천만 년까지 연장될 수 있다고 생각했다.

지질학자가 요구하는 수억 년의 세월은 허용될 수 없다는 자신의 견해를 확인하는 과정에서 톰슨은 지구 지각을 통한 열 흐름을 고려했다. 그는 이것이 지구가 냉각되고 있어야 하므로 과거는 더 뜨거웠을 것을 나타내는 것이라고 주장했다. 그는 지구가 용해되었음에 틀림이 없는 시기를 계산하여 그 시기가 2천만 년에서 상한선 사이라는 것을 알아냈는데, 이 상한선을 약 4억 년으로부터 1897년에는 2천 4백만 년이라는 최종 추정치까지 계속 감소시켰다.

켈빈은 지질학자들로부터 비판을 받았지만, 1894년 옥스퍼드에서 열린 영국 학술 협회 회의에서 행한 회장 연설에서 전직 (그리고 뒤이은) 수상(首相)이자 아마추어 과학자인 솔즈베리 경(Lord Salisbury)으로부터 공개적인 지지를 받았다. 켈빈과 헉슬리(T. H. Huxley)가 모두 참석했다. 켈빈은 연설 후에 자신의 발언을 일반적인 감사의 표현으로 한정했다. 헉슬리의 정중하고 위엄 있는 감사 연설은 '명백하고도 격렬한 항의를 감추고 있었다.'[6] 물리학자의 입장에서 켈빈에게 도전한 최초의 사람은 그의 조수였던 수학자이자 엔지니어 존 페리(John Perry, 1850~ 1920)였다. 솔즈베리의 연설문을 읽은 그는 주간 과학 저널인 *네이처*에 편지를 보냈고 이듬해 초에 그 저널에 게재되었다.[7] 그는 냉각 도중(途中)인 지구의 열전도도가 균질하다는 켈빈의 단순화된 가정에 주의를 기울이고, 만약 실제로 이 전도도가 중앙으로 갈수록 증가한다면, 지구 나이에 대한 켈빈의 추정치는 크게 증가해야 할 것이라고 지적했다. 또한, 지구 핵에 어느 정도의 유동성이 있다면, 열전도도가 대류에 의해 보충되어야 한다고도 했다. 페리는 응용 수학자인 타이트(P. G. Tait)로부터 무례한 공격을 받았고 켈빈으로부터는 좀 더 온건한 어조로 공격을 받았는데, 켈빈은 지구에 관한 자신의 계산과 상관없이 태양의 열은 지구 나이를 기껏해야 수백만 년으로 제한한다고 지적했다.

논쟁이 격렬해지는 동안 진화의 개념은 지구-달 계의 역사로 확장되고 있었다. 이러한 맥락에서 조석 마찰의 중요성은 이미 1754년 임마누엘 칸트가 자신의 진화론적 추측 중 가장 주목할 만한 것, 즉 '지구가 축 회전의 변화를 겪었는지'에 대한 질문에 관해서 쓴 짧은 에세이에서 인식되었다. 주로 달의 중력 작용 때문에 유도되는 바디의 조류와 해양에 대한 지표면의 마찰 저항은 그 작용이 매우 느리지만 비가역적이며, 장시간에 걸쳐 지구 자전과 달 궤도에 큰 변화를 일으킬 수 있다. 칸트의 논의는 정량적으로는 정확하지 않았지만, 천체 역학적 시간이 순환적이지 않다는 첫 번째 예시였다. 19세기 말에 지구-달 계에 대한 조석 마찰의 소산(消散) 효과에 관한 더욱 철저하고 정확한 분석이 찰스 다윈의 아들인 조지 다윈 경(Sir George Darwin)에 의해 이루어졌는데, 그는 헬름홀츠와 켈빈이 허용한 시간 척도에 자신의 결과를 맞추려고 노력했다. 그는 달 궤도가 추정된 초기 상태로부터 현재 형태로 변환하는 데 필요한 최소 시간은 5~6천만 년이 될 것이라고 계산했다. 하지만 그는 실제 기간은 아마도 훨씬 더 길 것이라는 것을 깨닫고 다음과 같이 적고 있다. '하지만 나는 이 이론의 적용 가능성이 그에 필요한 기간의 길이 때문에 부정적이라고 생각할 수 없다.'[8]

지구와 태양의 나이에 대한 이러한 시간 척도의 어려움은 19세기 말 방사능이 발견되고, 20세기 초 러더퍼드(Rutherford) 등이 핵변환에 관한 후속 연구를 수행한 이후에야 해결이 가능해졌다. 이제 지각 암석에는 지구의 알짜 열 손실을 극도로 작게 만들기에 충분한 양의 방사성 원소가 공급되고 있는 것으로 알려져 있으며, 수천만 년이라는 지구 나이에 대한 켈빈의 추정치는 오늘날 약 45억 년으로 대체되었다. 마찬가지로, 태양 열은 수십억 년 동안 꾸준히 지속할 수 있는 깊은 내부의 열핵 과정에 의해 유지된다는 것이 일반적으로 받아들여지고 있으며, 현재 태양의 추정 나이는 약 47억 년이다.

방사능은 비순환적 자연 과정의 중요한 예시이자 '시간의 화살', 즉 시간의 단일 방향적 특성을 나타내는 예시로써, 1896년 베크렐(Becquerel)이 발견하고, 1902년 원자의 자발적 변환이라는 측면에서 러더퍼드와 소디(Soddy)가 설명했다. 이것은 외부 영향과 무관한 순수한 핵 현상으로, 우라늄과 같은 방사성 원소의 주어진 양이 '붕괴'하는 속도는 현재 존재하는 원소의 원자 수에 비례한다. 따라서 방사능은 시간의 화살을 나타낼 뿐만 아니라 시간 측정 수단으로도 사용될 수 있다. 지구 나이 추정에 도움이 되는 지각 암석의 방사성 '시계' 외에도, 보다 최근에 발견된 또 다른 유명한 예는 고고학자에게 매우 유용한 것으로 입증된 유기(有機) 물질의 탄소-14 시계다.

19세기 물리학에서 시간의 단일 방향적 특성은 주로 열역학 제2 법칙과 관련이 있었다. 루돌프 클라우지우스(Rudolf Clausius)와 윌리엄 톰슨에 의해 1850년경 처음 공식화된 이 법칙은 더 차가운 물체에서 열이 스스로 더 뜨거운 물체로 이동할 수 없다는 가설을 일반화한 것이다. 이 법칙은 열역학 과정이 일어나는 방향을 결정하고, 에너지가 손실될 수는 없지만 역학적 일을 하는 데 사용할 수 없게 될 수 있다는 사실을 표현하고 있다. 클라우지우스는 이 법칙 때문에 우주 전체가 온도뿐만 아니라 다른 모든 물리적 요인이 모든 곳에 동일하여 모든 자연 과정이 중단되는 '열적 죽음' 상태를 향해 가고 있다고 믿었다. 이 법칙의 이와 같은 특별한 적용은 논란이 되었고, 최근 우주론의 발전으로 인해 이제는 더 이상 받아들여지지 않지만, 이 법칙은 한동안 순환적이고 비진화적인 물리적 우주 개념에 대한 오랜 믿음을 약화시키는 데 커다란 영향을 주었다.

현대 산업 사회에서 시간의 역할

18세기에 현대 산업 사회가 시작된 이래 시간은 전반적으로 우리의 삶과 심지어 우리 대부분의 사고방식에까지 점점 더 큰 영향력을 행사하게 되었다. 예를 들어, '시대착오(anachronism)'의 개념을 생각해 보자. 고대에는 로마인만이 그것에 대해 조금이라도 알고 있었던 것 같다. 고대 이스라엘에서는 신이 한 약속의 이행으로서의 선형적 역사 개념은 그런 의미를 포함하지 않았다. 그리스인 사이에서도 헤로도토스를 제외한 작가들은 역사적 발전에 대한 어떤 인식도 거의 보여주지 않았다. 로마인에게 눈을 돌리면, 호메로스의 등장인물과 달리 베르길리우스의 등장 인물에게는 과거와 미래에 대한 감각이 있으며, 호라티우스(Horace)는 『시의 기법(Art of Poetry)』에서 의상과 언어는 모두 시간이 흐르면서 변한다고 지적했음을 알게 된다. 언어의 진화와 관련하여 호라티우스는 『트로일로스 크리세이드(Troilus and Criseyde)』(1386년경)에서 초서에게 다음과 같은 영향을 미쳤다. '당신은 화법(話法)의 형태가 1천 년 이내에 변한다는 것을 알고 있다.' 따라서 버크(P. Burke)가 이 구절과 관련하여 언급한 것처럼, '한 시대의 역사 감각은 다른 시대의 역사 감각을 자극했다.'[9] 시대착오 개념은 르네상스 시대에는 일부 사람에게 영향을 미친 것으로 보이지만, 18세기가 되어서 널리 인정받게 되었다. 특히, 해당 세기가 끝나기 전에 이 개념은 극장에서 시대 의상 도입을 이끌었다.

사람들의 생활 방식에서 시간의 중요성이 증가함에 따른 가장 두드러진 효과는 아마도 전례 없는 전국적 교통 체계 도입이었을 것이다. 일괄적인 서비스에 대한 아이디어는 17세기 중반 파스칼(Pascal)이 처음 제안한 것으로 보이지만, 전통적 방법을 넘어서는 최초의 큰 진보는 100년이 넘도록 일어나지 않았다. 실제로 잉글랜드에서는 조지 2세(1727~1760)가 통치할 때까지 육로 여행의 일반적인 속도는 율리우스 카이사르가 가마를 타고 비교적 편안하게 여행하면서 로마에서 로다무스(Rhodamus)까지 730 법정 마일의 거리를 가는 데 8일이 걸렸던 기원전 1세기보다 더 빠르지 않았다. 1639년 찰스 1세가 베릭(Berwick)에서 런던까지 약 300 마일의 거리를 말을 타고 가는 데 4일이 걸렸다. 1천 년 이상 전에 로마의 점령이 끝난 이래 크게 방치되어 있던 영국 도로의 비참한 상태로 인해 겨울에는 바퀴 달린 교통이 거의 중단되었고, 대부분의 사람들은 적어도 반년 동안 자신들의 도시와 마을에 고립되었다. 17세기에 런던 근처의 일부 도시에는 수도(首都)를 오가는 운송 수단이 있었지만, 도로가 끔찍할 정도로 열악했기 때문에 용수철이 달리지 않은 마차를 타고 여행하는 것은 매우 강인한 여행자에게도 상당한 시련이었을 것이다!

18세기에 타르가 깔린 도로와 포장 간선 도로 시스템이 도입되면서 통행이 확실히 더 빨라졌지만, 거의 12개월 이내에 엄격한 시간 측정을 기반으로 하는 통합 대중 교통망인 우편 마차 시스템이 잉글랜드 방방곡곡에 도입된 1784년에 결정적인 돌파구가 생겼다. 이 시스템은 배스의 하원의원인 존 팔머(John Palmer)가 설립했다. 마차는 오후 4시에 브리스틀을 떠나 시속 10마일의 표준 속도로 밤새 운전하여 다음 날 오전 8시에 정확히 예정대로 롬바드가(街)에 위치한 런던 중앙 우체국에 도착했다. 토마스 드 퀸시(Thomas De Quincey)는 '잉글랜드의 우편 마차'에 대한 잘 알려진 에세이에서 팔머가 '광대한 폭풍, 어둠, 위험의 한 가운데에서 국가적 결과에 대한 하나의 꾸준한 협력으로 모든 장애물을 극복하는 핵심적인 지성의 의식적 존재'를 맡고 있다고 언급하고, '광대(廣大)'에 대한 각주에서는 '600마일 떨어진 두 지점에서 동일한 순간에 출발한 두 우편 마차가 총 거리를 이등분하는 특정 다리에서 거의 지속적으로 만났던' 경우를 언급하고 있다. 그는 계속해서 '트라팔가, 살라망카, 비토리아, 워털루의 가슴 아픈 소식'을 이 땅에 배포한 것은 우편 마차라는 것을 알려준다. 외국인들은 종종 시간 절약에 대한 잉글랜드의 광적인 집착에 대해 불평했다. 미국의 퀘이커 교도인 존 울먼(John Woolman)은 '역마차들은 종종 24시간 동안 100마일 이상을 가는데, 나는 여러 곳의 친구들로부터 말들이 혹사로 죽는 것이 일반적이라는 것을 들었다.'고 기록하고 있다.[10]

우편 마차 도입은 다음 100년 동안 여행자를 포함한 사람들에게 영향을 미치게 될 시간 계측이라는 새로운 문제로 이어졌다. 모든 도시의 시간은 현지 시각 또는 '태양' 시간으로 흘러가는데, 잉글랜드 서부에서는 런던 시각보다 최대 20분 늦고, 동부에서는 최대 7분까지 앞섰다. 예상대로, 시골 사람들은 런던 시각을 자신들에게 강요하는 것에 반대했다. 팔머의 감독관 해스커(Hasker)가 택한 해결책은 필요에 따라 시간을 늦추거나 당기도록 미리 설정할 수 있는 시계를 각 마차에 제공하는 것이었는데, 도중에 특정 우체국에서 지속적인 확인이 이루어졌다. 역마차의 나팔 소리는 우편 마차가 지나가는 도시와 마을의 모든 주민에게 시간을 알려주고 시간 엄수의 중요성을 상기시키는 청각 신호였다. 더욱이 우편 마차를 정기적으로 보는 것은 많은 시골 사람들에게 도시에서 입신출세를 추구할 가능성을 끊임없이 상기시켜 주었을 것이다. 19세기 초반에는 잉글랜드와 웨일스에서 다섯 명 중 네 명이 시골 출신이었지만, 해당 세기 중반에 이르러서는 절반 정도에 불과했다.

사람들 대부분이 친척을 방문하거나 휴가를 가기 위해 전국을 여행하기 위해서는 19세기 2/4분기의 철도 출현을 기다려야 했다. 그러나 증기 동력이 사람들의 생활 방식과 시간 감각에 미치는 영향은 단지 기관차 발명 때문만은 아니었다. 증기 동력은 산업 혁명의 원동력이었다. 오래된 오두막집을 본거지로 삼은 수직기(手織機) 직공은 생계를 위해 매우 열심히 일해야 했지만, 적어도 자신이 원할 때 일을 할 수 있었다. 그러나 공장 노동자는 증기 동력이 켜질 때마다 일해야만 했다. 이로 인해 사람들은 시(時) 단위뿐만 아니라 분(分) 단위로 시간을 엄수해야 했다. 그 결과, 그들은 자신들의 조상들과 달리 시계의 노예가 되는 경향이 있었다. '시간 낭비'라는 악덕(惡德)은 이미 청교도 작가들에 의해 매도(罵倒)되었는데, 예를 들어 리처드 백스터(Richard Baxter)는 1664년 『그리스도교 지도서(Christian Directory)』에 다음과 같이 쓰고 있다.

시간을 구제한다는 것은 시간을 헛되이 버리지 않고 매 순간을 소중히 사용하는 것을 확인하는 것이다. … 시간이 지나가면 시간이 얼마나 회복 불가능한지도 생각해 보라. 지금 쓰지 않으면 영원히 잃어버릴 것이다. 어떤 능력과 지성을 가진 사람도 사라진 1분을 소환할 수는 없다.[11]

19세기에 이러한 관점은 점점 더 널리 퍼져 나갔고, 시인 워즈워스만큼 제조업과 거리가 먼 사람조차도 '24시간 동안 아무것도 하지 않은 집시를 공격했다'는 이유로 윌리엄 해즐릿(William Hazlitt)으로부터 비난을 받았다.[12]

증기는 수년 동안 동력원으로 사용되었지만, 1829년 스티븐슨(Stephenson)이 '로켓(Rocket)'으로 레인힐(Rainhill) 시험 운행을 한 후에야 비로소 말보다 훨씬 빠른 속력을 낼 수 있는 기계가 생산되었다는 것이 분명해졌다. 잭 시몬스(Jack Simmons)가 지적했듯이, '전 세계가 … 한순간에 철도를 알게 되었다.'[13] 애덤스 주니어(C. F. Adams, jun.)도 자신의 저서 『철도(Railroads)』의 1886년 판본에서 다음과 같이 동일한 점을 강조했다. '기관차와 철도는 세상에 몰래 움직이거나 서서히 다가오기보다는 불쑥 나타났다. 그 출현은 매우 극적인 것이었다. 그것은 아메리카 대륙을 발견한 것보다 훨씬 더 그러했다.'

처음에는 철도가 다소 태평스러운 방식으로 운행되었고, 시간 관리는 전적으로 철도 기관사의 책임이었다. 1839년 조지 브래드쇼(Jeorge Bradshaw)가 첫 철도 시간표를 작성하고 있을 때, 한 관리자는 '이것이 시간 엄수를 일종의 의무로 만드는 것'이라고 믿었기 때문에 브래드쇼에게 기차 도착 시각을 제공하길 거부했지만,[14] 우편물이 운송되기 시작했을 때에는 그 의무를 수락해야만 했다. 각 도시는 여전히 현지 시각을 유지했지만, 철도 열차의 속도가 우편 마차보다 훨씬 빨라지면서 상황을 통제하기가 더 어려워졌다. 파리에서는 기차역 외부의 시계가 내부보다 5분 앞서 있었는데, 이는 승객이 제시간에 기차에 탑승하도록 하기 위해 서일 뿐만 아니라 철도 시간이 루앙(Rouen) 시각이었기 때문이다. 1872년 7월 11일 자 *타임스*에는 한 통의 편지가 실렸는데, 글쓴이는 사망한 자신의 남편 셰인 레슬리 경(Sir Shane Leslie)이 자신에게 더블린에 있는 트리니티 칼리지의 유명한 교무처장인 머해피(Mahaffy) 교수가 아일랜드의 한 시골 역에서 기차를 놓쳤을 때 역 밖에 있는 시계의 시간이 역 안에 있는 시계의 시간과 다르다는 것을 관찰했다고 말했다고 했다. 그가 기차를 놓치게 만든 이러한 비효율성에 대해 나이 든 짐꾼에게 이야기하자 그 노인은 머리를 긁적이며 '두 시계가 같은 시간을 나타낸다면, 시계가 두 개일 필요가 없겠죠!'라고 대답했다고 한다.

잉글랜드에서는 19세기 중반에 균일한 철도 시간이 채택되었다. 이것은 그리니치 표준시, 즉 일반적으로 GMT(Greenwich Mean Time)로 표시되는 그리니치 왕립 천문대의 자오선 시간을 기반으로 한다. 현대 정부 과학자의 원형(原形)이었던 당시 왕립 천문대장 조지 에어리 경(Sir George Airy, 1801~1892)은 정확한 시간 측정에 관한 대중의 인식을 바꾸고자 했다. 1840년대 후반 그는 새로운 웨스트민스터 궁전의 탑에 설치될 거대한 시계인 빅벤의 설계와 관련된 자문을 의뢰받았다. (빅벤은 공사의 최고 책임자인 벤자민 홀 경(Sir Benjamin Hall)의 이름을 딴 것이 *아니라*, 마지막 시합에서 몸무게가 238파운드였던 프로 권투선수 벤자민 카운트(Benjamin Caunt)의 이름을 따서 명명되었다. '빅벤'이라는 용어는 해당 종류 중 가장 무거운 물체에 자주 사용되었다.) 에어리는 새로운 시계가 그리니치 시간에 의해 조정되어야 하며, 시(時)를 알리는 첫 번째 타종은 1초 이내의 정확도를 가져야 한다고 주장했는데,

이는 이전의 탑시계에서는 볼 수 없었던 정확도였다.

마스켈린 시대부터 모든 해양 크로노미터는 왕립 천문대에서 시험과 점검을 받았다. 1833년 존 폰드(John Pond)가 왕립 천문대장인 시절에 보시구(報時球) 장치가 그곳에 설치되고 플램스티드 하우스(Flamsteed House)의 포탑에 있는 보시구가 정확히 오후 1시에 떨어졌기 때문에 그리니치 근처의 템스강에서 선박이 측정하는 시간을 점검할 수 있었다. 에어리는 전기 신호를 통해 GMT가 전국에 보급될 수 있도록 조정함으로써 GMT를 기반으로 하는 공익사업을 크게 확대했다. 전기 신호가 철도 선로 옆에 있는 전선으로 전송되었기 때문에 대부분의 사람들은 수년간 GMT를 '철도 시간'이라고 불렀다. 1853년의 연례 보고서에서 에어리는 다음과 같이 기록하고 있다. '나는 왕립 천문대가 이렇게 바쁜 나라의 많은 지역에서 조용히 업무 시간 엄수에 이바지하고 있다는 것을 생각하면 만족하지 않을 수 없다.'[15]

철도 출현은 이전에는 부유층에게만 국한되었던 관습인 연례 휴가를 보내는 가족의 관습에 큰 영향을 미쳤다. 이러한 관습의 성장은 해변 휴양지 개발로 이어졌다. 그러나 모든 사람이 새로운 운송 방식과 그에 따른 변화를 환영한 것은 아니었다. 예를 들어, 1844년 케임브리지로 가는 첫 번째 유람 열차가 계획되었을 때, '케임브리지 대학에 외국인과 기타 바람직하지 않은 인물들이 그토록 신성한 날'인 일요일에 유입될 것이라는 전망은 당시의 대학 부총장에게는 매우 반갑지 않은 일이었으므로 그는 동부 주(洲)의 철도 국장들에게 '그러한 절차는 케임브리지 대학의 부총장에게 그렇듯이 전능하신 하느님을 불쾌하게 할 것'이라고 불평하는 글을 쓰게 했다.[16]

운송 혁명은 다양한 형태의 인간 활동, 특히 뉴스 보급 속도에 영향을 미쳤다. 신문(新聞)의 기원은, 적어도 잉글랜드에서는, 1640년대 내전 당시 서로 다른 파벌이 소책자를 발행한 것으로 거슬러 올라갈 수 있지만, 18세기 말엽 우편 마차가 도입되고 19세기에 철도가 도입되고 나서야 최신 뉴스와 그에 관한 정보에 입각한 논평이 전국의 도시와 마을로 빠르게 전달될 수 있게 되었다. 물론 이처럼 사실과 논평이 널리 퍼진 것은 19세기 중반에 지식에 대한 무거운 세금인 신문의 인지세(印紙稅) 폐지로 인해 크게 촉진되었다.

1858년 전신(電信) 도입과 대서양 횡단 케이블 부설 이후 국내외적으로 전례 없는 통신 속도가 증가하면서 국내외 정부 운영에 혁명을 일으켰다. 즉각적 회신을 요구하는 순간의 열기 속에서 최후통첩을 보낼 수 있었고, 여론이 빠르게 영향을 받을 수 있었으며, 하룻밤 사이에 군대가 동원될 수 있었다. 그것은 뉴욕 증권거래소가 어느 날 오후에 갑자기 공황 상태에 빠지면 다음 날 아침 런던의 사업가가 아침 식사 전에 스스로 총을 쏠 수도 있는 진보의 행진이었다. 20세기 초에는 무선 전신의 출현으로 전 세계적으로 정보 보급 속도가 더욱 빨라지고 널리 퍼졌다. 이제 큰 재앙은 아무리 멀리 떨어져 있더라도 발생하자마자 그리고 실제로 계속 진행되고 있는 동안 전 세계적으로 고통스러운 일을 만들어내는 데 실패하지 않는다.

19세기에 잉글랜드와 같은 나라에서 시간에 대한 사람들의 태도는 빅토리아 시대의 근로 윤리에 크게 영향을 받아 '여가(餘暇)', 즉 열심히 일한 대가로 간주되어 원칙적으로 개인이 원하는 대로 자유롭게 쓸 수 있는 시간으로 이어졌다. 이러한 '여가'는 일, 주, 년으로 규정되기 시작했다. 이전에는 공휴일이 달력 전체에 걸쳐 간헐적으로 발생하는 40일 이상의 성스러운 날이었다. 잉글랜드에서는 17세기 중반에 10년 이상

집권했던 청교도가 전통적인 크리스마스 축제를 이교도 유물로 간주했다. 그들은 이를 폐지하려고 했지만, 1660년 찰스 2세의 복권 이후 곧 회복되었다. 반면에 스코틀랜드에서는 청교도의 영향력이 지속되었고, 크리스마스는 오늘날까지 계속되는 전통인 새해보다 훨씬 덜 일반적인 축하의 시간이 되었다. 그러나 산업 혁명은 종교 축제를 기반으로 하는 휴일의 전면적 폐지로 이어졌다. 빈번하게 유휴(遊休) 상태를 유지하는 데 비용이 많이 드는 공장은 비경제적이었기 때문이었다. 이전의 성스러운 날들을 대신하여 결국 4번의 의무적인 '공휴일(公休日)'이 법으로 제정되었고, 점차 근로자가 여름에 1주일 이상의 연차 휴가를 받는 것이 관례가 되었다. 축구와 같은 육체적 여가 활동은 보통 매주 토요일 오후에 편성되었다.

회중시계는 19세기에 크게 확산하였지만, 그 기계장치의 가장 중요한 개선 사항(균형 용수철은 제외)은 이미 이전 세기에 도입되었다. 이것은 토머스 머지(Thomas Mudge, 1715~1794)가 발명한 레버식 탈진기였다. 이후 시계의 기계장치는 1815년에 매초(每秒)를 칠 수 있는 천문 시계(현대 시간 신호의 전신)를 설계한 아브라함 루이 브레게(Abraham Louis Breguet, 1747~1823)에 의해 더욱 개선되었다. 다른 나라, 특히 프랑스와 스위스에서 시계 제작에 중요하고 지속적인 영향을 미친 19세기 초 잉글랜드의 저명한 시계 제작자는 존 아놀드였다(207쪽 참조). 1843년 회사를 설립한 존 베넷 경(Sir John Bennett)은 해당 세기 중반에 스위스 시계 제조 산업과의 경쟁이 치열해질 위험을 인식했다. 이에 따라 그는 시계 기계장치를 잉글랜드로 들여와 자신의 회사에서 필요한 마무리 작업을 한 후 이를 잉글랜드 제품으로 판매할 수 있도록 했다. 그는 1815년 만국박람회에서 자신의 제품 광고에 아낌없이 투자했다. 시계의 현대적 대량 생산은 19세기 후반 미국에서 시작되었지만, 곧 산업을 지배하게 된 스위스에 의해 채택되고 크게 확장되었다.

시계 제조 기술의 역사에서 가장 놀라운 사실 중 하나는 더 정확한 장치가 발명된 이후에도 오랜 기간 영국의 괘종시계와 회중시계 제조업체가 버지 탈진기를 계속 사용했다는 것이다. 이는 이 탈진기가 가정용 및 휴대용이라는 가혹한 사용 조건을 견디는 데 특히 적합한 것으로 판명됐지만, 앵커 유형과 같은 탈진기가 만족스럽게 작동하기 위해서는 평평한 표면 위에서 유지되어야 했기 때문이다.

오늘날 근로자 대부분은 근무일에 정시 출퇴근을 해야 할 뿐만 아니라 스포츠 활동에도 시간 측정은 그 못지않게 일반적으로 적용된다. 실제로, 이제는 시간을 잴 수 있고 '기록'을 세우는 데 사용될 수 있으면 아무리 어리석은 일이라도 스포츠로 간주될 수 있다. 리머릭(Limerick)의 케빈 시넌(Kevin Sheenan)은 127시간 동안 쉬지 않고 이야기함으로써 일종의 명성을 얻었고, 미국에서는 48시간 동안 지속된 설교를 통해 또 다른 기록을 세웠다. (이 업적은 성직자가 사용하는 모든 설교단에 단 10분 동안만 작동하는 모래시계를 눈에 띄게 배치했었다고 하는 빅토리아 여왕을 즐겁게 하지 못했을 것이다!) 이러한 방식을 포함한 다양한 방식으로 우리 대부분은 시간의 횡포에 점점 더 굴복하게 되었다. 루이스 멈퍼드가 매우 적절히 언급했듯이, '현대 산업 사회의 핵심 기계는 증기 기관이 아니라 시계다.'[17] 19세기에 값싼 시계의 대량 생산에 뒤이은 시간 측정의 대중화는 생활의 가장 기본적인 기능조차도 크로노미터로 측정하여 규제되는 경향을 강조하였다. '사람들은 배고플 때가 아니라 시계가 지시할 때 식사를 했다. 사람들은 피곤할 때가 아니라 시계가 허락할 때 잠을 청했다.'[18] 매우 다른 삶의 방식에 익숙한 사람에게 현대인의 시간 집착이 얼마나 이상하게 보였는지에 대한 좋은 예가 1850년에 영국을 방문했던 네팔의 통치자 장 바하두르(Jang Bahadur)가 기록한 일기에서 나타난다. 이 일기에서 발췌한 내용을 포함하여 1957년 카트만두에서 네팔어로 출판된 그의 전기에 대한 존 웰프턴(John Whelpton)의 번역에 따르면, 그는 이렇게 말했다. '옷을 입고, 음식을 먹고, 약속을 지키고, 잠을 자고, 잠에서 깨는 모든 것이 시계에 의해서 결정된다. … 어디를 봐도 시계가 보인다.'[19]

1855년까지 영국 공공 시계의 약 98%가 GMT로 설정되었지만, 이 시간을 전국적으로 받아들이는 데는 어려움이 있었다. 예를 들어, 1858년 11월 25일 도체스터에서 열린 *커티스(Curtis) 대(對) 머치(March)* 사건에서, 판사가 법원 시계로 오전 10시에 재판관 자리에 앉았지만, 피고와 변호인이 모두 출석하지 않았기 때문에 원고 승소 판결을 내렸다. 그러자 피고의 변호인은 법원에 출석해서 법원 시계가 도체스터 시각보다 몇 분 앞선 그리니치 시각으로 조정된 반면, 사건은 마을 시계로 10시 이전에 처리되었다는 것을 근거로 사건이 계속 심리되어야 한다고 주장했다. 항소심에서 순회 판사의 결정은 '10시는 그 장소의 시간에 따른 10시'이어야 한다는 이유로 번복되었다. 이 결정은 1880년까지 시행되어 영국에서 법적 시간을 정의했다.[20] 그 해 *타임스*에는 '법무부 서기'가 총선을 시행하는 공무원이 투표 개시 및 종료 시간을 결정하는 데 어려움이 있음을 지적하는 서한이 실렸다. 그해 말 영국 전역에서 그리니치 표준시가 법적으로 정당하다고 간주하는 의회 법안이 통과되었다.

곧이어 전 세계적으로 시간 측정을 표준화하는 조치가 취해졌다. 1882년 미국에서는 대통령에게 시간과 경도에 대한 공통 본초 자오선을 결정하기 위해 국제회의를 소집할 권한을 부여하는 의회 법안이 통과되었고, 1884년 10월에는 25개국 대표단이 국제 자오선 회의를 위해 워싱턴에 모였다. 산 도밍고(San Domingo)만 반대표를 던지고, 프랑스와 브라질이 기권하면서, 세계의 본초 자오선은 에어리 자오환(子午環)으로 알려진 그리니치 천문대에 있는 기기의 중심을 통과해야 하며, 세계시는 GMT가 되어야 한다고 권고하기로 합의했다. 이는 놀랄 일이 아니다. 존 해리슨이 해양 크로노미터를 발명하고 왕립 천문대장인 네빌 마스켈린이 1766년에 항해력(航海曆)을 도입하면서 이미 모든 나라의 많은 선원들이 그리니치 시각과 그리니치 자오선을 사용하게 되었기 때문이다. 1880년대 즈음에는 전 세계 선박의 거의 4분의 3이 그리니치 자오선을 기반으로 하는 해도(海圖)를 사용했다. 그러나 22쪽에서 언급했듯이, 1925년까지 천문학자들은 계속해서 정오에 하루를 시작했는데, 이는 한밤중에 관찰하는 날짜는 바뀌지 않는다는 것을 의미했기 때문이다. 회의에서 특별히 권장하지는 않았지만, 1870년에 출판된 소책자에서 미국의 교수 찰스 다우드(Charles Dowd)가 제안한 바와 같이 전 세계에 시간대 체계를 구축한 것도 중요한 결과였다. 시간 계측을 조정할 필요성은 영국보다는 미국과 같은 큰 나라에서 훨씬 더 컸지만, 다우드에 영향을 미친 결정적 요인은 남북전쟁 이후 생겨난 많은 철도 회사들이 측정하는 서로 다른 시간과 그것이 여행하는 대중에게 큰 불편을 끼치는 것이었다. 예를 들어, 펜실베이니아 주의 피츠버그에는 열차의 도착과 출발에 여섯 가지 서로 다른 시간 표준이 있었다. 다우드의 제안은 오늘날 전 세계에서 사용되는 표준 시간 시스템과 원칙적으로 동일한 방식이었다.

오래전인 1881년 미국인 비어드(G. Beard)는 자신의 저서『미국인의 신경과민(American Nervousness)』에서 시간 엄수에 대한 광범위하고 커져만 가는 강조로 인해 사람들이 '몇 분의 지연이 평생의 희망을 파괴할 수도 있다'고 걱정하게 된다고 지적했다. 시간이 표준화되는 것을 열망하는 유럽인 중에는 헬무트 폰 몰트케(Helmuth von Moltke) 백작도 있었는데, 그는 1891년 독일 의회에 군사 계획 조정에 심각한 방해가 되는 5개의 서로 다른 시간대 폐지를 탄원했다.[21] 그 결과 채택된 단일 표준시는 1914년 독일의 전시 체제화를 크게 촉진했다. 한편, 독일보다 시간 표준화 부재가 훨씬 심각했던 프랑스에서는 1913년 7월 *라 르뷔 드 파리*(*La Revue de Paris*)에 기고한 저널리스트 홀레비게(J. Houllevigue)가 1911년까지 이를 수정하는 것이 지연된 것은 주로 영국 혐오증(Anglophobia) 때문이라고 인정했다. 실제로 발효된 법률은 프랑스 법정 시간을 파리 평균시보다 9분 20초 늦게 정의했다. '용서할만한 과묵으로, 법률은 그렇게 정의된 시간이 그리니치 시각이라고 말하는 것을 삼갔으며, 우리의 자존심은 우리가 우연히 영국 천문대와 거의 정확히 같은 자오선에 있는 아르젱탕(Argentan) 시각을 채택한 것처럼 가장할 수 있다.'

1914년 8월 제1차 세계대전 발발을 막기 위한 외교술의 파국적 실패의 주요 이유 중 하나는 외교관들이 7월 말 엄청난 양(量)과 전례 없는 속도의 전신 통신에 대처하지 못했기 때문이다. 한 수도에서 다른 수도로 메시지를 보낼 수 있는 속도는 신속하고 때로는 잘못 고려된 응답을 강요했다. 역설적으로, 벨기에를 통해 프랑스를 공격하려는 슐리펜(Schlieffen) 계획이 실패한 주된 이유는 수천 대의 열차가 빠르게 군대를 전선으로 수송해서 자체 일정을 앞질렀고, 결과적으로 필요한 보급품이 보조를 맞추지 못했던 독일 전시 체제화의 전례 없는 성공 때문이었다.

그 전쟁에서 결정적인 무기는 속사 능력을 갖춘 기관총이었다. 서부

전선 사상자의 5분의 4는 이로 인해 발생한 것으로 추정된다. 1916년 7월 1일 솜(Somme) 전투의 첫날 영국군이 입은 6만 명의 사상자 대부분은 처음 한 시간 이내, 아마도 처음 몇 분 동안 발생했을 가능성이 크다. 제1차 세계대전의 사회적 영향 중 하나는 손목시계 사용의 증가였다. 많은 남자들은 표준 군사 장비와 어울릴 때야 비로소 자신을 사내답다고 여겼다. 솜 전투는 수백 명의 소대장이 동기화된 손목시계가 오전 7시 30분을 가리키자마자 호루라기를 불면서 시작되었다. 따라서 아인슈타인이 10년 전에 물리적 세계에서는 동시성이 '공공' 개념이라기보다는 '사적' 개념임을 보여주었지만(11장 참조), 인간의 활동 세계에서 동시성은 그 어느 때보다도 훨씬 더 중요해졌다.

20세기 초 항해 목적으로 시간을 보급하기 위한 무선 시보(時報)의 도입은 선박의 크로노미터를 직접 확인할 수 있게 되었기 때문에, 해상 경도를 결정하는 달의 각거리 방법은 결국 폐기되기에 이르렀다. (이 방법은 다른 방법을 사용할 수 없을 때 해상 크로노미터를 확인하는 데 간혹 사용됐다.) 제1차 세계대전 이래로 라디오와 텔레비전의 출현, 그리고 내연 기관의 발명으로 가능하게 된 새로운 운송 수단의 속도가 점점 더 빨라짐에 따라 시계에 대한 의존도는 더욱 높아졌다. 최근 몇 년 동안 이와 관련된 가장 장엄한 예는 우주선 및 그와 관련된 초정밀 시간 측정이라는 요구였다.

1920년대 초, 민간에서 시간 측정의 정확성은 철도 엔지니어 쇼트(W. H. Shortt)에 의해 크게 향상되었는데, 그는 시계 제작자 호프 존스(F. Hope-Jones) 및 싱크로놈 컴퍼니(Synchronome Company)와 연계해서 쇼트 자유 진자시계로 알려지게 된 시계를 완성했다. 진자에 사용된 재료는 프랑스에서 몇 년 전에 처음 생산된 '불변강(不變鋼)'이라 불리는 강철과 니켈의 합금으로 사실상 온도와 무관했다. 진자의 자유 운동은 부차적인 '자시계(子時計)'를 독창적으로 사용해서 간섭을 최소화했다. 쇼트 시계는 1925년부터 1942년까지 그리니치 왕립 천문대의 표준 시간 측정기였다. 그 이전의 가장 훌륭한 시계는 하루에 약 10분의 1 초(100 밀리 초) 정도의 오차가 있는 정확도였지만, 쇼트 시계는 오차가 1 년에 약 10 초, 즉 하루에 약 30 밀리 초 정도의 오차로 정확했다. 1930년대에는 지구 중력장에서 진자의 진동 대신 결정질 광물인 수정(水晶)의 역학적 진동을 이용해서 훨씬 더 높은 정확도를 얻을 수 있었다. 1942년 왕립 천문대의 표준 시간 측정기로 쇼트 시계를 대체한 수정 시계는 오차가 하루에 약 2 밀리 초로 정확했다.

수 세기 동안 괘종시계와 회중시계가 측정하는 시간은 지구 자전 속도에 의해 제어되었지만, 더 정확한 시계가 발명되면서 자전하는 지구는 작은 변동에도 영향을 받기 때문에 현대적 요구에 부합하는 충분히 정확한 시간 계측기가 아니라는 것이 밝혀졌다. 지구는 물과 공기로 둘러싸인 단단한 물체로서, 예컨대 극지방의 만년설이 녹거나 어는 것과 같은 계절적 변화가 지구 자전 속도에 영향을 미치므로 1년 동안 하루의 길이가 1 밀리 초(1천분의 1초)를 조금 넘는 시간 범위 내에서 변동한다. 또한, 지구 내부 깊은 곳에서 일어나는 과정으로 인한 불규칙한 작은 변화도 있다. 이러한 변화 외에도 1세기에 약 1.5 밀리 초 정도로 하루의 길이를 증가시키는 천해(淺海) 조석 마찰로 인해 지구 자전 속도가 점진적으로 느려지고 있다. 그 결과 1952년에 기본적인 시간 계측기는 자전하는 지구에서 연간 길이를 기반으로 하는 천체력 시간으로 대체되었는데, 이 시간은 1세기에 약 0.5 초씩 감소하고 있지만 예측할 수 있다. 그러나 이조차도 완전히 만족스러운 것은 아니며, 고정밀 시간 측정에 대한 수요가 증가함에 따라 천문 관측에서 도출할 수 있는 것보다 더 근본적인 시간 기준을 갖추는 것이 필요하게 되었다. 그러한 표준은 원자 또는 분자 진동의 특정 스펙트럼선 진동수에 의해 주어진다. 이 유형의 가장 성공적인 방법은 국립 물리학 연구소의 에센(L. Essen) 박사에 의해 개발되었다.[22] 결국, 세슘 원자의 바닥상태에서 특정 전이에 의해 생성되는 전자기 복사선을 이용해서 초(秒)가 1967년 새롭게 정의되었다. 이를 'SI(Système Internationale) 초'라고 하며, 공식적으로는 세슘-133 원자에서 두 초미세 준위 사이의 전이에 해당하는 복사선의 9,192,631,770번의 주기에 해당하는 시간으로 정의된다. 이 전이에서 원자의 가장 바깥쪽 전자의 스핀은 핵의 스핀에 대해 '뒤집어진다.' (수정 진동자는 그 진동수와 이 전이에 의해 생성된 복사선 사이의 알려진 관계에 의해 제어된다.) 세슘 원자는 해당 진동수가 무선 범위 안에 있고, 표준 기술로 측정할 수 있으므로 선택되었다. 최근 몇 년 동안 이러한 진동수 측정에서 도출된 시간 간격을 연속적으로 합산하여 얻은 '국제 원자 시간'과 천문학자가 사용하는 시간 척도의 관계에 대한 많은 기술적 논의가 있었다. 여전히 실용적인 목적으로 요구되는 천문학적 시간의 정확성은 이 복사선의 진동수를 통해 확인된다. 이러한 원자 진동수 표준은 이제 매우 정확하게 결정되어 개별 사례에서 정확도는 오차가 10^{14}분의 1 정도인데, 이는 3백만 년에 1초의 오차에 해당한다.

  세계의 시간 신호는 이제 24개국에 있는 80여 개 원자시계의 평균인 세계 '평균 시간'을 기반으로 한 국제 시보국(BIH, Bureau International de l'Heure)에 의해 조정되고 있다. 이것은 약 1 밀리 초 이내로 직접 동기화를 제공한다. 전 세계 상용시의 기준으로서의 GMT를 대체한 이 '협정 세계시(UTC, Co-ordinatd Universal Time)'는 현재 파리에서 제어되고 있지만, 경도와 시간에 대한 세계의 본초 자오선은 여전히 그리니치의 오래된 천문대를 통과하고 있다. 실제로, 0의 자오선은 이제 UTC 결정에 기여하는 계측기가 채택한 경도로 정의된다. 1985년부터 UTC와 경도의 국제적 결정에 대한 왕립 그리니치 천문대의 기여는 1983년 가을부터 허스트먼수(Herstmonceux)에서 사용 중인 레이저 측거(測距) 장치에 의한 인공위성 라지오스(Lageos)의 관측을 통해 이루어졌다. 1972년 1월 1일부터 시간 신호는 원자 초를 방출했지만, 1년의 일수(日數)가 정수가 아니듯이, 1 태양일의 원자 초도 정수가 아니다. 이로 인해 정확히 1초의 양(陽) 또는 음(陰)의 보정이 채택되었다. 이것을 '윤초(閏秒)'라고 하는데, 필요한 경우 달력 월의 마지막 날, 되도록이면 12월 31일 또는 6월 30일에 삽입된다.

경쟁적 시간 개념

순간과 지속

성 아우구스티누스는 우리의 실제 시간 경험이 현재라는 순간에 제한되어 있다는 결과를 주의 깊게 조사한 최초의 사상가인 듯하다. 그는 과거와 미래에 대한 우리의 관념이 기억의 의식과 기대의 감각에 의존해야 한다는 결론에 도달했다. 이러한 심리학적 관점의 시간과 관련된 근본 개념은 지속(持續)보다는 순간(瞬間)이다. 그러나 성 아우구스티누스가 중세 신학에 큰 영향을 미쳤음에도 불구하고, 서구 사상가들이 개인적 실존을 본질적으로 현재의 순간에 기반을 둔 것으로 간주하기 시작한 것은 15세기의 인본주의적 르네상스와 16세기의 종교 개혁, 그 뒤를 이어 천문학과 우주론의 코페르니쿠스적 혁명이 뒤따르고 난 후였다. (이러한 것들은 만물이 할당된 위치에 있는 위계적 구조를 가지고 시간을 초월한 세계라는 중세의 묘사를 해체하는 데 기여했다.)

순간의 의미는 예컨대 한스 홀바인(Hans Holbein, 1497~1543)이

1533년에 그린 회화 《대사들(The Ambassadors)》과 같은 작품에서 표현되고 있다. 이 그림에 관해 1974년 영국 국립 미술관의 신탁 관리인이 발행한 소책자에서 앨리스터 스미스(Alistar Smith)는 홀바인 예술의 중심에 있는 순간성의 감각을 강조했다. 인간 필멸(必滅)의 본성에 매료된 그의 목적은 명확한 순간에 개인의 존재감을 묘사하는 것이었다. 스미스는 원통형 문자반에는 날짜 4월 11일이, 다면체 문자반에는 시간 오전 10시 30분이 기록되는 방식으로 이 순간의 시간이 정확히 표시되는 방식에 주목한다.

프랑스의 유명한 수필가 미셸 드 몽테뉴(Michel de Montaigne, 1533~1592)는 현재의 순간을 바탕으로 하는 개인적 존재의 개념을 문학적으로 표현한 최초의 인물 중 한 사람이었다. 그는 어린 시절에도 오비디우스(Ovid)의 서사시 <변신 이야기(Metamorphoses)>에 크게 영향을 받았다고 하며, 우리가 사는 세계는 끊임없는 변화의 상태에 있다는 확신이 그의 일생을 지배했다. 결과적으로, 그는 우리의 사고방식을 기반으로 하는 가정은 필연적으로 불확실하고 결함이 있다고 믿었다.

인간의 지식에 대한 이러한 회의주의 태도는 나중에 르네 데카르트가 유명한 공리 '*나는 생각한다. 고로 나는 존재한다(Cogito ergo sum).*'를 바탕으로 발전시킨 철학에서 긍정적인 효과로 바뀌었다. 그러나 존재가 지속이 아니라 일시적 순간과 동일시된다면, 이 세상의 지속적인 존재는 어떻게 설명할 수 있을까? 데카르트의 대답은 세계가 매 순간 재창조되고, 보존과 창조는 우리의 사고방식과 관련해서만 다를 뿐 실제로는 다르지 않으며, 자체 보존은 신(神)의 고유한 특권이라는 것이었다.

그러나 순간을 기본적인 시간적 개념으로 생각하는 것에 대한 전반적인 반란이 18세기에 일어났다. 즉, 시간에 대한 인간의 경험은 이원론적이라는 것, 다시 말해서 감각의 강도는 순간과 관련이 있지만, 감각의 다양성에 대한 인식은 지속기간에 달려 있다는 것을 인식하게 되었다. 이것은 기억의 본질과 의미에 관한 새로운 관심으로 이어졌다. 예를 들어, 프랑스의 철학자 드니 디드로는 『전집(Oeuvres)』의 유명한 구절(IX, 336)에 다음과 같이 적고 있다.

> 나는 우리가 보고, 알고, 지각하고, 들은 모든 것, 심지어 깊은 숲속의 나무들까지도, 아니 나뭇가지의 배열, 잎의 형태와 다양한 색상, 녹색 색조와 빛, 바다 가장자리의 모래 알갱이 모양, 산들바람에 동요하거나 폭풍우에 휘저어 거품이 되는 파도 마루의 고르지 않은 모습, 수많은 인간의 목소리, 동물의 울음소리, 물리적인 소리, 모든 노래, 모든 음악, 우리가 들었던 모든 콘서트의 멜로디와 하모니, 우리에게 알려지지 않은 모든 것이 우리 안에 존재한다는 것을 믿게 되었다.[1]

과학적 증거 없이 디드로가 펼쳤던 놀라운 주장은 20세기에 캐나다의 신경외과 의사인 와일더 펜필드(Wilder Penfield)가 수행한 실험으로 뒷받침되었는데, 그는 뇌수술을 받는 환자의 노출된 피질(皮質)에 전극을 붙여 '회상 장면'을 유도해 냈다.[2] (『시간의 자연 철학』, 128쪽 이하를 참조하라.)

19세기에는 시간적 계승이라는 개념이 그 어느 때보다도 인간의 삶과 사상에서 더 큰 중요성을 떠맡게 되었다. 그것은 소설의 발전과 수많은 자서전을 포함하는 문학에서 중요한 발전을 일으켰을 뿐만 아니라, 지질학자 스크로프(G. J. P. Scrope)가 자주 인용하는 진술에서 예증하였듯이, 자연 과학에서도 지배적인 중요성을 띠게 되었다. '우리의 모든 연구에 존재하고, 모든 새로운 관찰에 수반되며, 자연을 연구하는 사람의 귀에 자연의 작품 곳곳에서 끊임없이 메아리치는 주요한 생각의 소리는 바로

시간! 시간! 시간이다!'3

세기(世紀)가 진행됨에 따라 진리 자체는 더 이상 영원하고 불변인 것이 아니라 시간에 의존적인 것으로 간주되어야 한다는 것을 알게 되었다. 영원히 유효하고 불변하는 사물의 질서보다는 역사적 과정에 관심이 집중되었다. 다시 말해서, 관심은 '완성된 것'에서 발생 과정으로, 즉 '존재(存在)'에서 '생성(生成)'으로 옮겨졌다. 근본적으로 새로운 이 관점은 '현대의 헤라클레이토스'인 앙리 베르그송(Henri Bergson, 1859~1942) 철학에서 급진적으로 명확한 표현이 주어졌다. 베르그송에게 궁극적 실체는 '존재'도 아니고 '변화되는 것'은 더더욱 아니며 '변화' 그 자체의 지속 과정이었는데, 그는 이를 라뒤레(la durée)라고 불렀다. 베르그송이 웅변적으로 표현한 라뒤레 철학과 이것이 20세기 초반에 미친 영향에 대한 권위 있는 비판적 설명은 바르샤바 대학의 저명한 철학과 교수였으며 현재는 올 소울스 칼리지의 특별 연구원인 레제크 콜라콥스키(Leszek Kolakowski)가 1985년 옥스퍼드 대학 출판부에서 '과거의 명인들' 시리즈로 출판한 그의 저서 『베르그송』에 담겨있다. 베르그송은 1912년에 버트런드 러셀(Bertrand Russell)의 신랄한 비판을 받았으며, 아카데미 프랑세즈(Académie Française) 회원으로 선출되었던 해인 1914년에는 성무성(聖務省)에 의해 자신의 저서가 금서 목록(Index Prohibitorum)에 등재되는 유래 없는 대조를 이루었다! 베르그송의 변화 철학보다 더 과학적 지향성을 띠면서도 그의 본보기에 얼마간 빚을 지고 있는 변화의 철학은 영국의 수학자이자 철학자인 화이트헤드(A. N. Whitehead, 1861~1947)에 의해 두 번의 전쟁 사이에, 특히 1928년 기포드(Gifford) 강연을 기반으로 한 그의 저서 『과정과 실재(Process and Reality)』에서 전개되었다.

상대론적 시간과 우주 시간

　시간이 현대인의 생활과 과학적 세계관에서 맡게 되었던 중요한 역할에 비추어 볼 때, 1905년에 20세기의 가장 중요한 출판물 중 하나로 간주되는 과학 논문에서 알베르트 아인슈타인에 의해 시간에 대한 당대 이론에서 이전에는 예상하지 못했던 한계를 드러낸 것은 매우 놀라운 일이었다. 그의 이론에 따르면, 주어진 시간 측정 방법에 대해 각 사건은 그와 관련된 단 하나의 시간만 가질 수 있다. 같은 시각에 일어나는 사건들을 '동시적'이라고 한다. 아인슈타인에게 떠올랐던 새로운 점은 동시성(同時性)이라는 개념이 같은 장소에서 같은 시각에 일어나는 두 사건에 대해서는 완벽하게 명확하지만, 서로 다른 장소에서 일어나는 두 사건에 대해서도 마찬가지로 명확하지는 않다는 것이었다. 그 대신 멀리 떨어진 사건과 관찰자 자신의 경험에서 발생하는 사건의 동시성은 멀리 떨어진 사건의 상대적 위치와 그 사건에 대한 관찰자의 지각(知覺)과의 연결 방식에 달려 있다. 사건의 거리가 알려져 있고 그것을 연결하는, 예컨대 빛과 같은, 신호의 속도와 그것에 대한 관찰자의 지각이 알려진 경우, 관찰자는 자신의 경험에서 그 사건을 이전의 어떤 순간과 연관시킬 수 있고, 이 두 사건을 동시적이라고 간주할 수 있다. 물론 이러한 계산은 관찰자마다 별도로 연산되지만, 아인슈타인이 이 문제를 제기하기 전까지는 그러한 계산이 정확하게 수행된다면 모든 관찰자가 주어진 사건의 시간에 관해 동의할 것이라고 암묵적으로 가정했었다. 아인슈타인은 그렇지 않다는 성공적인 이론을 만들어냈던 것이다.

　아인슈타인은 자신의 특수 상대성 이론을 '자연 법칙은 (상대적 정지도 포함하는) 균일한 상대 운동을 하는 모든 관찰자에게 동일한 수학적 형식으로 표현될 수 있다'는 원리에 기초했다. 이러한 상대성 원리는 뉴턴의 운동 법칙을 기반으로 하는 고전 역학에서 유효한데, 아인슈타인은 이것이 물리학의 다른 분야, 특히 전자기학과 빛 이론으로도 확장되어야 한다고 믿었다. 고전 역학에는 특별한 속성을 가진 속도가 없지만, 전자기학 이론에는 진공에서 초당 약 30만 킬로미터에 달하는 빛 속도에 특별한 의미가 있다. 아인슈타인은 빛의 속성이 균일한 상대 운동을 하는 모든 관찰자에게 동일하려면, 모든 관찰자가 빛에 동일한 속도를 할당해야 한다고 믿었다. 그러나 그는 이 추가 조건이 당시 지배적이던 시간 이론과 양립할 수 없다는 것을 발견했다. 그의 이론에 따르면, 상대적으로 정지해 있는 두 명의 관찰자는 주어진 사건에 대해, 그 사건이 어디에서 일어나더라도 동일한 시간을 할당하지만, 이는 일반적인 균일한 상대 운동을 하는 두 명의 관찰자에게는 해당하지 않는다. 결과적으로 각 사건은 그와 관련된 단 하나의 시간만 갖는다는 조건은 더 이상 성립되지 않는다. 대신, 사건의 발생 시간은 관찰자에 따라 달라진다.

아인슈타인 이론은 어떤 물리적 효과도 진공에서의 빛 속도보다 더 빨리 전달될 수 없다는 가정을 수반한다. 뉴턴이나 라이프니츠 모두 그러한 제한을 부가하지 않았지만, 아인슈타인 이론은 뉴턴 이론보다는 라이프니츠의 시간 개념에 더 부합한다. 시간이 사건에서 파생된다는 라이프니츠의 생각은 아인슈타인 이론과 양립할 수 있지만, 뉴턴의 절대 시간 개념은 그렇지 않기 때문이다. 뉴턴에게는 시간이 우주와 독립되어 있었고 라이프니츠에게는 시간이 우주의 한 측면이었던 반면, 아인슈타인 이론이 물리학의 필수적인 부분으로 간주되게 된 이래 오늘날의 지배적인 견해는 시간이란 관찰자에 따라 달라지는 우주의 한 측면이라는 것이다.

특수 상대성 이론의 중요한 결과는 관찰자에 대해 움직이는 시계의 시간은 관찰자에 대해 정지한 시계에 비해 느리게 가는 것으로 보이고, 움직이는 시계의 속도가 빛 속도에 가까울수록 시간이 더 느리게 가는 것으로 보인다는 것이다. 움직이는 시계가 이처럼 느리게 가는 것을 '시간 팽창'이라고 한다. 아인슈타인 이론의 모든 결과 중에서도 이 결과는 시간에 대한 우리의 상식적 직관과 충돌하기 때문에 많은 사람들이 가장 받아들이기 어려워한다. 그런데도, 이제는 풍부한 실험적 증거, 특히 고속(高速) 입자에 의한 증거가 있어 이 결론을 뒷받침한다.

1905년의 논문에서 아인슈타인은 상대성 원리를 균일한 상대 운동을 하는 관찰자로 제한하고 중력 효과는 고려하지 않았다. 중력에 대처하기 위해 약 10년 후에 개발한 일반 상대성 이론에서 그는 모든 형태의 가속 운동을 하는 관찰자를 포함하도록 상대성 원리를 확장했는데, 특수 상대성 이론은 이와 같은 더 포괄적인 이론의 중요한 특별 형태로 간주된다. 이 이론에서도 각 사건은 모든 관찰자에게 동일한 고유의 시간에 일어난다는 고전적인 가정은 적용되지 않는다. 이에 비추어 볼 때, 물리적 우주 전체에 대해 고유한 우주 시간 척도라는 개념은 객관적 의미가 없다고 생각할 수도 있다. 그러나 이러한 결론은 20세기 우주론에서 이루어진 발전이 보여주듯이 잘못된 것일 수 있다.

1924년 천문학자 허블(E. P. Hubble)은 캘리포니아의 윌슨산에 설치된 지름 100인치 망원경을 사용해서 우주 전반에 걸친 배경이 별들에 의해 형성되는 것이 아니라 은하들에 의해 형성되는데, 우리의 태양을 포함하는 은하수 항성계도 그중 하나라는 것을 보여주었다. 5년 후 그는 은하들이 서로로부터 체계적으로 멀어지고 있다는 사실을 발견했다. (은하의 후퇴 운동은 은하의 스펙트럼에서 식별 가능한 선들이 적색으로 변하는 소위 '적색 편이'를 통해 측정된다.) 이 발견은 4세기 전의 코페르니쿠스 혁명만큼이나 인간의 우주 개념에 큰 변화를 가져왔다. 전체적으로 정적인 우주 모형 대신, 우주가 팽창하며, 은하들의 상대적인 후퇴 속도가 서로로부터의 거리에 비례하는 것처럼 보였다. 이는 '허블 법칙'으로 알려져 있다.

허블의 발견은 주로 아인슈타인의 일반 상대성 이론에 기초하는 이론적 우주론 연구를 크게 자극했다. 그 결과, 전 우주적(world-wide) 시간 척도와 관련된 연속적 우주 상태가 존재한다는 개념이 부활했다. 이것은 고려된 각각의 모형에서 특히 중요한 가상의 관측자라는 확실한 집합, 즉 개별 은하에 위치하며 그 은하와 함께 움직이는 관측자가 존재하기 때문에 나타났다. 이러한 관찰자와 관련된 국소 시간들이 함께 맞춰져서 '우주 시간'이라는 전 우주적 시간이 생성된다.

보편적 후퇴에 대한 허블의 발견 이후 팽창 세계 모형 구성에 있어서 중요한 가정은 각 은하에 있는 가상의 관측자가 전체 우주의 등방성(즉, 구형 대칭성) 중심에 있는 자신을 보게 될 것이며, 이에 따라 각 방향에서 전체 우주의 전반에 걸친 외관은 동일하다는 것이다. 따라서 이 가정을 지지하는 관측 증거는 우주 시간의 개념을 뒷받침하는 것으로 간주될 수 있다. 우주 등방성 가정에 대한 인상적인 확인은 종종 '원시 불덩어리'라고 불리는 것을 발견한 데서 이루어졌다. 1965년 뉴저지의 벨 전화 연구소에서 펜지아스(A. A. Penzias)와 윌슨(R. W. Wilson)은 예상치 못한 복사선이 자신들의 전파 망원경 안테나로 유입되고 있음을 발견했다. 그들은 곧 이 복사선이 실질적으로 등방성을 띠며, 자신들이 작업하고 있는 파장에서 그 강도가 켈빈 척도(즉, 절대 온도 척도)로 약 3도의 온도에 해당한다는 것을 발견했다. 이 복사선은 우주의 폭발적 기원과 관련된 원시 고온 복사선의 유물로 해석되었으며, 천문학자 대부분이 받아들이는 결론이다. 복사선이 매우 등방적이라는 사실은 그 원천의 국소적 기원 가능성을 배제한다. 태양계나 우리 은하, 심지어 국부 은하단에 국한된 원천으로는 등방적으로 보이는 복사선을 생성할 수 없기 때문이다. 더욱이, 우주 어디에서든 등방성으로부터의 대규모 이탈은 복사선에 영향을 미치고 이방적(異方的)으로 보이게 할 것이다. 결과적으로, 우주 배경 복사의 등방성은 우주가 기본적으로 각 은하에 대해 등방적이라는 강력한 증거이며, 이는 우주 시간의 존재에 대한 강력한 주장이기도 하다.

우주 팽창 발견과 우주 시간 존재에 대한 증거는 최근 수 세기 동안 시간이 과학적 세계관의 주요 특징이 되는 경향을 강화했을 뿐만 아니라, 과거 시간의 전체 범위에 대한 오래된 문제에 새로운 빛을 비추어 주었다. 18세기와 19세기에 낡은 성서 연대기를 버린 사람들에게 우주 나이는 수억 년, 어쩌면 수십억 년으로 계산되어야 한다는 것이 분명해졌지만, 더 정확한 추정이 이루어질 수 있었던 것은 20세기가 되어서였다. 앞서 언급한 바와 같이(224쪽), 방사능이 발견되고 핵물리학이 발전함에 따라 지구와 태양의 나이에 거의 50억 년을 할당하게 되었다. 게다가 천체물리학자가 가장 오래된 성단과 우리 은하의 나이가 100억 년에서 160억 년 사이라고 믿을 만한 이유가 있다. 우주 전체에 대해서는 허블 법칙이 그 나이를 추정하는 데 사용되었다. 가장 단순한 팽창 세계 모형에 적용되었을 때, 은하들의 현재 후퇴 속도에 관한 관찰 증거는 우주가 100억 년에서 200억 년 전에 폭발적 기원을 가졌을 수도 있다는 것을 나타내며, 후자(後者)가 아마도 더 정확한 수치일 것이다. 이 결과를 얻는 데 수반된 불확실성에도 불구하고, 이것이 가장 오래된 성단과 우리 은하의 나이에 대한 완전히 독립적인 추정치와 일치한다는 점은 주목할 만하다. 현재의 지식수준에서, 이것은 우리가 알고 있는 물질세계의 존재를 확장할 수 있는 과거 시간의 가장 긴 시간으로 보일 것이다.

12

시간, 역사 그리고 진보

진보에 대한 믿음과 시간

시간은 현대 사상에서 점점 더 중요한 역할을 하게 되었지만, '진보'에 대한 견해에는 상당한 차이가 존재해 왔다. 약 1750경부터 1900년까지의 기간은 진보 개념에 대한 가장 큰 믿음의 시기이자 사람들이 점점 더 시간의 중요성을 인식하게 된 시기였다. 예를 들어, 1820년대 역사가 기조(Guizot)는 파리에서 '문명(文明)'이라는 단어에 내재한 기본 개념이 바로 진보라고 주장한, 유럽 역사에 관한 뛰어난 강의에 방대한 청중을 끌어들였다. 이러한 믿음은 민주주의의 확산으로 크게 고무되었다. 알렉시스 드 토크빌(Alexis de Tocqueville)이 1835년 출판한 고전적인 저서 『미국의 민주주의(Democracy in America)』의 유명한 구절에서 지적했듯이, 배타적인 국가는 자연적으로 인간의 완전성 범위를 좁히는 경향이 있고, 민주적인 국가는 그 반대 경향으로 고생하는 경향이 있다.

인간의 무한한 완전성에 관한 철학적 이론에서 얼마나 많은 사실이 흘러나왔는지, 또는 전적으로 생각이 아니라 행동을 위해 살면서 그것에 대해 아무것도 알지 못한 채 자신의 행동에 순응하는 것처럼 보이는 사람들에게도 그 철학적 이론이 얼마나 강한 영향을 미치는지 거의 믿기지 않는다. 나는 미국인 선원에게 다가가 그가 왜 수명이 짧은 배를 건조하는지를 묻는다. 그는 항해 기술이 너무도 급속히 진보하고 있어서 아무리 좋은 배라도 몇 년 지나면 거의 무용지물이 될 것이라고 주저 없이 답한다. 무지한 사람의 입에서 우연히 특정 주제에 대해 새어 나온 이런 말 속에서, 나는 위대한 사람들이 총력을 기울이는 포괄적이고 체계적인 개념을 인식한다.[1]

진보에 대한 믿음은 1859년 발표된 『종의 기원』에서 제시된 다윈의 생물학적 진화 이론에 의해 견고하게 강화되었다. 이 믿음은 자연 선택 원리의 또 다른 발견자인 알프레드 러셀 월리스(Alfred Russell Wallace)와 더 나아가 진보의 원리를 우주 최고의 법칙으로 만들려고 했던 엔지니어이자 철학자이며 사회학자인 허버트 스펜서(Herbert Spencer)에게도 중요했다. 진보의 불가피성은 콩트, 마르크스(Marx) 및 기타 19세기 역사 철학자들의 신념이기도 했다. 콩트와 마르크스는 각기 다른 방식으로 사회 진화의 연속적인 세 가지 단계의 존재를 믿었다. 콩트의 경우, 신학적, 형이상학적, 그리고 '실증주의적'(과학적) 단계였고, 마르크스의 경우 헤겔(Hegel)의 정(正), 반(反), 합(合)의 단계였다. 콩트와 마르크스보다 100년 이상 앞서 비코는 각각 신, 영웅, 인간이 그 순서대로 지배하는 세 가지 뚜렷한 역사적 단계에 관한 개념을 가지고 있었다. 러스킨(Ruskin)은 지질학적 역사를 세 시기, 즉 첫 번째는 지구가 결정화된 시기, 두 번째는 그것이 '조각된' 시기, 그리고 마지막으로는 침식되고 있는 산맥, 암설(巖屑)을 쌓고 있는 빙하 등과 같이 '비(非) 조각되거나'

변형되어 현재 존재하는 시기로 나누기도 했다. 예를 들어, 모스크바는 '제3의 로마'로, 히틀러의 독일은 '제3 제국'으로 부르는 등 다른 방식으로도 나타난 이러한 역사적 유형의 삼원(三元) 수비학(數秘學)은 13세기 피오레의 요아킴으로 거슬러 올라갈 수 있다.

진보의 실재(實在)에 대한 19세기의 믿음은 법(法)과 같은 주제를 이해하기 위한 역사의 중요성에 대한 인식 증가를 동반했다. 법학에 대한 역사적 태도는 독일의 구스타프 폰 휴고(Gustav von Hugo, 1764~1844)와 프리드리히 폰 사비니(Friedrich von Savigny, 1779~1861)로 거슬러 올라간다. 사비니는 19세기에 특히 프랑스에서 널리 퍼져 있던 생각, 즉 법은 국가의 현재 상태 및 역사와 관계없이 국가에 자의적으로 부과될 수 있다는 생각에 대해 강력하게 반대했다. 잉글랜드에서는, 사비니의 관점이 1847년부터 케임브리지 대학의 민법 교수였던 헨리 메인 경(Sir Henry Maine, 1822~1888)에게 영감을 주었다. 1861년 초판이 출간된 그의 유명한 저서 『고대법(Ancient Law)』은 잉글랜드에 법학뿐만 아니라 사회 전반에 대한 역사적 접근 방식의 개념을 소개했다. 그러나 사회학에 대한 역사적 접근 방식을 발전시키는 데 있어 뛰어난 인물은 옥스퍼드의 인류학자 타일러(E. B. Tylor, 1832~1917)였는데, 그의 유명한 저서 『원시 문화(Primitive Culture)』의 초판은 1871년에 발행되었다. 그는 문명사회에서도 근대 과학 이전의 사고방식이 지속한다는 점에 명시적으로 주의를 기울였지만, 인간이 사용한 도구에 관한 연구에서 드러난 인간의 역사는 의심할 여지없이 '상향 발달의 역사'라고 주장했다. 그는 진보의 본질은 인간의 *지적* 발달이라고 주장했다. 이것이 다른 모든 측면에서 인간 진보의 전제 조건이기 때문이다. 인류 역사에서 일어났던 많은 어려움과 좌절에 대한 인식에도 불구하고, 빅토리아 시대의 많은 저명한 사상가들의 마음에는 진보의 실재와 그에 따른 시간의 자비로운 본질에 대한 믿음이 최우선이었다.

테니슨(Tennyson) 같은 시인은 《록슬리 홀(Locksley Hall)》(1842)에서

거리 표지가 헛되지 않았다. 앞으로, 앞으로 범위를 넓히자,
위대한 세상이 끊임없이 울려 퍼지는 변화의 홈을 따라 회전하도록 하고,
지구의 그림자를 통해 우리는 젊은 날로 치닫는다.
케세이(Cathay)*의 순환보다 유럽의 50년이 더 낫다.

라고 쓸 수 있었지만, 시간의 밝은 전망만큼이나 그 위협을 느끼게 된 다른 작가들도 있었으며, 블레이크(Blake)와 셸리(Shelley), 그리고 보다 최근에는 예이츠(Yeats)와 같은 시인은 문명의 순환이 존재한다는 믿음을 고수했다. 마찬가지로 1900년에 사망한 철학자 니체(Nietzsche)와 20세기의 역사가이자 사회학자인 슈펭글러, 파레토(Pareto), 아놀드 토인비(Arnold Toynbee)는 모두 역사의 순환적 성격을 믿었다. 한편, 다윈주의의 광범위한 대중화에 의해 조장되었던 피상적 낙관주의에 대한 비판은, 예를 들어 철학적 정신을 가진 정치가 밸푸어(A. J. Balfour)에 의해 표명되기 시작했는데, 1891년 글래스고 대학 총장 연설에서 그는 '진화론은 인류의 미래에 대한 낙관론을 정당화하는 데 아무런 도움이 되지 않는다'고 지적했다. 비슷한 견해가 '다윈의 불도그'인 헉슬리에 의해서도 표현되었다. 한 세대 후에 딘 잉게(Dean Inge)는 1920년 옥스퍼드 대학에서 행한 '진보의 개념(The idea of progress)'에 대한 로마네즈(Romenes) 강연에서 다음과 같이 신랄한 논평을 했다. '유럽인은 몇 가지 과학적 발견의 도움으로 안락함을 문명으로 착각하는 사회를 건설했기 때문에 진보

---

* 역자 주: 중세에 서양에서 중국을 일컬은 이름 중 하나.

를 이야기한다.' 진보에 대한 믿음 상실은 이미 1908년 프랑스 작가 조르주 소렐(Georges Sorel)이 자신의 저서 『진보의 환상(Les illusions du progrès)』에서 예리한 역사적 분석 주제로 삼았다.

제1차 세계대전 이후, 특히 독일의 일반적인 여론은 오스발트 슈펭글러의 비관적 견해가 상당한 관심을 끌게 했다. 널리 읽힌 그의 저서 『서구의 몰락(The Decline of the West)』은 많은 영국 독자에게 베리(J. B. Bury)가 1920년에 출판한 저서 『진보의 이념(The Idea of Progress)』에서 표현한 시대에 뒤떨어진 낙관주의보다 더 설득력 있는 것처럼 보였다. 슈펭글러의 역사 철학은 괴테(Goethe)의 유기적 자연에 대한 형태학적 개념을 '문화'를 포함하는 것으로 확장하는 것에 기반을 두었다. 슈펭글러는 이를 '식물과 같은' 것, 즉 생성, 성장, 쇠퇴하며, 특정 공간 영역에 국한되는 것으로 간주했다. 그는 자신에 필적하는 영국의 아놀드 토인비와는 달리, 과학과 기술이 역사에 미치는 영향에 대해 특별한 관심을 기울였지만, 이러한 영향을 자신만의 독특한 순환 방식으로 해석했다.

『진보의 역설(Paradoxes of Progress)』이라는 제목으로 1978년 출판된 현대 과학의 사회적, 철학적 영향에 관한 중요한 에세이 모음집에서 캘리포니아(버클리) 대학의 분자 및 신경 생물학자인 군터 스텐트(Gunther Stent)는 '진보'의 의미를 주의 깊게 분석했다. 그는 '더 큰 행복'과 '인간의 완전성'이라는 관점에서 이 개념에 대한 전통적인 해석을 거부한다. 이 개념에는 정확한 의미가 부여될 수 없기 때문이다. 대신에 그는 '진보'를 분석하는 데 유용한 단 하나의 방법은 '권력에 대한 의지'라는 측면에서 분석하는 것이라고 주장한다. 다시 말해서, '더 나은' 세상은 '인간이 외부 사건에 대해 더 큰 힘을 갖고 경제적으로 더 안전한 세상'을 의미한다.[2] 스텐트의 관점에서는 오직 이 정의만이 진보를 '부정할 수 없는 역사적 사실'로 만들 수 있다. 그러나 스텐트는 슈펭글러와 마찬가지로 과학적 진보가 끝나게 될 것이라고 믿는다. 18세기 말 위대한 수학자 라그랑주(Lagrange)는 수학적 발견이 점차 쇠퇴하는 시점에 있다고 생각했지만, 실제로 다음 세기와 20세기에는 이전의 모든 세기에 일어난 것보다 더 큰 수학의 확산이 있었기 때문에 과학사에서 더 나은 근거가 스텐트가 이런 비관적 결론에 이르는 것을 막아주었을지도 모른다. 마찬가지로, 19세기 말경 많은 물리학자들은 몇 가지 사소한 이상(異常)을 제거해서 주요 물리 상수에 대한 훨씬 더 정확한 값을 얻는 것을 제외하고는 자신들의 주제에서 새롭게 해야 할 작업이 거의 남아 있지 않다고 믿었다. 그러나 1900년 왕립 연구소에서 열린 《열과 빛 이론에 드리워진 19세기의 암운(Nineteenth century clouds over the theory of heat and light)》[3]이라는 제목의 강연에서 켈빈 경은 두 가지를 중요하게 여겼다. 그의 우려는 잘못된 것이 아니었다. 특히 이러한 암운 중 하나를 해소하기 위해서는 5년 후 아인슈타인이 개발한 상대성 이론이 필요하다는 것이 밝혀졌기 때문이다. 더욱이 켈빈이 강연했던 해와 같은 해에 플랑크(Planck)가 양자 가설을 도입했다. 방사능에 관한 러더퍼드의 동시대적 실험 연구와 더불어 이러한 근본적인 진보는 지식과 자연에 대한 인간의 지배에 있어서 전례 없는 증가를 특징으로 하는 현대 과학의 황금시대를 예고했다. 이러한 역사적 관점의 맥락에서 과학적 진보가 끝나가고 있을 수도 있다는 스텐트의 결론에 의문을 제기하는 것은 당연하다. 더욱이, 과학적, 기술적 발견이 유익하게 사용되는지 그렇지 않은지에 상관없이, 그 결과로 인한 지식은 누적되고 있으며, 이 행성의 모든 문명이 파국적이고 완전한 종말을 맞이하지 않는 한, 계속 그렇게 남아 있을 것이다. 결과적으로, 1767년 출간된 『독창적인 실험을 통한 전기의 역사(The

History of Electricity with Original Experiments)』서문에서 자신이 '무한하고 숭고한' 고도(高度)로 계속해서 나아가는 '영구적인 진보와 개선'이라고 불렀던 것의 실례를 과학사에서 보았던 산소 발견자인 조셉 프리스틀리의 단순한 믿음을 더 이상 믿을 수 없다고 해도, 과학적, 의학적, 기술적 진보의 지속적인 추진력으로 인해 우리 문명이 정적이거나 순환적인 것으로 간주되는 것이 불가능하다는 것은 이제 의심의 여지가 없다.

시간, 역사 그리고 컴퓨터 시대의 사회

컴퓨터 시대에 접어들면서 이제 우리가 인류 역사의 돌이킬 수 없는 가장 큰 변화 중 하나의 초기 단계에 있다고 믿는 데는 충분한 이유가 있다. 이제는 시계를 현대 산업 사회의 유일한 핵심 기계로 간주하는 것은 적절하지 않을 것이다. 데이비드 볼터(David Bolter)는 자신의 계몽서 『튜링의 인간: 컴퓨터 시대의 서양 문화(Turing's man: Western Culture in the Computer Age)』(1984) 서문에 다음과 같이 기술하고 있다. '그리스 세계를 이해하기 위해 플라톤과 도자기를 *함께* 살펴보고, 17세기와 18세기 유럽을 이해하기 위해 데카르트와 기계식 시계를 *함께* 살펴보는 것은 이치에 맞다. 같은 방식으로, 컴퓨터를 과학, 철학, 심지어 다음 세대 예술의 기술적 패러다임으로 간주하는 것도 이치에 맞다.'4 따라서 컴퓨터는 다가오는 새로운 기술 시대의 두 가지 핵심 기계 중 하나로 시계와 결합한다. 단어의 현재적 사용에 있어서, '컴퓨터'는 더 이상 수치 계산을 수행하는 기계가 아니라 그 범위가 훨씬 더 넓어졌다. 간단히 말해서, 그것은 온갖 정보를 처리하는 기계가 되었다. 볼터가 지적했듯이(109쪽), '컴퓨터 프로그래머는 작업을 끝내고 싶어서 시간에 대해 걱정한다. … 시간에 대한 모든 정교한 수식화는 시간을 일에 투입하려는 욕망으로 귀결된다.' 일단 새로운 기술이 발명되면, 그것은 그 나름의 가차 없는 논리로 진행되는 경향이 있어서 전체 문명에 지속적인 영향을 미칠 수 있다. 우리는 이것이 기계식 시계 발명 이후에 일어난 일이며, 앨런 튜링(Alan Turing, 1912~1954)과 폰노이만(J. von Neumann, 1903~1957)의 깊은 수학적 통찰력이 아마도 20세기 기술의 가장 위대한 성취일 것인 현대 디지털 컴퓨터 발명 이후에 일어나고 있는 일이라는 것을 보아왔다. 현대 컴퓨터의 포괄적인 개념은 원래 찰스 배비지(Charles Babbage, 1792~1871)와 바이런(Byron)의 딸 레이디 러브레이스(Lady Lovelace)에 기인하지만, 한 세기 후에 튜링과 폰노이만은 기계식 기어를 가지고 배비지가 실패했던 것을 1949년 발명된 트랜지스터를 포함한 전자 부품의 도움으로 성공할 수 있다는 것을 깨달았다. 가장 큰 차이점 중 하나는 현대 컴퓨터가 작동하는 환상적 속도인데, 현재는 일정한 간격으로 전하를 방출하는 데 사용되는 시간이 나노초 단위로 측정된다. (1 나노초는 10억분의 1 초이다.) 볼터가 언급했듯이(101쪽), '시계는 중세에 발명된 이래 서양 기술의 중심에 있었다. 비록 시계가 기계식 장치에서 완전히 전자적 장치로 바뀌었지만, 컴퓨터 기술 역시 시계가 필수 불가결한 것임을 깨닫는다.'

미래를 예측하려고 할 때마다 우리는 현재의 지식과 관련된 측면이라고 믿는 것에 근거해서 예측해야 하는데, 이는 우리가 이미 일어난 일에 의해 크게 좌우된다는 것을 의미한다. 따라서 내일의 세계를 계획할 때 과거의 압박을 벗어버리는 것은 매우 어렵다. '혁명은 크게 서두르는 진화'라고 하는데, 과학과 기술의 진화는 그 자체로 '혁명적'이라고 할 만큼 급속도로 빨라졌다! 효과적으로 혁신하는 동시에 혁신의 결과에 만족스럽게 대처하기 위해서는 의사 결정 과정이 지속적으로 가속화되어야 한다.

오래전인 1774년, 브리스틀 선거인단 앞에서 한 유명한 연설에서 에드먼드 버크(Edmund Burke)는 선거인단의 임무는 단지 자신들의 의견을 위한 대변인을 선택하는 것이 아니라 의회에서 논의될 다양한 문제에 대해 스스로 결정을 내릴 자유를 부여받은 대의원을 선출하는 것이라고 주장했다. 미래에 우리의 통치자들 또한 우리 경제가 국내에서 성공적으로 기능하는 동시에 세계 시장에서 경쟁력을 유지할 수 있도록 정부를 지원하는 데 점점 더 필요하게 될 전문 시스템 분석가의 임명과 할당될 의무를 결정할 때 선견지명과 어느 정도의 전문 지식을 모두 발휘해야 할 것이다. 연구에 성공하기 위해서는 어떤 세부 사항을 폐기해야 하고 어떤 세부 사항을 유지해야 하는지 결정하는 데 필요한 재능이 있어야 하는 순수 과학자와는 달리, 시스템 분석가는 사람들에게 미칠 수 있는 영향을 포함한 특정 문제의 *모든* 측면을 조사하도록 훈련되어야 하며, 사람이 '시스템'을 위해 존재하는 것이 아니라 '시스템'이 사람을 위해 존재한다는 것을 절대 잊지 말아야 한다. 현대 컴퓨터의 사용과 관련된 전문 용어에서 '시스템'이라는 용어는 '하드웨어'(즉, 컴퓨터의 전기적 및 기타 재료 구성 요소)와 '소프트웨어'(즉, 하드웨어의 프로그래밍) 그리고 원하는 결과를 얻기 위한 작업을 수행하는 데 필요한 개인 사이의 협동 조직을 나타낸다.

오늘날 자주 사용되는 고도로 정교한 컴퓨터는 시간을 '판매'하는 것과 관련이 있다. 만약 중세였다면, 이러한 행위에 교회가 심하게 눈살을 찌푸렸을 것이다. 그 이유는, 고리대금 행위에 대한 주된 반대 이유 중 하나는 그것이 '시간을 파는 행위'로 자연법을 위반했기 때문이며, 그러한 관점에서 시간은 필연적으로 모든 피조물에 속하기 때문이다. 13세기 말에 쓰인 『예제 보드(Tabula exemplorum)』의 저자에 따르면 (그리고 피터 롬바드(Peter Lombard)의 『문장(Sentences)』에 대한 주석에 나타난 던스 스코터스(Duns Scotus, 약 1260~1307)의 견해에 따르면), '고리대 금업자는 돈에 대한 희망, 즉 시간만 팔기 때문에, 낮과 밤을 팔고 있는 것이다. 그런데 낮은 빛의 시간이고 밤은 휴식의 시간이다. 따라서 그들은 영원한 빛과 안식을 팔고 있다.'5

현대 산업 사회는 아마도 마야 문명을 제외한 이전의 어떤 문명보다 시간에 훨씬 더 크게 의존하고 있지만, 이러한 의존에는 독특한 양면성이 있다. 인간과 우주의 과거에 대한 지식은 조상들이 가졌던 것보다 훨씬 더 많아졌지만, 삶에 영향을 미치는 빠르고 지속적인 변화 때문에 과거와의 연속성에 대한 느낌은 감소하는 경향이 있다. 오늘날 많은 사람들에게 시간은 너무 파편화되어 있어서 현재만이 의미 있는 것처럼 보이며, 과거는 '시대에 뒤떨어진' 쓸모없는 것으로 간주된다. 게다가 현재가 과거와 너무 달라서 과거가 어땠는지 깨닫는 것이 점점 어려워지고 있다. 한스 마이어호프(Hans Meyerhoff)가 언급했듯이, '과거는 가차 없고 불가해한 변화의 제분기에 의해 "갈기갈기 찢기고" 있다.'6

현재가 가장 중요하게 보이도록 만드는 일상생활에서 시간적 관점의 급격한 축소에도 불구하고, 사회와 물질세계의 본질을 이해하려고 노력함에 있어서 과거를 연구해야만 현재를 이해하기를 바랄 수 있다고 믿을 때, 그 반대의 영향이 만연하게 된다. 결과적으로, 오늘날 과거는 동시에 가치가 평가 절하되기도 하고 평가 절상되기도 한다.

이러한 역설적 상황은 현대 문명의 역동성 때문이다. 중세 사회는 훨씬 더 정적이고 본질적으로 계층적이었다. 그 결과 중세 사상에서는 인과적 또는 발생론적 태도가 우리의 태도보다 훨씬 덜 중요했으며, 진화의 개념은 당시의 일반적인 세계관에서 상징주의의 역할에 비해 거의 영향력이 없었다. 게다가, 시간 자체의 개념조차 그 당시의 역사가에게는 오늘날의 역사가보다 덜 중요했다. 우리는 사건의 정확한 연대를 기재하는 것이 역사가의 첫 번째 의무 중 하나로 여기며, 연대를 사건의 우발적 속성이 아니라 본질적 특징으로 간주한다. 그러나 이러한 태도는 비교적 현대적인 것이다. 성 아우구스티누스에게 있어서 사건의 연대는 신학적 의미보다 훨씬 덜 중요했다. 모든 것을 역사적 관점보다 신학적 관점에서 보는 그의 경향은 중세 시대에 강력한 영향을 미쳤지만, 교황의 전통이 공격받던 종교 개혁 기간에 사료 편찬은 새롭고 전략적인 중요성을 띠기 시작했다. 개신교와 가톨릭 교회의 분쟁이 과거에 대한 많은 학문적 연구를 촉발했음에도 불구하고, 보쉬에와 같은 역사가에게는 여전히 신의 섭리의 영향이 지배적인 요인이었고, 역사는 본질적으로 천지창조에서 심판의 날까지 이어지는 종교적 서사시로 간주되고 있었다. 16세기에 이미 마키아벨리와 구이차르디니가 완전히 세속적인 역사관을 취했지만, 19세기가 되어서야 비로소 역사적 관점의 근본적인 의미가 일반적으로 인식되기 시작했다. 이것은 화가들을 포함한 일군(一群)의 사람들에 의해 공간적 원근법의 이론과 실행이 전개된 지 수백 년이 지난 후였다. 각각의 경우에 세상을 바라보는 새로운 방식이 생겨났다. 19세기에 역사 그 자체가 중요한 주제가 된 것은 놀라운 일이 아니다. 프랑스 혁명과 산업 혁명으로 인해 사람들이 이전보다 변화의 실재와 불가피성을 훨씬 더 의식하게 되었기 때문이다. 따라서 그들은 역사의 진행 상황을 추적할 필요성을 느꼈다.

그 결과, 역사에 관한 연구가 크게 장려되었다. 1830년대 프랑스 정부의 교육부 장관으로 있었던 기조는 국가 비용으로 방대한 수량의 중세 연대기를 출판하도록 주선해 주었다. 동시에 빅토리아 시대의 영국에서는 과거, 특히 중세 시대에 관한 관심이 증가했다. 이전에는 학술적 관심이 주로 고전 고대에만 국한되어 있었다. 1838년에 원고(原稿)의 복구와 검사를 위해 캠던 소사이어티(Camden Society)가 결성되었다. 그러나 19세기에 역사 연구는 주로 독일에서 가장 큰 발전을 이루었다. 액튼 경(Lord Acton, 1834~1902)과 메이틀랜드(F. W. Maitland, 1850~1906)까지 내려오는 영국 역사학자들은 레오폴드 폰 랑케(Leopold von Ranke, 1795~1886)와 테오도어 몸젠(Theodor Mommsen, 1817~1903)이 주축이 되어 고전 고대와 성서 연구 등 많은 분야를 다루었던 독일 학문에 대해 은혜를 거듭 표명했다. 20세기에 역사에 관한 학술적 연구는 미국이 주도적 역할을 하는 과학사를 포함한 모든 지식 분야로 확대되었다.

20세기에 과거 및 과거의 남아 있는 유적으로부터 가능한 한 그 과거를 재구성해야 할 필요성에 대한 증가한 인식의 가장 두드러진 징후 중 하나는 고고학에 대한 광범위한 관심이다. 19세기를 마감하기 수십 년 전에 이르러서야 비로소 발굴이 과거에 대한 지식을 추가하는 데 유용한 비문학적 수단이 될 수 있다는 생각이 피트 리버스(Pitt-Rivers) 장군에 의해 영국에 소개되었다. 20세기에 방사성 탄소 연대 측정법과 기타 정교한 기술의 도입은 이러한 측면에서 고고학의 가치를 높이는 강력한 수단이었다.

많은 문명에서 사회와 우주의 본질에 대한 지배적인 개념들 사이의 근본적인 유비(類比)가 있었고, 이러한 유비는 종종 시간의 본질과 그 의미에 대한 특정 견해와 연관되어 있었다. 예를 들어, *기원전 6세기의*

아테네인은 시간을 심판자로 여겼다. 이때는 국가가 정의(正義)의 개념에 기초하고 있을 때였으며, 이 개념은 곧 우주 전체를 설명하기 위해 확장되었다. 또 다른 예는 기계식 시계 발명에 뒤이어 시계 장치에 의한 우주의 기계적 흉내 내기라는 개념이 17세기에 전면에 등장한 개념, 즉 우주 자체가 시계와 같은 기계라는 역(逆) 개념을 제시했을 때인 유럽의 중세와 르네상스 시대의 발전에 의해 제공된다. 기계론적 유비는 시계와 같은 우주라는 개념을 낳았을 뿐만 아니라 1651년 홉스(Hobbes)의 『리바이어던(Leviathan)』서문에서 가장 명확하게 묘사된 인간 사회에 대한 준(準) 기계적 개념에도 영향을 미쳤는데, 여기서 국가는 인공적인 인간으로 간주되고 인간 자신은 기계적으로 묘사된다. 현재 우리에게는 18세기에 시작된 역사적 유비가 있는데, 이에 따르면 우주와 사회가 모두 시간에 따라 진화하는 것으로 간주된다.

변화의 개념이 인류 역사에 대한 우리의 사고를 지배하게 되었을 뿐만 아니라 지난 2세기 동안에는 물질세계의 변하지 않는 특성에 대한 믿음도 심각하게 훼손되었다. 19세기까지 진화의 개념은 세상에 대한 우리의 사고방식에 거의 영향을 미치지 않았다. 가장 오래되고 가장 진보된 과학인 천문학은 우주의 추세(趨勢)에 대한 어떠한 증거도 드러내지 않았다. 시간 자체는 천체의 운동으로 측정될 수 있고, 인간이 만든 시계의 정확도는 천체 관측을 참조하여 제어할 수 있다는 사실은 오래전부터 인식되어왔지만, 천체의 운동 패턴은 바퀴 시스템처럼 앞으로 읽든 뒤로 읽든 동일하게 나타나며, 미래는 본질적으로 과거의 반복으로 간주되었다. 따라서 사람들이 시간과 우주의 순환적 측면에 중점을 두는 것은 당연한 일이었다. 결국, 사람들이 세계의 전반적인 상태가 무한정 거의 동일하게 유지된다는 오래된 믿음에 의문을 제기하기 시작했을 때, 진화 개념은 살아있는 유기체와 물질세계를 특징짓는 개념이라는 생각이 일반화되었다. 그 결과, 현상의 주기적인 측면은 이제 장기적인 비가역성에 종속된 것으로 간주되고 있다.

오늘날에는 모든 것을 역사가 있는 것으로 간주하는 것이 일상적이며, 이는 심지어 우리의 시간관념에도 적용된다. 철학자 임마누엘 칸트는 시간관념이 세계에 대한 우리의 경험에 영향을 미치는 우리 마음의 선행 조건이라고 믿었지만, 이것이 왜 서로 다른 인간 사회마다 서로 다른 시간관념을 갖고 현상의 시간적 측면에 대해 서로 다른 정도의 의미를 부여했는지를 설명하지는 못한다. 이제 우리의 시간관념은 선행 조건이 아니라 오랜 진화의 결과인 세계 경험의 결과로 간주되어야 한다는 사실을 깨닫고 있다. 우리의 마음은 우리의 경험 자료를 규정하는 확실한 특징을 인식함으로써 시간관념을 구성할 수 있는 능력이 있는데, 이러한 능력은 동물에게는 없는 것으로 보인다. 칸트는 이 능력의 기원을 설명하지 못했지만, 그것이 인간 정신의 특성이라는 것을 깨달았다. 최근 몇 년 동안 우리의 모든 정신 능력은 그 능력을 사용하는 방법을 배워야만 실제로 실현할 수 있는 잠재 능력이라는 것이 명백해졌다. 동물은 특정 유형의 행동을 자동적으로 시작하기 때문에 '해발인(解發因)'이라고 알려진 특정 감각 인식 패턴을 물려받지만, 인간은 자신의 경험으로부터 모든 인식 패턴을 구성하는 법을 배워야 한다. 결과적으로, 칸트에 따르면, 마치 해발인처럼 기능하는 것으로 보이는 시간과 공간에 대한 우리의 관념은 그 대신 학습되어야 할 정신적 구성물로 간주되어야 한다.

우리 시간관념이 지속적으로 진화하고 있다는 것은 언어 발달에서 시제의 중요성이 증가함에 따라 드러난다. 사람들이 '영원한 현재'의 한계를 초월하는 방법을 배웠기 때문에 우주에 대한 더 큰 지식은 과거,

현재, 미래의 구분에 대한 더 큰 인식을 동반했다. 시간에 대한 우리의 인식은 심리적 요인과 의식 수준 아래의 생리적 과정을 기반으로 하고 있지만, 사회적, 문화적 영향에도 의존하고 있음을 알게 되었다. 이 때문에 시간과 역사 사이에는 상관적 관계가 존재한다. 역사에 대한 우리의 관념이 시간관념에 기초하듯이, 우리가 생각하는 시간은 우리 역사의 결과이기 때문이다.

부록

부록 1. 윤년

사이먼 뉴컴(Simon Newcomb)에 따르면, 서기 1900년의 회귀년은 대략 365.242 198 79 일의 평균 태양일에 해당한다.* 따라서 소수점의 가장 가까운 다섯 번째 자리까지의 회귀년 일수(日數)의 소수 부분은 0.242 20 이다. 이는 단순 연분수로 전개될 수 있다.†

$$0.24220 = \cfrac{1}{4 + \cfrac{1}{7 + \cfrac{1}{1 + \cfrac{1}{3 + \cdots}}}}$$

---

* 회귀년은 1천 년에 약 0.000006 일 정도 감소한다. 율리우스력이 도입되었을 때(기원전 45년)는 약 365.24232 일이었다.

† 단순 연분수 전개는 소수 확장보다 훨씬 더 정확한 근삿값을 제공한다. 여기서 사용된 표기법은 위의 수렴 값, 즉 8/33을 인쇄하는 것보다 더 편리하다. 이는 33년마다 8번의 윤년이 있다고 하는 오마르 하이얌(Omar Khayyam)의 제안에 해당하는 것으로, 1년의 평균 일수의 소수 부분에 대한 십진수 0.2422를 산출한다. 그러나 이 규칙은 사용하기에 편리하지 않다. 특히 일부 윤년은 짝수 연도에, 일부 윤년은 홀수 연도에 발생하기 때문이다. (시인이자 수학자인 오마르 하이얌은 후라산(Khorasan)의 술탄이 서기 1079년경에 달력을 개선하기 위해 임명한 8명의 천문학자 중 한 명이다.)

처음 네 개의 수렴 값, 즉 연속적인 근삿값은 각각 1/4, 7/29, 8/33, 31/128로 주어진다. 첫 번째 수렴 값은 4년마다 윤일이 포함되는 율리우스력의 윤년 규칙을 제공한다. 네 번째 수렴 값은 128년의 주기마다 한 개가 더 적은 윤년(즉, 32번의 율리우스 윤년에 비해 31번의 윤년)을 제공하며, 역년(曆年)의 평균 길이에 대한 매우 정확한 값인 365.242187 5 일로 이어지는데, 이는 단지 약 1초 정도 짧은 값이다. 그러나 400년마다 97번의 윤년을 제공하는 그레고리력은 3200년마다 한 번 더 많은, 즉 775번 대신 776번의 윤년을 생성하므로 덜 정확하지만, 이를 사용하는 것이 더 편리하다. 실제로 그레고리력의 윤년 규칙은 1년의 평균 일수의 소수 부분을 0.2422 대신 0.2425로 제공한다.

다음과 같은 세 번째 수렴 값에 의해 조금 더 정확한 근삿값이 제공된다.

$$\cfrac{1}{4+\cfrac{1}{7+\cdots}}$$

만약 그레고리력을 약간 수정하여 윤년을 지배하는 현재의 규칙에 추가로 4000으로 나눌 수 있는 모든 연도를 평년으로 간주하면, 4천 년마다 970번 대신 969번의 윤년이 있게 되어, 상용년의 평균 길이가 365.242 25 일이 된다. 이것은 약 4초가 길어지는 것이므로, 약 2만 년 동안 하루가 많아지는 것에 해당한다.

부록 2. 메톤 달력 주기

메톤 주기는 235 삭망월(朔望月) 또는 태음월(太陰月, 신월에서 신월까지의 기간)이 19 회귀년(춘분점에서 춘분점까지의 기간)과 거의 같다는 발견과 관련이 있다. 이와 같은 사실은 평균 삭망월이 약 29.5306일이고 회귀년은 부록 1에서 보았듯이 약 365.2422일이므로 쉽게 확인할 수 있다. 메톤 비율은 1년의 월수(月數)의 소수 부분에 대한 단순 연분수의 다섯 번째 수렴 값을 계산함으로써 얻을 수 있는데, 이 비율은 다음과 같이 주어진다.

$$12 + \cfrac{1}{2 + \cfrac{1}{1 + \cfrac{1}{2 + \cfrac{1}{1+1}}}} = \frac{235}{19}$$

19년 후 달의 평균 위상은 이전의 같은 날(주기 동안의 윤년 수에 따라 하루가 변경될 수 있음)의 대략 2시간 이내에 반복되는 경향이 있다. 원래 관련된 개월 수는 29일이 110개월, 30일이 125개월이었다. 따라서 주기의 전체 일수는 6,940일이었고, 결과적으로 1년의 평균 일수는 365.26일을 약간 초과했다. 메톤이 도입한 특별한 주기는 당시 아테네에서 사용된 달력의 12번째 달의 13번째 일에 시작되었는데, 이날은 계산에 따르면 기원전 432년 6월 27일이었다. 메톤이 이날을 천문학적으로 하지(夏至)라고 판단했기 때문에 이날이 선택된 것으로 보인다.

1년이 365.25일과 같다는 가정에 근거한 메톤 주기의 더 정확한 형태는 메톤의 19년 주기가 약간 길다는 것을 발견한 천문학자 칼리푸스(Callippus)에 의해 기원전 330년경 도입되었다. 그는 4개의 19년 주기를 76년의 한 주기로 결합하고 그 주기에서 하루를 뺐다. 이에 따라 그의 주기에는 27,759일이 포함되었다.

일반적으로 사용되지는 않았지만, 이 주기는 예컨대 프톨레마이오스와 같은 후대 천문학자와 연대기학자들의 표준이 되었다. 칼리푸스가 1년에 할당한 일수는 율리우스력의 기초가 되었다.

부록 3. 부활절 계산

순수 태양력인 우리의 상용력이나 순수 태음력인 이슬람력과 달리, 그리스도교의 교회력은 태양과 달 모두에 의존한다. 처음에는 유대 관습을 어느 정도까지 따라야 하는가에 관한 다양한 그리스도교 교회 간의 이견으로 인해 문제가 복잡했다. 유대 율법은 봄에 시작하는 교회력의 첫 달인 니산의 14일(해 질 녘에 시작됨)에 유월절 어린 양을 도축하도록 규정했다. 마태복음, 마가복음, 누가복음에 따르면, 그리스도가 진정한 유월절 어린 양이었기 때문에 최후의 만찬은 유대인의 유월절 축일에 일어났지만, 요한복음에 따르면 그 날은 십자가에 못 박힌 날이었다. 더 복잡한 것은 유대교 축제가 일주일 중 어느 날에도 일어날 수 있지만, 그리스도교인 대부분은 결국 십자가형 이후 이틀째인 부활의 날이 일요일이 되기를 원한다는 것이었다. 오직 소(小)아시아의 사람들만이 유대력의 확실한 날짜를 고수했고, 그 결과 이날을 14번째 날(Quaarto-decimans)이라고 불렀다. 이와 같은 유월절 논쟁은 2세기에 처음으로 일반적인 관심사가 되었고, 스미르나(Smyrna)의 주교 폴리카르포스(Polycarp)가 158년에 로마 교황 아니체토(Anicetus)를 방문하도록 했다. 두 사람은 각자 자신들의 관습을 고수해야 한다는 데 동의했다. 40년 후 로마 교황 빅토르(Victor)와 에페수스의 주교 폴리크라테스(Polycrates) 사이에 훨씬 더 격렬한 논쟁이 일어났지만, 결국 리옹의 주교 이레네우스(Irenaeus)에 의해 평화가 회복되었다.

그러나 이러한 교리적 차이를 가지고 서로 다른 계산 방법을 사용함으로써 관련 날짜에 관한 결정이 복잡해졌기 때문에, 4세기 초에는 로마와 알렉산드리아 같은 가톨릭의 주요 중심지에서 매우 다른 시기에 부활절을 기념하고 있었다. 콘스탄티누스 황제의 요청에 따라 이 문제는 325년 니케아 공의회에서 검토되었다. 불행하게도, 현존하는 해당 공의회 기록에는 이 중요한 문제에 대해 대체로 침묵하고 있었다. 그러나 해당 세기 후반에 밀라노의 대주교 암브로시우스(Ambrose)는 현존하는 한 편지에서 공의회가 서양식 관습이 우세하도록 명령하여 부활절은 춘분 이후 첫 보름달 다음의 일요일에 기념해야 한다고 썼다. 이 일요일은 부활절이 유대인의 유월절과 절대로 일치하지 않도록 선택되었다. 14일주의자들은 이 결정을 받아들이길 거부했고, 그들의 관행은 6세기까지 소아시아에서 계속되었다. 부활절과 관련하여 '만월'이라는 표현은 교회의 만월, 즉 합(合) 이후에 달이 처음 나타나는 날로부터 계산된 달의 14번째 날을 의미한다. 이것에 대한 실제 결정은 알렉산드리아의 천문학자들에게 회부되었는데, 그들은 남의 힘을 빌리지 않고 이를 처리할 정도로 기술적으로 유능했다.

에우세비우스에 따르면, 라오디케아(Laodicea)의 주교 아나톨리우스(Anatolius)는 이미 277년경에 부활절을 결정하기 위해 메톤 주기를 사용하기 시작했다(『교회사(Church History)』 vii. 32). 이 방법은 알렉산드리아에서 채택되었는데, 춘분은 아나톨리우스가 가정한 3월 19일이 아니라 3월 21일에 일어나는 것으로 간주했다. 에우세비우스는 알렉산드리아의 주교 디오니시우스가 이전에 8년 주기에 근거한 부활절 규칙을 제안했다는 것을 언급하고 있다(『교회사』 vii. 20). 이는 1년의 개월 수에 대한 연분수의 세 번째 수렴 값에 해당하는데, 이는 부록 2의 공식으로부터 다음과 같이 주어지며, 그 값은 99/8가 된다.

$$12 + \cfrac{1}{2 + \cfrac{1}{1 + \cfrac{1}{2}}}$$

이는 8년 동안 대략 99번의 태음월이 있음을 의미한다. 이것이 제미누스(65쪽 참조)가 언급한 8년 주기이다. 이후에 아키텐(Aquitaine)의 주교 빅토리오(Victorius)는 부활절에 대해 532년의 새로운 주기를 생성하기 위해 19년의 메톤 주기와 28년의 태양 주기(28은 일주일의 수 7과 윤년 주기의 연수(年數) 4를 곱한 것임)를 결합해서 새로운 주기를 도입했다 (457년경). 이것은 6세기에 유스티니아누스 황제의 명령으로 로마 수도원장 디오니시우스 엑시구우스가 계산한 부활절 표를 작성할 때 사용했기 때문에 '디오니시우스 주기'라고 불리게 되었다. 디오니시우스 자신은 부활절 목록을 532년에서 627년 사이에만 제작했지만, 이후 세비야의 이시도르(Isidore of Seville, 약 560~636)는 721년까지 제작했고, 8세기에 비드는 1063년까지의 표를 계산함으로써 이 532년 주기를 완성했다. 부활절을 계산하는 것을 콤푸투스(*computus*)라고 불렀다.

서양에서는 부활절 날짜 계산의 지역적 차이가 8세기 말에 그쳤지만, 13세기에 이르러서는 춘분이 3월 21일로부터 일탈하는 것이 우려의 원인이 되기 시작했는데, 그 이유는 당시에 이 일탈이 7~8일에 달했기 때문이다. 이러한 일탈은 무엇보다도 영어로는 홀리우드의 요한(John of Holywood)으로 불리는 사크로보스코(1230년경에 활약함)가 자신의 『연도의 이유에 대하여(De anni ratione)』에서 지적했고, 로저 베이컨(Roger Bacon, 약 1219~1292)이 교황에게 전달한 자신의 『달력 개혁

(De reformatione calendaris)』에서도 지적했다. 그럼에도 불구하고, 교황 식스토(Sixtus) 4세가 달력 재건을 위해 당시 최고의 천문학자 레기오몬타누스(Regiomontanus)를 로마로 초대한 것은 1474년이 되어서였다. 그의 조기 사망으로 추가 조치는 지연되었고, 1582년이 되어서야 더 정확한 그레고리력이 율리우스력을 대체했다. 율리우스력은 회귀년이 정확히 365.25일이라는 부정확한 가정에 기반을 두고 있다. 부활절과 교회력을 결정하는 데 영향을 미친 또 다른 부정확한 가정은 메톤 주기에 따르면 235 태음월이 19 율리우스 년과 정확히 같다는 것이었다. 1582년 즈음에는 이러한 원인으로 인한 오류가 음력 주기의 약 4일에 이르렀으므로 교회력 달의 14번째 날이 실제 평균 달의 18번째 날이 되었다. 메톤 주기를 포기하고 황금 수를 이팩트(Epact)로 대체하는 것과 관련된 계산 방법은 알로이지우스 릴리우스에 의해 제안되었다. '황금 수'라는 용어는 메톤 주기에서 임의의 연도가 차지하는 위치, 즉 주어진 날짜의 월령(月齡)을 나타내기 위해 그리스인이 이 숫자들을 공공 기둥에 금으로 새겼다고 해서 불리게 되었다. 서기 연도에 대해 이 숫자를 얻기 위한 규칙은 예컨대 1582년과 같은 관련 연도의 수에 1을 추가하고, 19로 나눈 나머지를 찾는 것이다. 추가 조건은 이 나머지가 0일 때 황금 수는 19로 간주된다는 것이다. 황금 수는 율리우스력에만 적용되었기 때문에 릴리우스는 율리우스력에 대한 수정 제안에서는 이팩트를 그 대신 사용했는데, '이팩트'란 예컨대 1월 1일과 같이 정확한 날짜에 음력 위상, 즉 달력 달의 나이를 나타내는 자연수이다. 이 방법에 따라 교황의 천문학자였던 크리스토퍼 클라비우스는 그레고리력에 따라 부활절을 결정하기 위한 새로운 표를 계산했다. 오늘날에는 부활절 날짜를 결정하기 위해 클라비우스 표에 매달릴 필요는 없다. 1800년에 이 목적을 위한

우아한 수학 공식이 독일의 위대한 수학자 칼 프리드리히 가우스(Carl Friedrich Gauss, 1777~1855)에 의해 고안되었기 때문이다. 이전에는 토머스 해리엇(Thomas Harriot, 1560~1621)이 동일한 일반적 특성의 수학 규칙 세트를 고안했지만 출판되지는 못했다. (해리엇의 많은 과학적 연구와 마찬가지로, 이 규칙 세트는 최근에야 빛을 보게 되었다.) $1900 + N$으로 표현되는 20세기의 어느 해에 적용될 때 가우스 규칙은 다음과 같이 명시될 수 있다.

(1) N을 19, 4, 7로 나눈 나머지 a, b, c를 계산한다.

(2) $(19a + 24)$를 30으로 나눈 나머지 d를 계산한다.

(3) $2b + 4(c - 1) + 6d$를 7로 나눈 나머지 e를 계산한다.

(4) 합계 $(d + e)$가 9를 초과하지 않는 경우 부활절은 $(d + e + 22)$로 주어지는 3월에 속하지만 $(d + e)$가 9를 초과하는 경우 부활절은 $(d + e - 9)$로 주어지는 4월에 속한다.

예를 들어 1988년의 경우, $N = 88$, $a = 12$, $b = 0$, $c = 4$, $d = 12$, $e = 0$으로 주어지므로 부활절은 4월 3일이다.

불행하게도 가우스의 깔끔한 해법은 4,200년 이후의 몇 년에 대한 정확한 결과를 주지 못하기 때문에 이 문제는 1817년 프랑스 천문학자 장-밥티스트 들랑브르(Jean-Baptiste Delambre, 1749~1822)에 의해 더 조사되었다. 60년 후에 미스의 주교 사무엘 버처(Samuel Butcher)에 의해 이 문제에 대한 철저한 재검토가 이루어졌다.[1] 1876년에 뉴욕의 한 투고자가 아무런 증명도 없이 주간 과학 정기간행물인 *네이처*에 부활절 결정에 대한 규칙을 투고했는데, 이 규칙은 가우스 규칙과 달리 예외가 없었다.[2] 버처는 이 규칙이 들랑브르의 분석적 해법을 따랐다는 것을

나뉠 수	나눌 수	몫	나머지
n	19		a
n	100	b	c
b	4	d	e
$b+8$	25	f	
$b-f+1$	3	g	
$19a+b-d-g+15$	30		h
c	4	i	k
$32+2e+2i-h-k$	7		l
$a+11h+22l$	451	m	
$h+l-7m+114$	31	p	q

보여주었다. 임의의 주어진 해 n에 대해 규칙은 표와 같다.

부활절이 속하는 달의 수는 p로 표시되고 해당 달의 날짜는 $q+1$로 주어진다. 예를 들어, 1988년에 대해 이 계산에 의하면, $p = 4$, $q = 2$이므로 그해 부활절은 4월 3일이라고 결론 내린다. 일어날 수 있는 가장 이른 부활절은 3월 22일이고 가장 늦은 부활절은 4월 25일이다.

우스펜스키(Uspensky)와 히슬렛(Heaslet)은 부활절 계산을 포함한 달력 문제에 대한 기본적인 수학적 논의를 제공한다.[3]

참고문헌

머리말

1. G. J. Whitrow, *The Natural Philosophy of Time* (London and Edinburgh,; Nelson, 1961; Oxford: Clarendon Press; 2nd edn., 1980).

2. S. Toulmin and J. Goodfield, *The Discovery of Time* (London: Hutchinson, 1965; Harmondsworth: Penguin Books, 1967).

3. R. Wendorff, *Zeit und Kultur: Geschichte des Zeitbewusstseins in Europa* (Wiesbaden: Westdeutscher Verlag, 1980).

4. H. Trivers, *The Rhythm of Being: A Study of Temporality* (New York: Philosophical Library, 1985), part III: '*Time and History*'.

1장. 시간 인식

1. R. Wallis, *Le Traps, quatrieme dimension de lesprit* (Paris: Flammarion, 1966), 51 ff.

2. J. Piaget, *The Child's Conception of Time*, trans. A. J. Pomerans (London: Routledge & Kegan Paul, 1969).

3. A. E. Wessmann and B. S. Gorman, *The Personal Experience of Time* (New York: Plenum Press, 1977), 8.

4. E. Michaud, *Essai sur lorganisation de la connaissance entre 10 et 14 ans* (Paris: Vrin, 1949).

5. P. M. Bell, "Sense of time", *New Scientist* (15 May 1975), 406.

6. C. Ralling, "A vanishing race", *Listener* (16 July 1959), 87.

7. W. Koehler, *The Mentality of Apes*, trans. from 2nd rev. edn. Ella Winter (Harmondsworth: Penguin Books, 1957), 234.

8. S. Walker, *Animal Thought* (London: Routledge & Kegan Paul, 1983), 190.

9. B. L. Whorf, Language, *Thought and Reality*, ed. J. B. Carroll (Cambridge, Mass.: MIT Press, 1956), 57-64.

10. Ibid. 58.

11. S. C. McCluskey, "The astronomy of the Hopi Indians", *Journal for the History of Astronomy*, 8 (1977), 174-95.

12. E. E. Evans-Pritchard, *Witchcraft, Oracles and Magic among the Azande* (Oxford: Clarendon Press, 1937), 347.

13. E. E. Evans-Pritchard, *The Nuer: A Description of the Modes of Livelihood and Political Istitutions of a Nilotic People* (Oxford: Clarendon Press, 1940), 103.

14. Ibid. 105.

15. Ibid. 108.

2장. 시간 기술

1. E. H. Lenneberg, *Biological Foundations of Language* (New York: Wiley, 1968), 106.

2. C. M. Bowra, "Some aspects of speech", in *In General and Particular* (London: Weidenfeld & Nicolson, 1966), 14.

3. R. E. Passingham, "Broca's area and the origin of human vocal skill", *Phil. Trans. Roy. Soc.* (London), B292 (1981), 167-75.

4. G. Steiner, *After Babel. Aspects of Language and Translation* (Oxford University Press, 1975), 157.

5. S. Fleischman, *The Future in Thought and Language* (Cambridge University Press, 1982), 50.

6. Steiner, op. cit. (above, n. 4), 139.

7. G. J. Whitrow, *Natural Philosophy of Time* (2nd edn.; preface, n. 1), 174 ff.

8. M. P. Nilsson, *Primitive Time-reckoning* (Lund: C. W. K. Gleerup, 1920), 9-10.

3장. 역사 여명기의 시간

1. P. Radin, *Primitive Man as Philosopher*, 2nd edn. (New York: Dover, 1957).

2. Ibid. 244.

3. A. Marshack, "Some implications of the Palaeolithic symbolic evidence for the origins of language", *Current Anthropology*, 17 (1976), 274.

4. R. S. Solecki, "Shanidar IV, a Neanderthal flower burial in northern Iraq", *Science*, 190 (1975), 880.

5. D. C. Heggie, *Megalithic Science: Ancient Mathematics and Astronomy in North-west Europe* (London: Thames & Hudson, 1981).

6. S. G. F. Brandon, *Time and Mankind* (London: Hutchinson, 1951), 33.

7. H. Frankfort, et al., *Before Philosophy* (Harmondsworth: Penguin Books, 1949), 35.

8. O. Neugebauer, *The Exact Sciences in Antiquity* (Providence, RI: Brown

University Press, 1957), 81.

9. H. E. Winlock, "The origin of the ancient Egyptian calendar", *Proc. Amer. Phil. Soc., 83* (1940), 447.

10. J. H. Breasted, "The beginnings of time-measurement and the origins of our calendar", in *Time and its Mysteries*, Series I (New York University Press, 1936), 80.

11. T. G. H. James, *An Introduction to Ancient Egypt* (London: British Museum Publications, 1979), 125.

12. O. Neugebauer, loc. cit. (above, n. 8).

13. S. N. Kramer, *The Sumerians* (Chicago and London: University of Chicago Press, 1963), 328.

14. J. G. Gunnell, *Political Philosophy and Time* (Middleton, Conn.: Wesleyan University Press, 1968), 40.

15. E. Voegelin, *The Ecumenic Age* (vol. 4 of *Order and History*) (Baton Rouge: Louisiana State University Press, 1980), 84.

16. G. Contenau, *Everyday Life in Babylon and Anyria*, trans. K. R. and A. R. MaxweH-Hyslop (London: Edward Arnold, 1954), 213.

17. N. K. Sanders, *The Epic of Gilgamesh* (Harmondsworth: Penguin Books, 1960), 104.

18. D. Pingree, "Astrology", in P. P. Wiener (ed.), *Dictionary of the History of Ideas* (New York: Scribner, 1973), i. 118.

19. A. Sachs, "Babylonian horoscopes", *Journal of Cutteifortn Studies, 6* (1952), 49.

20. Seneca, *Nat. Quaest. 111.* 29. 1 (London: Heinemann, 1971), 286.

21. O. Neugebauer, "The history of ancient astronomy: problems and methods", *Publications of the Astronomical Society of the Pacific, 58* (1946), no. 340, 33.

22. O. Neugebauer, *A History of Ancient Mathematical Astronomy* (Berlin: Springer Vertag, 1975). i. 4.

23. Ibid. ii. 593.

24. R. C. Zaelmer, *Daum and Twilight of Zoroastrianism* (London: Weidenfeld & Nicolson, 1961), 55.

25. R. C. Zaehner, *Zunpan: A Zoroastrian Dilemma* (Oxford: Clarendon Press, 1955), 410.

26. S. G. F. Brandon, *Creation Legends of the Ancient Near East* (London: Hodder & Stoughton, 1963), 206.

27. W. Hartner, "The Young-Avestan and Babylonian calendars and the antecedents of precession", *Journal for the History of Astronomy, 10* (1979), 1-22.

28. S. H. Taqizadah, *Old Iranian Calendars* (London: Royal Asiatic Society, 1938).

29. E. Yarshater, "Time-reckoning", in *Cambridge History of Iran* (Cambridge University Press, 1982), ii. 790.

4장. 고전 고대의 시간

1. J. G. Gunnell op. cit. (ch. 3, n. 14), 15.

2. F. M. Cornford, *From Religion to Philosophy* (London: Edward Arnold, 1912), 181.

3. W. K. C. Guthrie, "The religion and mythology of the Greeks", in *The Cambridge Ancient History*, rev. edn. (Cambridge University Press, 1961), ii, ch. 40, 39-40.

4. H. Lloyd Jones, *The Justice of Zeus* (Berkeley: University of California Press, 1971), 5-6 and 166-7 n. 23.

5. W. Jaeger, *The Theology of the Early Greek Philosophers*, trans. E. S. Robinson (London: Oxford University Press, 1967), 35.

6. Whitrow, *Natural Philosophy of Time* (ch. 2, n. 7), 190-200.

7. Nemesius, *Bishop of Emesa*, in E. Bevan, *Later Greek Religion* (London: Dent, 1927), 30-1.

8. L. Edelstein, *The Idea of Progress in Classical Antiquity* (Baltimore: Johns Hopkins University Press, 1967), xxi.

9. R. Drews, *The Greek Accounts of Eastern History* (Cambridge, Mass.: Harvard University Press, 1973), 35-6.

10. M. I. Finley, "Thucydides the moralist", in *Aspects of Antiquity* (Harmondsworth: Penguin Books, 1977), 53.

11. A. Momighano, "The place of Herodotus in the history of historiography", in *Studies in Historiography* (London: Weidenfeld & Nicolson, 1966), 130.

12. J. de Romilly, *Time in Greek Tragedy* (Ithaca: Cornell University Press, 1968), 5-6.

13. E. R. Dodds, "Progress in classical antiquity", in P. P. Wiener (ed.), *Dictionary of the History of Ideas* (New York: Scribner, 1973), iii. 633.

14. A . Momigliano, "Time in ancient historiography", in *History and Theory*, 1966, Suppl. 6 ('History and the concept of time'), 10.

15. W. K. C. Guthrie, *In the Beginning: Some Greek Views on the Origin of Life and the Early State of Man* (London: Methuen, 1957), 65.

16. Momigliano, "*Time in ancient historiography*" (above, n. 14), 13.

17. P. Duhem, *Le Système du monde* (Paris: Hermann, 1954), ii (new edn.), 299.

18. Alexander of Aphrodisias, *On Destiny. Addressed to the Emperors*, trans. A. Fitzgerald (London: Scholaris Press, 1931), 25.

19. S. N. Kramer, op. cit. (ch. 3, n. 13), 262.

20. W. K. C. Guthrie, *A History of Greek Philosophy* (Cambridge University Press, 1969), iii. 82.

21. W. K. C. Guthrie, *In the Beginning* (above, n. 15), 79.

22. W. K. C. Guthrie, *A History of Greek Philosophy* (above, n. 20), iii. 292.

23. J. V. Noble and D. J. de Solla Price, "The water-clock in the Tower of Winds", *Amer. J. Archaeol.*, *72* (1968), 345-55.

24. T. C. Vriezen, *The Religion of Ancient Israel*, trans. H. Hoskins (London: Lutterworth Press, 1969), 243.

25. O. Cullmann, *Christ and Time*, trans. F. V. Filson (London: SCM Press, 1951), 51.

26. J. G. Gunnell, op. cit. (ch. 3, n. 14), 75.

27. G. W. Trompf, *The Idea of Historical Recurrence in Western Thought* (Berkeley: University of California Press, 1979), 134.

28. W. O. E. Oesterley, *The Evolution of the Messianic Idea* (London: Isaac Pitman & Sons, 1908), 206.

29. J. G. Gunnell, op. cit. (ch. 3, n. 14), 63-4.

30. H. Frankfort, *Kingship and the Gods: A Study of Near Eastern Religion and the Integration of Society and Nature* (Chicago: University of Chicago Press, 1978; Phoenix edn.), 343-4.

31. E. Voegehn, *Israel and Revelation* (vol. 1 of Order and History) (Baton Rouge: Louisiana State University Press, 1956).

32. G. Van Seters, *In Searrh of History. Historiography in the Ancient World and the Origins of Biblical History* (New Haven and London: Yale University Press, 1983), 241.

33. H. Webster, *Rest Days. A Study in Early Law and Morality* (New York:

Macmillan, 1916), 252.

34. Ibid. 254.

35. T. C. Vriezen, op. cit. (above, n. 24), 234.

36. M. Testuz, *Les Idtes religieuses du Livre des Jubilées* (Geneva: Droz; Paris: Minard, 1960), 136.

37. L. Casson, *Travel in the Ancient World* (London: Allen & Unwin, 1974), 155.

38. R. Syme, *The Roman Revolution* (London: Oxford University Press, 1960), 315-16.

39. J. T. Shotwell, *The History of History* (New York: Columbia University Press, 1939), 301.

40. E. R. Curtius, *European Literature and the Latin Middle Ages*, trans. W. R. Trask (New York: Pantheon Books, 1953), 252.

41. Lucretius, *The Nature of the Universe*, trans. R. E. Latham (Harmondsworth: Penguin Books, 1951), 40-1.

42. P. Brown, *The World of Later Antiquity. From Marcus Aurelius to Muhammad* (London: Thames & Hudson, 1971), 62.

43. Ibid.

44. H.-C. Puech, "Gnosis and time", in *Man and Time. Papers from the Eranos Yearbooks* (London: Roudledge & Kegan Paul, 1958), 61.

45. F. Cumont, *The Mysteries of Mithra*, trans. T. J. McCormack (Chicago: Open Court, 1903), 1.

46. Ibid. 39.

47. M. J. Vennaseren, "A magical time god", in J. R. Hinnells (ed.), *Mithraic Studies: Proceedings of the First International Congress of Mithraic Studies*, 1971 (Manchester University Press, 1975), 451.

48. E. A. Budge Wallis, *Orisis and the Egyptian Resurrection* (London: Philip

Lee Warner, 1911), i. 60.

49. M. J. Vermaseren, op. cit. (above, n. 47), 456.

50. S. Sambursky and S. Pines, *The Concept of Time in Late Neoplatonism* (Jerusalem: Israel Academy of Sciences and Humanities, 1971), 11.

51. J. F. Callahan, *Four Views of Time in Ancient Philosophy* (Cambridge, Mass.: Harvard University Press, 1948), 124.

52. C. N. Cochrane, *Christianity and Classical Culture. A Study of Thought and Action from Augustus to Augustine* (London: Oxford University Press, 1974), 186.

53. E. Frank, *Philosophical Understanding and Religious Truth* (New York: Oxford University Press, 1945), 68.

54. J. Baillie, *The Belief in Progress* (Cambridge University Press, 1951), 76.

55. O. Pedersen, "The ecclesiastical calendar and the life of the Church", in G. V.,Coyne, M. A. Hoskin, and O. Pedersen (eds.), *Gregorian Reform of the Calendar* (Vatican City: Pontifica Academica Scientiarum, 1983), 22.

56. E. Frank, op. cit. (above, n. 53), 70.

57. R. L. Poole, "The beginning of the year in the middle ages", in *Studies in Chronology and History* (Oxford: Clarendon Press, 1934), 1-27.

58. E. J. Bickerman, *Chronology of the Ancient World* (London: Thames & Hudson, 1968), 77.

59. F. K. Ginzel, *Handbuch der Chronologie*, vol. iii (Leipzig: Hinrichs, 1914), 115.

60. F. H. Colson, *The Week: An Essay on the Origin and Development of the Seven-day Cycle* (Cambridge University Press, 1926).

61. Bickerman, op. cit. (above, n. 58), 61.

62. H. I. Marrou, *A History of Education in Antiquity*, trans. G. Lamb (London: Sheed & Ward, 1956), 148.

63. C. N. Cochrane, op. cit. (above, n. 52), 330-1.

64. G. Teres, "Time computations and Dionysius Exiguus", *Journal for the History of Astronomy, 15* (1984), 177-88.

5장. 중세의 시간

1. R. W. Southern, *Medieval Humanism and Other Studies* (Oxford: Blackwell, 1970), 3.

2. M. L. W. Laistner, "The library of the Venerable Bede", in A. Hamilton Thompson (ed.), *Bede, His Life, Times, and Writings: Essays in Commemoration of the Twelfth Centenary of his Death* (Oxford: Clarendon Press, 1935), 238.

3. A. Bryant, *A History of Britain and the British People*, vol. 1: Set in a Silver Sea (London: Collins, 1984), 29.

4. Bede, *The Ecclesiastical History of the English Nation* (London: Dent, 1935; Everyman edn.), 152.

5. R. L. Poole, "Imperial influences on the forms of Papal documents", in *Studies in Chronology and History* (Oxford: Clarendon Press, 1934), 178.

6. J. A. Burrow, *The Ages of Man: A Study in Medieval Writing and Thought* (Oxford: Clarendon Press, 1986), 29-30.

7. R. W. Southern, op. cit. (above, n. 1), 158.

8. Ibid. 162.

9. C. H. Haskins, *Studies in the History of Medieval Science*, 2nd edn. (Cambridge, Mass.: Harvard University Press, 1927), 117; see also

Southern, op. cit. (above, n. 1), 166-7; and Bodleian MS. Auct. F.1.9, fo. 90.

10. W. Hartner, "The principle and use of the astrolabe", in *Oriens-Occidens* (Hildesheim: Georg Olms, 1968), 287-318; J. D. North, "The astrolabe", *Scientific American, 230* (Jan. 1974), 96-106.

11. D. J. de Solla Price, "Mechanical water clocks of the 14th century in Fez, Morocco", in *Proceedings of the Tenth International Congress of the History of Science* (Ithaca, 1962) (Paris: Hermann, 1964), i. 599-602.

12. D. R. Hill (ed. and trans.), *On the Construction of Water-clocks* (London: Turner & Devereux, 1976), 9.

13. D. R. Hill (ed. and trans.), *The Book of Ingenious Devices* (Dordrecht: Reidel, 1974), 271 ft.

14. D. B. MacDonald, "Continuous re-creation and atomic time in Muslim scholastic theology", *Isis, 9* (1927), 326-7.

15. M. Maimonides, *The Guide for the Perplexed*, trans. A. Friedlander (London: Routledge, 1904), 121.

16. MacDonald, op. cit. (above, n. 14), 341.

17. al-Biruni, *The Chronology of Ancient Nations*, trans, and ed. E. C. Sachau (London: W. H. Allen, 1879), 34-6.

18. L. Massignon, "Time in Islamic thought", in *Man and Time: Papers from the Eranos Yearbooks* (London: Routledge & Kegan Paul, 1958), 109.

19. B. Smalley, *Historians of the Middle Ages* (London: Thames & Hudson, 1974), 30.

20. A. J. Gurevich, *Categories of Medieval Culture*, trans. G. L. Campbell (London: Routiedge & Kegan Paul, 1985), 122.

21. N. Cohn, *The Pursuit of the Millenium* (London: Secker & Warburg,

1957), 102.

22. M. Reeves, *Joachim of Fiore and the Prophetic Future* (London: SPCK, 1976), 3.

23. M. Reeves, *The Influence of Prophecy in the Later Middle Ages* (Oxford: Clarendon Press, 1969), 296.

24. R. Garaudy, "Faith and revolution", *Ecumenical Review,* 25 (1973), 667.

25. R. S. Westfall, *Never at Rest: A Biography of Isaac Newton* (Cambridge University Press, 1980), 319 ff.

26. M. Bloch, *Feudal Society,* trans. L. A. Manyon (London: Routledge & Kegan Paul, 1961), 73.

27 Ibid. 74.

28. J. U. Nef, *Cultural Foundations of Industrial Civilizations* (Cambridge University Press, 1958), 17.

29. R. Glasser, *Time in French Life and Thought,* trans. C. G. Pearson (Manchester University Press, 1972), 17.

30. Ibid. 56.

31. R. Pernoud, *Joan of Arc,* trans. E. Hyams (Harmondsworth: Penguin Books, 1969), 31.

32. A. Murray, *Reason and Society in the Middle Ages* (Oxford: Clarendon Press, 1985), 107.

33. R. L. Poole, *Medieval Reckonings of Time* (London: SPCK, 1918), 46-7.

34. J. Gairdner, *The Paston Letters 1422-1509 AD. Introduction and Supplement* (Westminster: Archibald Constable, 1901), p. ccclxvi.

35. R. J. Quinones, *The Renaissance Discovery of Time* (Cambridge, Mass.: Harvard University Press, 1973), 110.

36. Ibid. 113.

37. L. White, *Medieval Technology and Social Change* (Oxford: Clarendon

Press, 1962), 61.

6장. 극동과 메소아메리카의 시간

1. H. Jacobi, "Atomic theory (Indian)" in *Dictionary of Religion and Ethics* (Edinburgh: Clark, 1909), ii. 202.

2. A. N. Balslev, *A Study of Time in Indian Philosophy* (Wiesbaden: Otto Harrassowitz, 1983), 39 ff.

3. M. Eliade, *Images and Symbols: Studies in Religious Symbolism*, trans. P. Mairet (London: Harvill Press, 1961), 65.

4. J. Needham and Wang Ling, *Science and Civilisation in China* (Cambridge University Press, 1959), iii. 315.

5. J. Needham, Wang Ling, and D. J. de Solla Price, *Heavenly Clockwork: The Great Astronomical Clocks of Medieval China* (Cambridge University Press, 1960).

6. F. A. B. Ward, "How timekceping became accurate", *Chartered Mechanical Engineer, 8* (1961), 604.

7. S. A. Bedini, "The scent of time: a study of the use of fire and incense for time measurement in oriental countries", *Trans. Amer. Phil. Soc., 53* (1963), Part 5, 6.

8. J. H. Plumb, *The Death of the Past* (London: Macmillan, 1969), 111.

9. J. Needham, "Time and knowledge in China and the West", in J. T. Fraser (ed.), *The Voices of Time* (New York: Braziller, 1966), 96.

10. J. Needham, *Time and Eastern Man* (Henry Myers Lecture) (London: Royal Anthropological Institute, 1965), Occasional Paper no. 21, 8-9.

11. V. H. Malmstrom, "Origin of the Mesoamerican 260-day calendar", *Science, 181* (1973), 939-41.

12. R. J. Wenke, *Patterns in Prehistory* (New York: Oxford University Press, 1984), 383.

13. N. Hammond, *Ancient Maya Civilization* (Cambridge University Press, 1982), 199 ff.

14. J. E. S. Thompson, *A Commentary on the Dresden Codex: A Maya Hieroglyphic Book* (Philadelphia: American Philosophical Society, 1972), 62-70.

15. M. Leon-Portilla, *Time and Reality in the Thought of the Maya*, trans. C. L. Boiles and F. Horcasitas (Boston: Beacon Press, 1973), 91-2.

16. J. E. S. Thompson, *The Rise and Fall of Maya Civilization* (London: Gollancz, 1956), 145.

17. S. G. Morley, *The Ancient Maya* (Stanford, Calif.: Stanford University Press, 1947), 449.

18. D. S. Landes, *Revolution in Time* (Cambridge, Mass.: Harvard University Press, 1983), 24.

7장. 기계식 시계의 출현

1. D. J. de Solla Price, "Gears from the Greeks: the Antikythera mechanism - a calendar computer from ca. 80 BC", *Trans. Amer. Phil. Soc., 64* (1974), Part 7, 1-70.

2. J. V. Field and M. T. Wright, "Gears from the Byzantines: a portable sundial with calendrical gearing", *Annals of Science, 42* (1985), 87.

3. L. White, *Medieval Technology and Social Change* (Oxford: Clarendon Press, 1962), 120.

4. E. Panofsky, *Studies in Iconology* (Oxford: Clarendon Press, 1939), 80.

5. L. Thorndike, "Invention of the mechanical clock about 1271 AD",

Speculum, 16 (1941), 242-3.

6. C. F. C. Beeson, *English Church Clocks 1280-1850* (London and Chichester: Phillimore (Antiquarian Horological Society), 1971), 13.

7. J. D. North, "Monasticism and the first mechanical clocks", in J. T. Fraser and N. Lawrence (eds.), *The Study of Time*, ii (Berlin: Springer Verlag, 1975), 385.

8. J. D. North, *Richard of Wallingford* (Oxford: Clarendon Press, 1976), i. 441-526.

9. A. J. Dudeley, *The Mechanical Clock of Salisbury Cathedral* (Salisbury: Friends of Salisbury Cathedral Publishing, 1973).

10. L. White, op. cit. (above, n. 3), 124-5.

11. S. A. Bedini and F. R. Maddison, "Mechanical universe: the Astrarium of Giovanni de' Dondi", *Trans. Amer. Phil. Soc., 56* (1966), Part 5, 60.

12. J. Le Goff, *Time, Work and Culture in the Middle Ages*, trans. A. Goldhammer (Chicago: University of Chicago Press, 1980), 46.

13. J. Harthan, *Books of Hours and Their Owners* (London: Thames & Hudson, 1977), 39.

14. F. Hattinger, *The Duc de Berry's Book of Hours* (Berne: Hallwag, 1970).

15. J. Huizinga, *The Waning of the Middle Ages*, trans. F. Hopman (Harmondsworth: Penguin Books, 1972), 149-50.

16. K. Thomas, *Religion and the Decline of Magic* (London: Weidenfeld & Nicolson, 1971), 621.

17. L. Mumford, *Technics and Civilization* (London: Routledge & Kegan Paul, 1934), 14.

18. I. Origo, *The Merchant of Prato* (London: Jonathan Cape, 1957), 177.

19. H. Tait, *Clocks and Watches* (London: British Museum Publications,

1983), 43.

20. D. S. Landes, op. cit. (ch. 6, n. 18), 89.

21. J. Aubrey, *Brief Lives and Other Selected Writings*, ed. A. Power (London: Cresset Press, 1949), 133.

22. F. M. Powicke and A. B. Emden, *The Universities of Europe in the Middle Ages* (Oxford University Press, 1936), iii. 401.

23. A. Palmer, *Movable Feasts: Changes in English Eating-habits* (Oxford University Press, 1984).

24. F. Rabelais, *Gargantua* (1535), i. 23.

8장. 르네상스와 과학 혁명기의 시간과 역사

1. L. Pastor, *History of the Popes*, ed. R. F. Kerr, Vol. 19 (London: Kegan Paul, 1930), 293.

2. H. M. Nobis, "The reaction of astronomers to the Gregorian calendar", in G. V. Coyne, M. A. Hoskin, and O. Pedersen (eds.), *Gregorian Reform of the Calendar* (Vatican City: Pontifica Academia Scientiarum, 1983), 250.

3. R. M. Dawkins, *The Monks of Athos* (London: Allen & Unwin, 1936), 198.

4. J. M. Thompson, *Leaders of the French Revolution* (Oxford: Blackwell, 1948), 159.

5. H. Webster, *Rest Days* (New York: Macmillan, 1916), 283.

6. C. Cipolla, *Clocks and Culture: 1300-1700* (London: Collins, 1967), 42.

7. J. Drummond Robertson, *The Evolution of Clockwork* (London: Cassell, 1931), 54-61.

8. E. Grant, *Nicole Oresme and the Kinematics of Circular Motion* (Madison:

University of Wisconsin Press, 1971), 295.

9. R. Boyle, *The Works of the Honourable Robert Boyle*, ed. T. Birch (London: 1772), v. 163.

10. A. R. Hall, "Horology and criticism: Robert Hooke", *Studia Copernicana*, XVI, Ossolineum, 1978, 261-81.

11. L. Mumford, op. cit. (ch. 7, n. 17), 15.

12. I. Barrow, *Lectiones Geometricae*, trans. E. Stone (London: 1735), Lecture 1, 35.

13. G. W. Leibniz, *Philosophical Writings*, trans. M. M. (London: Dent, 1934), 200.

14. R. Boyle, *The Excellence of Theology Compared with Natural Philosophy, 1665* (London: 1772), 11.

15. E. Breisach, *Historiography: Ancient, Medieval and Modern* (Chicago: University of Chicago Press, 1983), 177.

16. F. Manuel, *Isaac Newton Historian* (Cambridge University Press, 1963), 274.

17. C. Morris, *The Tudors* (Glasgow: Fontana-Collins, 1966), 12.

18. G. J. Whitrow, *What is Time?* (London: Thames & Hudson, 1972), 1920.

19. A. Kent Hieatt, *Short Time's Endless Monument.' The Symbolism of the Numbers in Edmund Spenser's 'Epithalamion'* (Port Washington, NY, and London: Kennikat Press, 1972), 81.

20. R. W. Hepburn, "Cosmic fall", in P. P. Wiener (ed.), *Dictionary of the History of Ideas* (New York: Scribner, 1968), i. 505-6.

21. D. Seward, *The First Bourbon: Henry IV of France and Navarre* (London: Constable, 1971), 133.

22. M. Tiles, "Mathesis and the masculine birth of time", *International*

Studies in the Philosophy of Science, 1 (1986), 16-35.

23. F. Saxl, "Veritas filia temporis", in R. Klibansky and H. J. Paton (eds.), *Philosophy and History: The Ernst Cassirer Festschrift* (Oxford: Clarendon Press, 1936). Reprinted as Harper Torchbook (Harper & Row, 1963), 197-222.

24. R. V. Sampson, *Progress in the Age of Reason: The Seventeenth Century to the Present Day* (London: Heinemann, 1956), 99.

25. C. Becket, *The Heavenly City of the Eighteenth Century Philosophers* (New Haven: Yale University Press, 1968; 1st edn. 1932), 130.

26. F. Smith Fussner, *The Historical Revolution: English Historical Writing and Thought 1580-1640* (London: Routledge & Kegan Paul, 1962), 166.

27. E. L. Eisenstein, "Clio and Chronos" in *History and Theory*, 1966, Suppl. 6 ("'History and the concept of time'"), 47.

9장. 18세기의 시간과 역사

1. R. W. Symonds, *Thomas Tompion: His Life and Work* (London: Batsford, 1951), 10.

2. *Journals of the House of Commons*, 11 June 1714, 677.

3. J. Gulliver Swift, *Travels* (London: Dent, 1940; Everyman edn.), 224.

4. H. Quill, *John Harrison: The Man Who Found Longitude* (London: John Baker, 1966), 59.

5. R. T. Gould, *The Marine Chronometer: Its History and Development* (London: Potter, 1923), 50 ff.

6. Quill, op. cit. (above, n. 4), 317.

7. R. T. Gould, *John Harrison and his Timekepeers* (London: National Maritime Museum, 1958), 12.

8. R. T. Gould, *Marine Chronometer* (above, n. 5), 86.

9. G. W. Leibniz, *The Monadology and other Philosophical Writings*, trans. R. Latta (London: Oxford University Press, 1925), 350-1.

10. A. O. Lovejoy, *The Great Chain of Being* (Cambridge, Mass.: Harvard University Press, 1948), 246.

11. R. Nisbet, *History of the Idea of Progress* (London: Heinemann, 1980), 180.

12. Sampson, op. cit. (ch. 8, n. 24), 240.

13. E. Cassirer, *Rousseau, Kant, Goethe* (Princeton University Press, 1945), 56.

14. M. J. Temmer, *Time in Rousseau and Kant* (Geneva: Droz and Paris: Minard, 1958), 31.

15. R. Haynes, *Philosopher King: The Humanist Pope Benedict XIV* (Weidenfeld & Nicolson, 1970), 178.

16. I. Berlin, *Vico and Herder* (London: Hogarth Press, 1976), 142 n.

17. Ibid. 38.

18. R. G. Collingwood, *The Idea of History* (Oxford: Clarendon Press, 1948), 68.

19. I. Berlin, op. cit. (above, n. 16), 143 ff.

20. G. J. Whitrow, *Kant's Cosmogony*, trans. W. Hastie (New York and London: Johnson Reprint Corp., 1970), xi-xl.

21. S. Toulmin and J. Goodfield, *The Discovery of Time* (Harmondsworth: Penguin Books, 1967), 167.

22. I. Berlin, op. cit. (above, n. 16). 150-1.

10장. 진화와 산업 혁명

1. W. Herschel, *Phil. Trans. Roy. Soc.* (1814), 284.

2. A. O. Lovejoy, op. cit. (ch. 9, n. 10), 243.

3. N. Hampson, *The Enlightenment* (Harmondsworth: Penguin Books, 1968), 220.

4. R. Taton (ed.), *The Beginning of Modern Science*, trans. A. J. Pomerans (London: Thames & Hudson, 1964), 572-3.

5. A. Geikie, *The Founders of Geology* (London: Macmillan, 1897), 283.

6. J. D. Burchfield, *Lord Kelvin and the Age of the Earth* (London: Macmillan, 1975), 136-40.

7. J. Perry, "On the age of the earth", *Nature, 51* (3 Jan. 1895), 224-7. See also his letter on the same topic (18 Apr. in the same vol.), 582-5.

8. G. H. Darwin, *The Tides* (London: Murray, 1898), 257.

9. P. Burke, *The Renaissance Sense of the Past* (London: Edward Arnold, 1969), 141.

10. L. Wright, *Clockwork Man* (London: Elek, 1968), 128.

11. F. Klemm, *A History of Western Technology*, trans. D. W. Singer (Cambridge, Mas.; MIT Press, 1964), 196.

12. L. Wright, op. cit. (above, n. 10), 128.

13. J. Simmons, *The Railway in England and Wales 1830-1914*, vol. 1 (Leicester University Press, 1978), 23.

14. L. Wright, op. cit. (above, n. 10), 143.

15. J. A. Bennett, "George Biddell Airy and horology", *Annals of Science, 37* (1980), 268-85.

16. L. Wright, op. cit. (above, n. 10), 147.

17. L. Mumford, op. cit. (ch. 7, n. 17), 14.

18. Ibid. 17.

19. E. Gellner, *Times Literary Supplement* (23 Dec. 1983), 1, 438.

20. D. Howse, *Greenwich Time and the Discovery of Longitude* (Oxford University Press, 1980), 113-14.

21. S. Kern, *The Culture of Time and Space: 1880-1918* (London: Weidenfeld & Nicolson, 1983), 12.

22. L. Essen, *The Measurement of Frequency and the Time Interval* (London: HMSO, 1973).

11장. 경쟁적 시간 개념

1. G. Poulet, *Studies in Human Time*, trans. E. Coleman (New York: Harper, 1959), 200.

2. G. J. Whitrow, *Natural Philosophy of Time* (Preface n. 1), 103 ff.

3. P. Scrope, *The Geology and Extinct Volcanoes of Central France* (London: John Murray, 1858), 208.

12장. 시간, 역사 그리고 진보

1. A. de Toqueville, *Democracy in America*, trans. H. Reeve (London: Oxford University Press, 1946), 311.

2. G. Stent, *Paradoxes of Progress* (San Francisco: Freeman, 1978), 27.

3. Lord W. Kelvin Thomson, "Nineteenth-century clouds over the theory of heat and light", in *Baltimore Lectures on Molecular Dynamics and the Wave Theory of Light* (Cambridge University Press, 1904), Appendix B, 486-527.

4. J. David Bolter, *Turing's Man: Western Culture in the Computer Age*

(London: Duckworth, 1984).

5. Le Goff, op.cit. (ch. 7, n. 12), 290.

6. H. Meyerhoff, *Time in Literature* (Berkeley and Los Angeles: University of California Press, 1955), 109.

부록

1. S. Butcher, *The Ecclesiastical Calendar: Its Theory and Construction* (Dublin: Hodges, Foster & Figgis: London: Macmillan, 1877).

2. Annon., *Nature, 13* (1876), 487.

3. J. V. Uspensky and M. A. Heaslet, *Elementary Number Theory* (New York and London: McGraw-Hill, 1939), 206-21.

인명 목록

빅토리오(Victorius) 272

ㅅ

찾아보기

역사 속의 시간

초판 1쇄 인쇄 | 2022년 11월 15일
초판 1쇄 발행 | 2022년 11월 20일

지은이 | 제럴드 제임스 휘트로
옮긴이 | 오기영
펴낸이 | 조승식
펴낸곳 | (주)도서출판 북스힐

등 록 | 1998년 7월 28일 제 22-457호
주 소 | 서울시 강북구 한천로 153길 17
전 화 | (02) 994-0071
팩 스 | (02) 994-0073

홈페이지 | www.bookshill.com
이메일 | bookshill@bookshill.com

정가 18,000원
ISBN 979-11-5971-459-7